电力设备状态检测

光纤传感技术

国网宁夏电力有限公司电力科学研究院
华北电力大学　组　编
吴旭涛　主　编
程养春　倪　辉　副主编

中国电力出版社
CHINA ELECTRIC POWER PRESS

内 容 提 要

本书共分 6 章，在对光纤传感技术的理论基础进行全面介绍的基础上，着重阐述了基于光纤传感测温技术、应变量测量技术、局部放电检测技术、气体组分检测技术的原理和应用。

本书适用于从事高压电气设备试验、检修、运行人员及相关管理人员，也可作为制造部门、科研单位相关人员的参考用书。

图书在版编目（CIP）数据

电力设备状态检测光纤传感技术/吴旭涛主编；国网宁夏电力有限公司电力科学研究院，华北电力大学组编. —北京：中国电力出版社，2020.12

ISBN 978-7-5198-4912-2

Ⅰ. ①电… Ⅱ. ①吴… ②国… ③华… Ⅲ. ①光纤传感器－应用－电力设备－检测－研究 Ⅳ. ①TM4

中国版本图书馆 CIP 数据核字（2020）第 163300 号

出版发行：中国电力出版社
地　　址：北京市东城区北京站西街 19 号（邮政编码 100005）
网　　址：http://www.cepp.sgcc.com.cn
责任编辑：陈　丽（010-63412348）
责任校对：黄　蓓　王海南
装帧设计：郝晓燕
责任印制：石　雷

印　　刷：三河市航远印刷有限公司
版　　次：2020 年 12 月第一版
印　　次：2020 年 12 月北京第一次印刷
开　　本：710 毫米×1000 毫米　16 开本
印　　张：14.5
字　　数：255 千字
印　　数：0001—1000 册
定　　价：68.00 元

编　委　会

主　　编　吴旭涛

副 主 编　程养春　倪　辉

参编人员　段博涛　叶逢春　李日东　司文荣　周　秀

刘沛轩　何宁辉　赵　丽　牛　勃　张　双

李秀广　郑丹阳　沙伟燕　郑夏晖　马　波

余海博

前　言

运行中的高压电气设备在电、机、热等应力作用下，性能会逐渐发生劣化、老化直至失效，导致设备事故的发生。设备性能发生变化时，其特征状态量，如局部放电、介质损耗、温度、振动、噪声等，也会随之发生变化。通过采集设备特征状态量，根据设备特点，分析其变化，即可对设备实时性能作出判断。设备状态检测以及设备智能化的一项重要特征，就是通过传感器实时感知设备状态。

由光纤与激光器、半导体探测器一起构成的光测技术是20世纪后半叶人类的重要发明之一。光纤不仅可以作为光波的传播媒质，且由于光波在光纤中传播时，表征光波的特征参量（振福、相位、偏振态、波长等）因外界因素（如温度、压力、应变、磁场、电场、位移、转动等）的作用而直接或间接发生变化，因此也可将光纤用作传感元件来探测各种物理量。目前，已经能够用光纤传感器实现压力、温度、振动、电流、电压、磁场等物理量检测，其无源、耐腐蚀、抗电磁干扰、耐高温等特点非常适合应用于高压电气设备的状态感知。

作为一项新技术，光纤传感技术目前在电气设备领域是一个非常热门的话题。然而，电气设备领域的专业技术人员对光纤传感技术又比较陌生，因此阻碍了该技术在高压电气设备状态感知方面的推广应用。为此，国网宁夏电力有限公司电力科学研究院与华北电力大学合作，对光纤传感技术开展了研究，并从电气设备状态感知技术应用的角度对相关原理和应用进行了分析总结，本书就是分析总结的成果。

本书在对光纤传感技术的理论基础进行全面介绍的基础上，着重阐述了基于光纤传感测温技术、应变量测量技术、局部放电检测技术、气体组分检测技术的原理和应用。通过本书，期望能够推动光纤传感技术在高压电气设备状态感知领域的应用进程。

本书的编写得到了华北电力大学硕士研究生李日东、刘沛轩、赵丽、张双、郑丹阳、郑夏晖、余海博，国网浙江省电力有限公司湖州供电公司段博涛、国网上海市电力公司电力科学研究院司文荣的大力支持和帮助，借此表示感谢。

限于作者水平，书中不妥和错误之处在所难免，恳请专家、同行和读者给予批评指正。

作者

2020 年 10 月

常用变量符号表

符号	变量	符号	变量
c	真空中的光速	n，n_0，n_1，n_2	介质的折射率
V，V_L	光在光纤中的传播速度	n_e，n_{eff}	光纤有效折射率
V_a	声波在光纤中的速率	k_0	光波在真空中的波数
λ	光的波长	λ_B	光栅的布拉格波长
ν	频率，拉曼频移	Λ	布拉格光栅栅距
ν_B	布里渊频移	κ	耦合系数
ω	角频率	ε	介电常数，微应变
α	电场极化率，光纤的衰减系数，浑浊介质光学性质非均匀程度因子	μ	磁导率
β	光波纵向传输常数，与非线性拉曼散射有关的极化系数	χ	光波的横向传播常数；分子极化率
γ	与非线性拉曼散射有关的极化系数	I	光强
E	光波的电场矢量	I_a	反斯托克斯光强
H	光波的磁场矢量	I_s	斯托克斯光强
P	电场极化强度，光功率，压强	τ	光脉冲宽度，时间常数
h	普朗克常数	S	灵敏度
k_B	玻尔兹曼常数	e	带电微粒电荷量
α_Λ	光纤的线性热膨胀系数	ε_r	径向应变
α_n	热光系数	ε_z	轴向应变
P_e	有效弹光系数	σ	纤芯材料的泊松比
P_{11}，P_{12}，P_{14}	弹光系数	Y	光纤的杨氏模量
C	气体浓度	T	温度
t	时间，透射系数（振幅透射率）	r	反射系数（振幅反射率）
L	栅区长度，光路长度	ϕ	相位，相位差
ρ	介质密度	φ	相位

目　录

1 概　　述

1.1 光纤传感技术的发展

作为 20 世纪后半叶人类的重要发明之一，光纤与激光器、半导体探测器一起构成了新的光测技术，即光子学新领域。光纤和光学通信技术的迅速发展，使得人们试图将这一新技术成果应用到各自的领域，光纤传感就是在这种情况下出现的。

20 世纪 60 年代，英国标准电信研究所的英籍华人高锟（K. C. Kao）博士和霍克哈姆（GA. Hockham）博士发表论文，提出将玻璃中过渡族金属离子的含量（重量比）降低到 10^{-6} 以下，光纤的吸收损耗可以降到 10dB/km，并提出了将光纤用于长途通信的设想。1970 年，美国康宁公司用高纯石英拉制成损耗为 20dB/km 的多模光纤，证实了高锟等人的设想，这标志着低损耗光纤的出现，也为光纤通信提供了可能。随着工艺方法的不断改进，减小了光纤中杂质对光波的吸收，光纤损耗不断降低，石英光纤的损耗在波长 1.31μm 时达到了 0.5dB/km，在波长 1.55μm 时达到了 0.2dB/km。其中氟化物玻璃光纤通过降低光纤中的瑞利散射，能够将光纤损耗在波长 2～5μm 时降低到 0.0l～0.001dB/km。

光纤技术与激光器和半导体激光器相结合，触发了光学产业的迅速发展。人们发现，光纤在传感技术方面具有独特的性能和用途，它不仅是信号传送的介质，还可以作为敏感元件本身。与电子传感器和体光学传感器相比，光纤传感器具有明显的优点，在某些方面，光纤传感器具有很高的灵敏度和精确度。光纤传感器开始于航空工业，美国在光纤传感器方面研究最早，投资也最大。1977 年，美国海军研究所（Naval Research Laboratory，NRL）开始执行光纤传感器系统计划，这被认为是光纤传感器的出现，随后美国宇航局（National Aeronautics and Space Administration，NASA）、西屋电气公司、斯坦福大学等 28 个机构也相继开始从事光纤传感器的研究，并取得了相当多的成果。20 世纪 80 年代初，德国、英国、法国等欧洲国家以及日本也开始了光纤传感器方面的研究，到 80 年代中期，光纤传感器已达数百种，并开始用于国防、科研及制造等行业，更有部分形成产品化投入市场，但当时大部分传感器还处于试验阶段。目前，国外的非通信光纤的研究已经达到了相当高的水平，正在开发和研制光纤传感器使用的特殊光纤，如极低双折射单模光纤、高双折射光纤以及掺杂光纤等。在光电子学元器件的稳定性和可靠性方面也不断提高，开始研究噪声小的光纤传感器检测器件。

1983 年，国家科学技术委员会（简称国家科委）新技术局在杭州召开了光纤传感器的第一次全国性会议，随后，研究工作开始在高等院校和研究所进行，研究内容着重于光纤电流传感器。此后工业部门和一些省市相继对光纤传感技术做了规划。在此基础上，1985 年 1 月国家科委召开了全国光纤传感器技术“七五”规划座谈会，提出了 15 项光纤传感技术科研项目。目前，我国研究的光纤传感器用于测量电流、电压、磁场、温度、压力、位移等物理量，也取得了初步成果，并开始了用于光纤传感器的特殊光纤、光源和敏感元件方面的研究。

光纤传感技术已经发展成为一个规模巨大的产业，它的研发成为世界科技界的一个热点。自 1983 年以来，光纤传感器国际会议（International Conference on Optical Fiber Sensors，OFS）每年或每一年半举行一次，吸引了世界上几百位参加者。在其他相关的国际学术会议和专题会议上，如在美国举行的光纤通信会议（Optical Fiber Communication Conference，OFC）、美国东部和西部的光子学会议（Photonics EAST，West Photonics）、测试和测量国际会议（STM）以及光子和光学仪器工程学会（International society for optics and photonics，SPIE）系列会议，光纤传感器也被列为分会场之一。许多专著已经出版，在期刊上也可查阅到大量研究论文。

随着光纤传感技术的不断发展，光纤传感器已经逐渐融入人们的日常生活，在工业生产、建筑交通、医疗保健、科学研究及航天国防等诸多领域，都可以看到光纤传感器的身影。光纤传感器广泛地用于自动化生产、产品质量控制，油井、油库和管道的监控，电力系统和通信系统的监控，建筑物的监控，地震测量观察，导航和交通器具的监控，测量和科学仪器，反恐和闯入报警以及军事领域。光纤传感器的发展也逐渐成为推动经济增长的重要因素之一。2005～2010 年，光纤传感器年利润的平均增长率达到 63%。

1.2 光纤传感技术在电力系统中的应用与发展

光纤传感技术的无源、耐腐蚀、抗电磁干扰、耐高温等特点非常适合在电力行业中应用。目前，已经能够用光纤传感器实现压力、温度、振动、电流、电压、磁场等物理量检测。光纤传感技术是利用光纤对某些特定的物理量敏感的特性，将外界物理量转换成可以直接测量的光信号的技术。光纤不仅可以作为光波的传播媒质，且由于光波在光纤中传播时表征光波的特征参量（振幅、相位、偏振态、波长等）因外界因素（如温度、压力、应变、磁场、电场、位移、转动等）的作用而直接或间接发生变化，因此可将光纤用作传感元件来探测各种物理量。这就是光纤传感器应用的基本原理，如图 1-1 所示。由于光纤传输信息具备很多优点，故光纤传感器也必然具备独特的功能，光纤传感器种类很多，但概括起来可分为功能光纤和非功能光纤两种方式。功能型传感器中，光纤既起到传送光的作用又起到传感的作用；而非功能型传感器中，光纤仅起到传送光的作用。功能光纤方式是光纤本身具备测量的功能，一般是利用被测物理量改变光纤本身的特性，使传送的光受到调制。在这种方式中，涉及偏振、相位、干涉等物理光学概念有关量的测量，采用单模光纤。非功能光纤方式中光纤只是光的传播媒介，光纤端面安装传感器作为测量部分。这种方式中，涉及光量等几何光学概念有关量的测量，采用传输光量大的多模光纤，但有的情况也可把光纤作为传感器，如光的随机偏振性是利用传送数百模以上的光时，光的振动面以相同的概率向所有的方向传送的性质。但从目前看来，非功能光纤的应用比较多，技术上也比较成熟，而功能光纤易受外界干扰，未能实现高精度的测量，尚处于试验阶段。

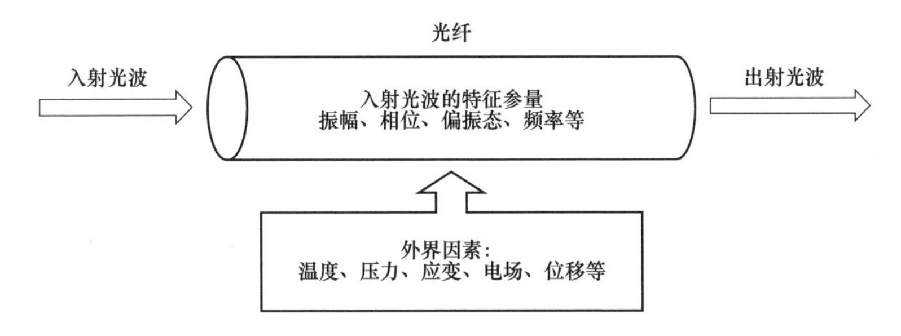

图 1-1　光纤传感原理示意图

随着光电子技术突飞猛进的发展，光纤传感技术经过 20 余年的发展也已获得长足的进步，主要体现在进入实用化阶段，逐步形成传感领域的一个新的分支。不少光纤传感器以其独有的特点，替代或更新了传统的测试系统，带动了光纤陀螺、光纤水听器、光纤电流电压传感器等传统测试系统的升级；促成了一些应用光纤传感技术的新型测试系统，如分布式光纤测温系统，以光纤光栅为主的光纤智能结构；通过电/光转换和光/电转换技术以及光纤传输技术，把传统的电子式测量仪表改造成安全可靠的先进光纤式仪表等。光时域反射技术已经被应用于电力光纤通信线路故障识别和定位，为保证电力通信的可靠性和实时性提供了重要保障。拉曼光时域反射仪、布里渊光时域反射仪及其与光纤光栅的联合传感技术在架空线路、杆塔、埋地电缆、海底电缆和变压器等实体上得到试点，在应用的广度和深度上得到进一步的拓展。光纤光栅传感在开关柜温度监测、电流测量、变压器绕组温度/振动检测、架空输电线路及杆塔拉力监测、风机应力监测等领域已开展前期研究。同时，随着光纤传感技术的发展，新型的荧光光纤传感器和气体光纤传感器也被用于电力设备运行状态检测，丰富了电力设备的监测手段。可以预见，电力设备检测的多元化发展必定推动光纤传感在电力设备检测中的应用，在原理上由单一机理向多机理发展，在检测参量上向更多的参量发展，这样的发展也会使得基于光纤传感技术的电力系统检测结果更加准确可信、系统运行更加安全可靠。

另外，智能电网已经成为我国电网发展的一个重要方向。传感技术则是智能电网中非常重要的一环，通过先进的传感技术可以获得准确的数据信息以供智能电网的各个方面使用。根据国家电网有限公司发布的《关于加快推进坚强智能电网建设的意见》，2011～2015 年，智能电网投资约 2 万亿元；2016～2020 年，智能电网投资为 1.7 万亿元。未来几年电力领域的需求增长预计在 30%以上。可以预见，未来电力工业中光纤传感市场将迎来巨大的机遇。光纤传感凭借其低传输损耗和宽频带范围的特性，可以实现大范围监测和高效的信息传输性能，迎合了智能电网对先进传感技术的需求，是非常有前景的传感技术。

目前光纤传感技术及产品在电力系统中的应用主要集中在高电压等级的电气设备、发电机组、长距离动力电缆、架空线路等电力设施的监测。由于这些应用场景对传感器绝缘特性、抗电磁干扰能力、户外生存能力等各方面要求很高，成为传统的传感技术无法胜任或监测空白领域。随着光纤传感技术近些年的飞速发展，新理论、新材料、新工艺、新技术的不断涌现，以及光纤传感系统成本的逐步下降，相关行业标准的日益规范和完善，相信光纤传感这一新兴产业必将在电力工业这一国民经济重要支柱产业中获得飞速发展和广泛应用。

2　光纤测量技术理论基础

光导纤维通常简称为光纤，是光传播的纤维波导。光纤传感是以光波为载体，光纤为媒质，感知和传输外界被测信号的新型传感技术。随着现代物理学和材料学及加工技术的进步，以及光纤传感技术具有的抗干扰能力强、重量轻及可靠性高等显著优势，光纤传感受到研究人员的广泛关注，成为电力设备检测中的重要研究对象，其在电力设备检测中的应用也成为现实。

本章主要介绍光纤的基本理论知识，包括基本结构、传感原理及以光纤为基础的各种光学器件。同时，本章对光纤检测电力设备运行状态所涉及的常用检测技术原理进行了详细的介绍，主要包括瑞利散射、布里渊散射、拉曼散射、光纤光栅、光纤干涉、光纤法布里—珀罗腔等方面。这些原理是现有光纤检测技术的重要理论基础。

2.1　光 纤 基 本 理 论

2.1.1　光纤的基本结构与模式

光纤是工作在光波波段的一种介质光波导，通常是两层或多层同轴圆柱结构。光纤把以光的形式出现的电磁波能量利用全反射的原理约束在其界面内，并引导光波沿着光纤轴线方向前进。光是一种电磁波，它在光纤中的传播属于介质圆波导，当光线在介质的界面发生全反射时，电磁波被限制在介质中，这种波形称为导波或导模。对给定的导波和工作波长，存在多种满足全反射条件的入射情况，称为导波的不同模式。

光纤的传输特性由其结构和材料决定。光纤的基本结构是两层同心圆柱状介质，如图 2-1 所示。内层为纤芯，外层为包层。光纤按折射率分布的方式分为阶跃折射率光纤和梯度折射率光纤。前者纤芯的折射率分布是均匀的，在纤芯和包层的界面处折射率发生阶跃或突变；后者折射率按一定函数关系随纤芯半径而变化。在对光纤光栅的定量分析中，一般以阶跃折射率光纤为例。纤芯的折射率 n_1

比包层折射率 n_2 稍大。当满足一定条件时，光波就能在纤芯和包层之间发生全反射，从而使光波沿着纤芯向前传播。实际的光纤在包层外还有一层保护层，保护光纤不受污染及损伤。没有保护层的光纤外面是空气，称为裸光纤，在分析光纤光栅特性时通常考虑的是裸光纤。可以看出，光纤实际上是三层结构，最外层可以认为是半径为无限大的介质层。

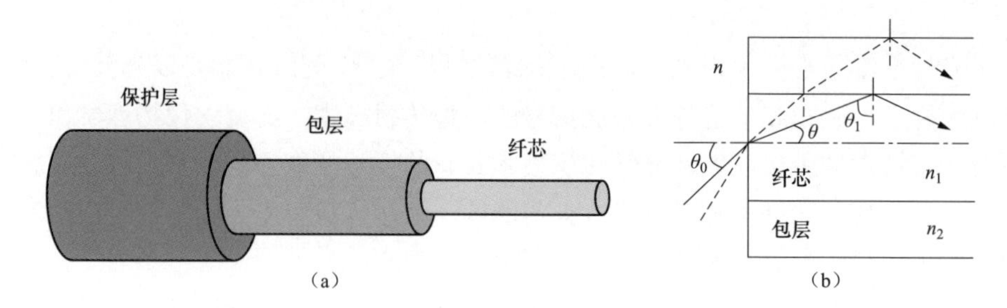

图 2-1　光纤基本结构

（a）物理结构；（b）阶跃光纤中子午光传播

根据斯奈尔（Snell）定理，子午光线产生内全反射的最小入射角满足

$$\sin\theta_1 = \sin\theta_c = n_2/n_1 \tag{2-1}$$

式中：θ_1 为光线在光纤包层和纤芯界面上的入射角；θ_c 为全反射时的最小入射角；n_1 为纤芯的折射率；n_2 为包层的折射率。

空气的最小入射角应满足

$$n\sin\theta_0 = n_1\sin(\pi/2-\theta_c) = (n_1^2-n_2^2)^{1/2} \tag{2-2}$$

式中：n 为光在空气中的折射率；θ_0 为光线进入光纤时在光纤端面上的入射角。

所有小于最小入射角投射到光纤端面的光纤都将进入纤芯，并在纤芯—包层界面上全反射，向前传播。从几何光学的角度，光沿着光纤轴线方向传播，但实际上光并不是沿着和光纤轴线平行的方向传输的，而是在纤芯模和包层模之间的分界面上受到反射，沿着折线方向前进，如图 2-2 所示。可以看出，光沿着不同的折线前进时，向前传播的速度不同，折线和光纤轴线夹角较小时，轴向传播速度较大，相反则较小。

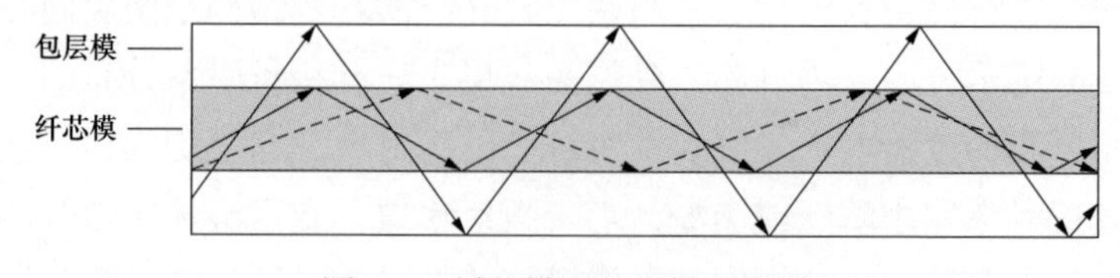

图 2-2　纤芯模和包层模示意图

按几何光学概念，凡是满足 $\theta_c < \theta_1 < 90°$ 的光线均可在波导中低损耗传输。实际情况并非如此，只有某些分离的 θ_1 角的光线才能建起真正的有效传播。即传输的光波在纤芯和包层的边界上还必须满足相位条件：连续两次反射间的相移满足 2π 的整数倍数（即满足波导条件）。因此，θ_1 角不能是连续的，也就是只能沿着特定离散的一些方向传输，这就形成了不同的传输模式。其模式将由光波导参数方程及电磁场方程及边界条件导出，其中，与轴夹角最小的光纤称为基模（在同一波中，TE 模的截止波长最长，是基模），其他为高阶模。当光纤半径较小时，并且折射率差（$n_1 - n_2$）也较小时，只有基模可以传播，就是前面提到的单模光纤；当光纤半径较大时，可以有较多的模式存在，就是多模光纤。不同模式之间的一个主要区别在于它们沿光纤轴线方向传输速度不同。

光纤实际上是三层结构，即纤芯、包层和环境，这里把光纤的保护层或剥去保护层的裸光纤之外的空气和介质称为环境。光从端面进入光纤后，可以在纤芯和包层之间的分界面处发生全反射，从而沿轴线方向传播。这一传播模式中光的主要能量集中在纤芯区域，称为纤芯模，光通信中用到的模式就是纤芯模。当环境折射率小于包层折射率时，光也可以在包层与环境之间的分界面发生全反射，从而沿光纤轴线方向传播，这样形成的模式称为包层模。实际上，包层模的光在两次反射之间并不是直线的。由于光纤的包层和环境之间界面的不均匀性，包层模在传输不远的距离后就会被损耗掉。因此，在长周期光纤光栅出现之前，很少研究光纤的包层模。由于长周期光纤光栅特定的结构，可以使纤芯模和包层模之间发生耦合及能量转换。

用射线光学理论虽然可以简单直观地得到光线在光纤中传播的物理图像，但由于忽略了光的波动性质，无法了解光场在纤芯、包层中的结构分布以及其他许多特性，当光纤纤芯与光波长接近时，光纤中的光传播无法用光线理论进行解释。因此在光波导理论中，更为普遍地采用波动光学的方法，研究光波（电磁波的一种）在光纤中的传输规律，得到光纤中的传输模式、场结构及传输常数等。

根据麦克斯韦电磁理论，光是一种电磁波，光纤是一种具有特定边界条件的光波导。在光纤中传播的光波遵从麦克斯韦方程组，由此可以推导出描述光波传输特性的波导场方程为

$$\nabla^2 \vec{E} - \frac{n^2}{c^2}\frac{\partial^2 \vec{E}}{\partial t^2} = 0 \tag{2-3}$$

式中：$\vec{E}$ 为光波的电场矢量；c 为真空中的光速；n 为介质的折射率。

对于没有损耗也没有增益的光纤介质，考虑角频率为 ω 的单频光波时，也可

以写成亥姆霍兹方程组，即

$$\nabla^2\vec{E}+n^2k_0^2\vec{E}=0 \tag{2-4}$$

$$k_0=\frac{2\pi}{\lambda_0}=\omega/c \tag{2-5}$$

式中：k_0 为光波在真空中的波数。

对于沿光纤轴向 z 传播的光波，其电场和磁场可以写成

$$\vec{E}(x,y,z,t)=\mathrm{Re}\{\vec{E}(x,y)\exp[\mathrm{j}(\omega t-\beta z)]\} \tag{2-6}$$

$$\vec{H}(x,y,z,t)=\mathrm{Re}\{\vec{H}(x,y)\exp[\mathrm{j}(\omega t-\beta z)]\} \tag{2-7}$$

$$\beta=k_0 n\cos\theta_z \tag{2-8}$$

式中：β 是光的波矢在 z 方向的分量，为纵向传输常数；θ_z 为波矢 k 与 z 轴的夹角。

由此可以推导出描述光波传输特性的波导场方程为

$$\nabla^2\psi+\chi^2\psi=0 \tag{2-9}$$

ψ为光波的电场矢量 E 和磁场矢量 H 的分量，在直角坐标系中可写为

$$\psi=\begin{bmatrix}E(x,y)\\H(x,y)\end{bmatrix} \tag{2-10}$$

χ为光波的横向传播常数，定义为

$$\chi=(k_0^2n^2-\beta^2)^{1/2} \tag{2-11}$$

代入光纤各层的边界条件和圆柱坐标系，求解微分方程，可得电场和磁场在光纤中的分布。该微分方程的求解可转化为贝塞尔方程求解。由于贝塞尔函数具有衰减的周期振荡形式，对于一个特定的阶数，通常本征方程有多个根。这意味着传导模只能取离散的 β 值，并且可能存在多个特解。每一个特解就代表一个能在光纤波导中独立传播的电磁场分布，即所谓的波形或模式。图 2-3 展示了四个低阶模式的电磁场矢量分布。同一模式在传播过程中只有相位变化，没有形状变化，且始终满足边界条件。光波在光纤中传播是所有模式线性叠加的结果。

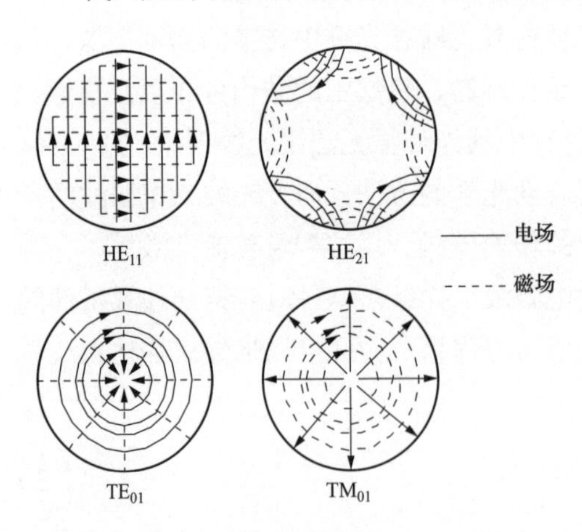

图 2-3　光纤中四个低阶模式的电磁场矢量分布

2.1.2 光纤传感基本原理简述

光纤传感是以光为载体、光纤为媒质，感知和传输外界信号的传感技术。光纤传感器从本质上看是一种器件，在外界物理量、化学量、生物量或是其他类似因素的影响下，光纤中光波导的特性会发生变化。具体就是将一光源发出的光学性质保持不变的光通过某种特定的耦合方法入射到光纤，然后进入传感区，最后从同一光纤或不同的光纤返回。

光纤传感包括对外界信号（被测量）的感知和传输两个功能。所谓感知（或敏感），是指外界信号按照其变化规律使光纤中传输的光波的物理特征参量（如强度、波长、频率、相位和偏振态等）发生变化，测量光参量的变化即“感知”外界信号的变化。这种“感知”实质上就是外界物理量对光纤中传导的光波实施调制。所谓传输，是指光纤将受到外界信号调制的光波传输到光敏感元件进行数据处理，也就是解调。因此，光纤传感技术包括调制和解调两方面的技术，即外界信号（被测量）如何调制光纤中的光波参量的调制技术（或称为加载技术）及如何从已被调制的光波中提取外界信号（被测量）的解调技术（或称为检测技术）。由于光纤传输技术和光纤解调技术相对比较成熟，作为“感知”功能的调制技术是光纤传感技术研究的关键。

根据光纤在光纤传感中的主要功能，可将光纤传感器分为功能性光纤传感器和非功能性光纤传感器两大类。功能性传感光纤也称为本征型传感光纤，这类光纤的调制区位于光纤内，利用光纤本身的某些敏感特性，外界信号通过直接改变光纤的某些传输特征参量对光波实施调制，调制区内的光纤同时具有“传”和“感”两种功能。与光源耦合的发射光纤同与光探测器耦合的接收光纤为一根连续光纤，称为传感光纤，所有功能型光纤传感器亦称为全光纤型或传感型传感器。非功能型传感光纤也称为非本征型光纤传感器，这类光纤的调制区在光纤之外，外界信号通过外加调制装置对进入调制区的光纤实施调制。非功能型传感光纤中，发射光纤与接收光纤仅起传输光波的作用，称为传光光纤，不具有连续性，故非功能性光纤传感器也称为传光型光纤传感器或外调制型光纤传感器。

2.2 光纤种类和器件

2.2.1 光纤的种类

根据光纤模式的不同，光纤主要分为单模光纤和多模光纤两大类。此外，还有许多具有不同特性和功能的特种光纤，最常用的主要包括稀土掺杂光纤、双包层光纤、保偏光纤和光子晶体光纤等。

2.2.1.1 单模光纤

单模光纤纤芯直径为 9μm 或 10μm，只能传输一种模式的光，因此其模间色散很小，适用于远程通信。但单模光纤还存在着材料色散和波导色散，因此对光源的谱宽和稳定性有较高的要求，即谱宽要窄，稳定性要好。在 1310nm 波长处，单模光纤的材料色散和波导色散一个为正、一个为负，大小也正好相等，也就是说，在 1310nm 波长处，单模光纤的总色散为零。从光纤的损耗特性来看，1310nm 处正好是光纤的一个低损耗窗口，这样 1310nm 波长区就成了光纤通信一个很理想的工作窗口。

单模光纤中，模内色散是比特率的主要制约因素。由于其比较稳定，如果需要的话，可以通过增加一段一定长度的“色散补偿单模光纤”来补偿色散。零色散补偿光纤就是使用一段有很大负色散系数的光纤，来补偿在 1550nm 处具有较高色散的光纤，使得光纤在 1550nm 附近的色散很小或为零，从而可以实现光纤在 1550nm 处具有更高的传输速率。单模光纤中，另一种色散现象是偏振模色散，由于偏振模色散不稳定，因而无法进行补偿。常用 ITU-T 通信光纤的参数如表 2-1 所示。

表 2-1　　常用 ITU-T 通信光纤的参数

参数	单模光纤 ITU-T G.652	非零色散位移 ITU-T G.655	弯曲损耗不敏感 ITU-T G.657	多模光纤 （康宁光纤）
模场直径	（8.6～9.5）μm ±0.6μm @1310nm	（8.0～11.0）μm ±0.7μm @1550nm	（8.6～9.5）μm ±0.4μm @1310nm	纤芯直径 62.5μm±2.5μm
包层外径	125.0μm±1.0μm	125.0μm±1.0μm	125.0μm±0.7μm	125.0μm±2μm
涂覆层外径	—	—	—	245μm±5μm
截止波长	≤1260.0nm	≤1450.0nm	≤1260.0nm	—
微弯损耗	≤0.1dB @1550.0nm， 取 r=30mm	≤0.5dB @1265.0nm， 取 r=30mm	≤0.25dB @1550.0nm， 取 r=15mm	—
应力检验	≥0.69GPa	≥0.69GPa	≥0.69GPa	≥0.7GPa
零色散波长	1312nm±12.0nm	1547nm±17.0nm	1312nm±12.0nm	1332～1354nm
衰减系数	≤0.5dB/km， @1310.0nm； ≤0.4dB/km， @1550.0nm	≤0.35dB/km， @1550.0nm； ≤0.4dB/km， @1625.0nm	≤0.5dB/km， @1310～1625nm； ≤0.4dB/km， @1550.0nm	≤2.9dB/km， @850nm； ≤0.6dB/km， @1300nm

续表

参数	单模光纤 ITU-T G.652	非零色散位移 ITU-T G.655	弯曲损耗不敏感 ITU-T G.657	多模光纤 （康宁光纤）
色散系数 pm/ （nm・km）	17.0，@1550.0nm	1.0≤D≤10.0， @1530.0nm～ 1565.0nm	—	—

2.2.1.2 多模光纤

多模光纤纤芯直径为 50μm 或 62.5μm，可传输多种模式的光。但其模间色散较大，而且随距离的增加会更加严重，这就限制了传输数字信号的频率。多模光纤中，模式色散与模内色散是影响带宽的主要因素。等离子体化学气相沉淀（Plasmachemical Vapor Deposition，PCVD）工艺能够很好地控制折射率分布曲线，给出优秀的折射率分布曲线，对于玻璃包层渐变型特种多模光纤（Graded-index Multimode，GIMM），可限制模式色散而得到高的模式带宽。多模光纤一般采用价格较低的发光二极管（Light-emitting Diode，LED）作为光源，耦合部件尺寸与多模光纤配合好。常用多模光纤的参数如表 2-1 所示。

2.2.1.3 稀土掺杂光纤

光纤材料中掺入的稀土离子经光泵跃迁到高能级后，具有放大输入光的功能，就像其他固态激光材料一样。因此，稀土掺杂光纤被用于制作光放大器和激光器。它具有独特的性质，如光束质量好、散热性能好、能量效率较高、传输光纤兼容性好等。其中掺铒石英光纤是最重要的一种，当利用其基态吸收带的光辐射时，特别是用 980nm 或 1480nm 波段的泵浦光，就可以在 1550nm 附近得到高增益。它恰好是石英光纤的最低损耗带，并有带宽 30nm。对于波长更长达到 1625nm，也有长波长波段（L 波段）的掺铒光纤放大器。

2.2.1.4 双包层光纤

光纤放大器和光纤激光器的有源区是一个细的纤芯，关键技术之一是如何将泵浦源功率尽可能多地注入到纤芯中，从而能被离子所吸收。1993 年，美国宝丽来公司（Polarid）研制了双包层光纤（Double Clad Fiber，DCF），使泵浦能量可以在一个体积大得多的内包层中传输，并在传输过程中被有源的纤芯所吸收。

DCF 最重要的特点是其具有不规则的几何形状。注入内包层的泵浦光不一定被纤芯有效地完全吸收。按照射线光学的观点，一部分入射的泵浦光是没有经过纤芯的弧矢光线。在严格圆柱轴对称的光纤中，倾斜入射的光线倾向于保持与光纤轴向的夹角不变，很难转换成子午光线，如图 2-4 所示。内包层面积越大，泵浦光中经过纤芯的子午线所占的比例就越少。

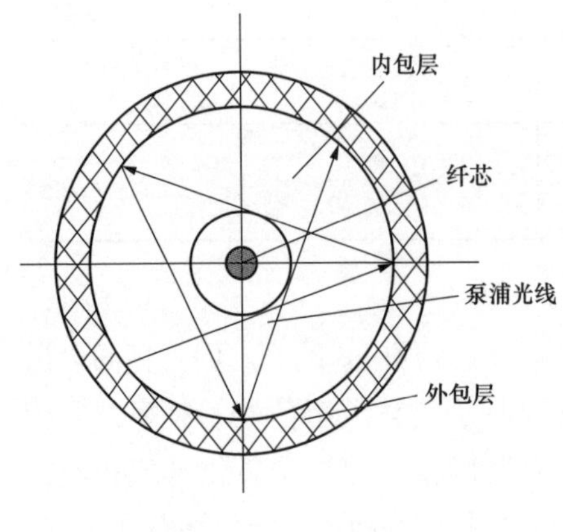

图 2-4　圆柱对称 DCF

按照波动力学的观点，在规则的对称光纤中，纤芯模式和高阶包层模之间不会发生耦合。为此，人们提出并实现了多种设计方案克服这一问题，如矩形、梅花形、偏心结构。这就需要计算注入的泵浦功率变换为纤芯模式的耦合效率。另外，在 DCF 的设计中还需要考虑诸多其他因素，如改进与泵浦光束的匹配、制造的可行性及生产成本等问题。

2.2.1.5　保偏光纤

保偏光纤（Polarization Maintaining Optical Fiber，PMF）由于对线偏振光具有较强的偏振保持能力，并且与普通单模光纤有良好的相容性而在光纤通信和光纤传感系统中得到了越来越广泛的应用。

理想的标准单模光纤具有良好的几何圆对称性，因而其所传输的基模是两正交模式的二重简并模态。在实际的光纤中，由于缺陷的存在，这种二重简并被破坏，从而引起模态双折射。从产生的机理看，双折射主要分三类。

（1）形状双折射：电介质材料几何形状的各向异性，导致材料的介电常数和磁导率的各向异性，将引起材料折射率的各向异性。

（2）应力双折射：主要指来自材料内部的热应力和材料外部的机械应力，材料受到应力引起折射率的变化（即弹光效应）而产生双折射。

（3）外界电磁场引起的双折射：横向电场在光纤中引起的克尔效应会产生线双折射，纵向磁场在光纤中引起的法拉第效应会产生圆双折射。

为了在标准单模光纤中维持模的偏振，就需要将双折射引入到光纤中，使 x 和 y 两个方向的模式有效折射率不同，两正交模式的传播常数差别增大，两模式耦合的概率减小，这样就形成了保偏光纤。如果光在光纤一个光轴平行的方向上被线性偏振，那么光将维持其偏振态在光纤中进行传输。如果在沿光纤传输时，光在其他角度被线性偏振，偏振态将发生变化，从线性到椭圆到线性，再到椭圆并再次返回线性，具有通常所说的差拍周期长度。这种变化是模的正交分量间的相位差的结果，相差由它们的传播常数之间的差别产生，差拍长度越短，光纤对偏振的不规则性效应就越具有弹性，光纤对线性偏振光的偏振能力就越强。在光线预制棒制造和拉丝工艺中引入一个适当的应变，就可以实现模式双折射。在内建应变的 PMF 中，两个应力施加区（Stress Application Position，SAP）通常用掺硼（B_2O_3）石英在光纤中形成。这样在应力施加区和区域外石英材料之间的热膨胀系数差将导致热应力。目前，已有三种 PMF 商业化（熊猫光纤、领结光纤和椭圆包层光纤）且得到广泛应用，截面结构如图 2-5 所示。

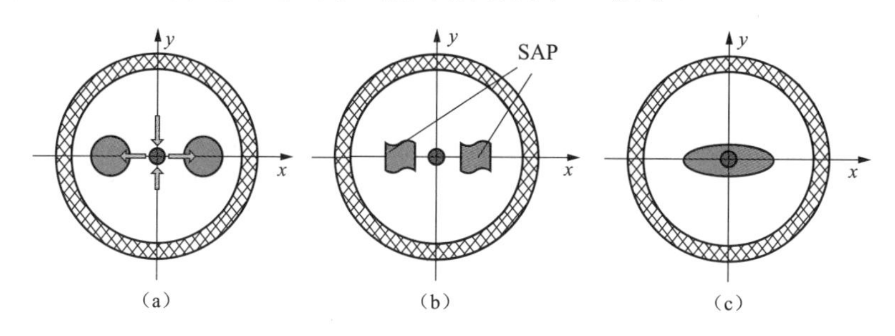

图 2-5　典型保偏光纤的截面

（a）熊猫光纤；（b）领结光纤；（c）椭圆包层光纤

保偏光纤广泛地应用于光纤通信和光纤传感技术领域，尤其是用来连接要求一定偏振方向的器件和元件，它也用作制造光纤器件（包括传感器）。

2.2.1.6　荧光光纤

荧光光纤是利用光致发光材料构成的一种特殊光纤。荧光光纤在结构上与普通光纤没有区别，都是由纤芯与包层构成，但荧光光纤的纤芯中掺有微量的荧光物质（如稀有元素、荧光染色剂），它具有选择性地吸收特定波段的微光信号的特性。当激发光从侧面或端面入射进纤芯时，纤芯中的发光材料被激发而发射荧光。这种光致发光是以光作为激励手段，激发材料中的电子从而实现发光的过程。它是光生额外载流子对的复合过程中伴随发生的现象。具体来说，电子从价带跃迁至导带并在价带留下空穴；电子和空穴各自在导带和价带中通过弛豫达到各自未被占据的最低激发态（在本征半导体中即导带底和价带顶），成为准平衡态；准平衡态下的电子和空穴再通过复合发光，形成不同波长光的强度或能量分布的光谱图。

荧光光纤一般基于聚合物光纤，因为聚合物光纤便于掺进不同的光致发光荧光材料。目前用于构成荧光光纤的芯材可选用普通的聚碳酸酯（Polycarbonate，PC）、有机玻璃（Polymethy Methacrylate，PMMA）和聚苯乙烯（Polystyrene，PS）等，其中 PMMA 有较好的光学性能，并且同大多数用作掺杂剂的荧光有机物相容性较好。荧光光纤传感器是由光纤传感技术结合荧光分析的特异、敏感等优点而发展起来的，已在医药学分析领域得到广泛的应用。荧光光纤检测激发光的强弱，例如，利用紫外激光的荧光光纤，可检测高压电气设备中的电晕放电现象（高压电放电的电弧光，一般为紫光），以监测此设备是否运行安全。利用 X 光激发光纤中的荧光则可用于 X 光发生的图像的检测和传输。由于荧光光纤中的光致发光材料有较高的能量转换效率，因而用荧光光纤还可构成光纤放大器，利用荧光的高转换效率使光纤中输入的信号光得以放大。

2.2.1.7 光子晶体光纤

光子晶体光纤（Photonic Crystal Fiber，PCF）是一个沿着光纤具有多个周期性小孔的光纤，也被称为多孔光纤。光子晶体光纤一般分为折射率波导型和光子带隙（Photonic Band Gap，PBG）波导型两类，如图 2-6 所示。在折射率波导 PCF 中，中心孔用本体材料填充，充当纤芯；四周为二维光子晶体区域，其等效折射率比纤芯低。波导的物理机制与常规光纤是相同的。在光子带隙波导中，光波被限制在中央孔内，虽然其折射率低于包层，由于光子晶体带隙效应，与带隙相应频率的光子不能在包层中存在，而被限制在中央的空心孔内。

（a）　　　　（b）

图 2-6　光子晶体光纤

（a）折射率波导 PCF；（b）光子带隙波导 PCF

与常规光纤相比，光子晶体光纤还具有以下特殊性质：

（1）无截止限的单模传播。在折射率波导 PCF 中作为包层的多孔材料的等效折射率随着光频率增加而增加，因为空气孔中倏逝场的深度随光频率增加而减小，从而使归一化频率减小。通过适当设计，在光子晶体光纤中比常规光纤截止波长更短的波长可以保持单模输出。

（2）高非线性光学效应。非线性光学效应随着能量密度增加而增加。光子晶体光纤可以设计和制作成一个比普通光纤面积更小的纤芯，导致较高光强密度和较高的非线性效应。高非线性光纤在某些应用中具有重要作用，如产生超连续光。

（3）可设计和可控的偏振特性。光子晶体光纤的很多结构参数都可以用来控制和调节其性质，包括孔的布局和对称类型，孔的大小、孔之间的距离、孔的形状。

（4）光功率和高能量的光波传输。一般玻璃材料的光吸收和热效应限制了能量的传输性能。光子带隙效应提供了将光波限制在孔径扩大的空气孔中传输的可能性，从而降低了负面影响。这一特性可以将光谱扩展到更长的红外波段。

2.2.1.8 聚合物光纤

石英光纤最大变形只能达到2%，无法满足一些场合应变检测的要求，因而催生了聚合物光纤。聚合物材料具有电光耦合系数高，相对介电常数小，质量轻，成本低，易于加工等优点。部分具有非线性光学性质的聚合物材料，其折射率会随着曝光剂量的不同而有所变化。聚合物光纤同石英光纤相比，可挠性更好，能承受的应变范围更加大。研究表明，聚合物光纤可以承受 6%～13%的应变，波长调谐量可达数百纳米，覆盖了全波光纤的整个可用范围。石英和聚合物光纤的相关参数对比如表 2-2 所示。

表 2-2　　石英和聚合物光纤的相关参数对比

特性	石英光纤	聚合物光纤
损耗（dB/km）	0.2～3	10～100
杨氏模量（GPa）	100	3
破坏应变	1%～2%	5%～10%
热光系数（K^{-1}）	8.6×10^{-6}	-1×10^{-4}
弹光系数	0.22	0.034
热膨胀系数（K^{-1}）	4×10^{-7}	7×10^{-5}

近年来，聚合物光纤在通信领域和传感器应用方面受到广泛的关注，特别是长周期聚合物光纤光栅得到比较深入的研究和大量应用。澳大利亚新南威尔士大学的彭刚定等人曾做过聚合物光纤光栅的轴向拉伸实验，最大拉伸应变为 3.61%，在 1535nm 处分辨率为 1.46pm/με。聚合物光栅应变传导规律是接近线性的，二次项影响比较小，中心波长的漂移可以近似看成线性的。由于聚合物光栅弹光系数较石英光纤小，其灵敏度也较之要高，仿真中，在 1576.5nm 处达到了 1.618pm/με 的分辨率。同时，该课题组做了室温条件下聚合物光纤光栅的温度传感实验，测得聚合物光纤光栅的温度灵敏度为 152pm/℃。与普通的石英光纤不同，聚合物光纤的折射率随温度变化比较明显，其热光系数为负值，大小为石英光纤的 10～30 倍。这导致它具有与石英光纤完全不同的温度响应。随着温度升高，聚合物光纤

光栅的布拉格（Bragg）波长减小，这与石英光纤光栅的Bragg波长随温度升高而增大恰好相反。并且，由于聚合物光栅的热光系数较大，其中心波长的温度漂移呈现出非线性。

2.2.2 常用光纤器件

常用的光纤器件主要包括光纤连接器、光纤耦合器、光开关、光隔离器、光环形器、光电探测器、光纤激光器和光纤放大器等。

2.2.2.1 光纤连接器

光纤连接器是用以稳定地但非永久性地连接两根或者多根光纤的无源组件，一般由两个配合插头和一个耦合管构成。主要用于实现设备间、设备与仪表、设备与光纤间及光纤与光纤间的非永久性固定连接。使用连接器，使得光通道间的可拆式连接成为可能，为光纤提供了测试入口，方便光系统的调试与维护。光纤连接器插芯常用材料有金属棒、玻璃、塑料等，但是以精密陶瓷芯和陶瓷管的出现为标志，光纤连接器的主流技术已经成熟。目前市场上的主流连接器是直径为2.5mm的精密陶瓷芯和陶瓷管构成的连接器（如FC型、SC型和ST型等），如表2-3和图2-7所示。

表2-3　　光纤连接器分类

光纤数量	光耦合	机械耦合	套管结构	紧固方式
单通道	对接	V形槽	直套管	螺丝
多通道	透镜	锥形	锥形套管	销钉
单/多通道	其他	其他	其他	弹簧销

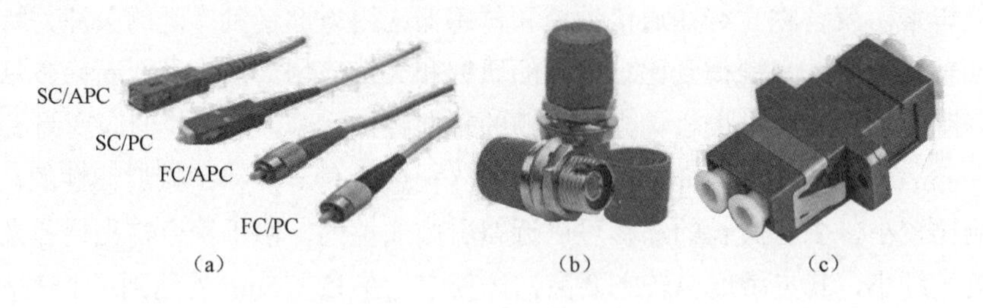

图2-7　主流光纤连接器

（a）单通道；（b）法兰式；（c）双通道

2.2.2.2 光纤耦合器

光纤耦合器是一种能使传输中的光信号在特殊结构的耦合区发生耦合，并进行功率再分配的器件。光纤耦合器大多数采用熔融渐变双锥的制造方法，即将多根裸光纤绞合在一起，火焰加热到软化温度后拉伸，在熔融区形成渐变双锥结构。这类耦合器的工作原理，多模光纤和单模光纤是不同的。对于多模光纤耦合器，从输入端到输出端，光纤的芯径先是逐渐变细，这使可传输的模式越来越少，达到截止状态的模式功率辐射到包层中，直到所有的导模都变成包层模。而后随着芯径逐渐变大，光功率又重新耦合到芯层中，并相当均匀地把能量分配到每根输出光纤中。任何一根输入光纤的光功率都能均匀地分配到每根输出光纤中。单模光纤耦合器的工作原理是基于倏逝场耦合的，两个平行且靠得很近的单模波导的简化模型如图 2-8（a）所示，其中 β_{A} 和 β_{B} 为它们单独存在时各自的波导传输常数；κ_{AB} 和 κ_{BA} 是两个波导之间的耦合系数，相邻波导倏逝场的扰动使得本波导的模振幅随着传输距离 z 的变化而变化。

还有一种研磨型的光纤耦合器，它先是在石英玻璃块上开一个弧形的凹槽，将光纤嵌入槽内，然后再将光纤连同石英块一起研磨，从侧面对光纤的包层进行研磨，一直研磨到接近纤芯，进入倏逝场的位置。将两根光纤侧面研磨后的光纤拼合，并在中间涂上折射率匹配液，就可以得到一个 2×2 的光纤耦合器，如图 2-8（b）所示。这种光纤耦合器可以制成性能优良的保偏耦合器，另外也可以形成耦合比可调的光纤耦合器，但是制作工艺复杂。

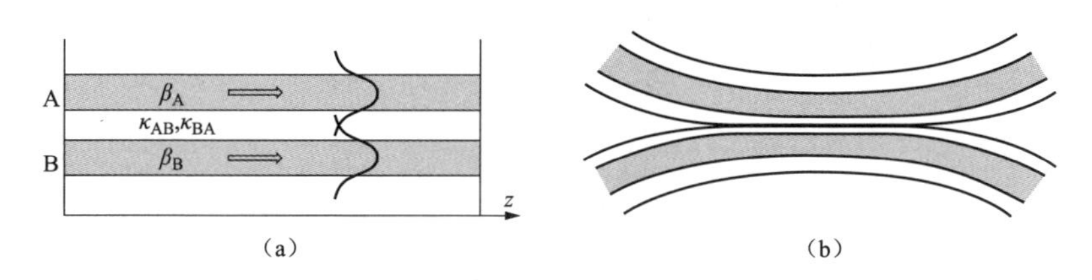

图 2-8　光纤耦合器原理

（a）两波导之间光波的耦合；（b）研磨型光纤耦合器结构示意

在耦合的过程中，光信号的频谱成分没有发生变化，变化的只是光信号的功率。光纤耦合器是一种多端口非互易光学器件。由两个相同波导组成的对称 2×2 耦合器，场模可以表示为

$$\begin{bmatrix} A(z) \\ B(z) \end{bmatrix} = \begin{pmatrix} \cos\kappa z & \mathrm{j}\sin\kappa z \\ \mathrm{j}\sin\kappa z & \cos\kappa z \end{pmatrix} \begin{pmatrix} A_0 \\ B_0 \end{pmatrix} \mathrm{e}^{\mathrm{j}\beta z} \tag{2-12}$$

式中：$A(z)$ 和 $B(z)$ 分别是 A、B 两束光波沿 z 轴的场模，A_0 和 B_0 分别是 A、B 两束光波场模的初始值；κ 为两个波导之间的耦合系数；β 为传播常数；$\mathrm{e}^{\mathrm{j}\beta z}$ 只影

响输出光束的整体相位变化，不影响两束输出光的相对光强和相位。鉴于能量守恒，两路光的光强之和保持不变。对于对称的耦合器，有

$$\begin{bmatrix} I_{\mathrm{A}}(z) \\ I_{\mathrm{B}}(z) \end{bmatrix} = \begin{pmatrix} \cos^2 \kappa z & \sin^2 \kappa z \\ \sin^2 \kappa z & \cos^2 \kappa z \end{pmatrix} \begin{bmatrix} I_{\mathrm{A}}(0) \\ I_{\mathrm{B}}(0) \end{bmatrix} \tag{2-13}$$

式中：$I_{\mathrm{A}}(z)$ 和 $I_{\mathrm{B}}(z)$ 分别是 A、B 两束光波沿 z 轴的光强；$I_{\mathrm{A}}(0)$ 和 $I_{\mathrm{B}}(0)$ 分别是 A、B 两束光波光强的初始值。

两个光纤的输出比可以通过耦合长度 l 来调整。因此 2×2 耦合器可以起光分束器的作用。此时，光纤耦合器的传输矩阵可以简化表示为

$$T_{\mathrm{C}} = \begin{pmatrix} t & \mathrm{j}r \\ \mathrm{j}r & t \end{pmatrix} \tag{2-14}$$

$$t = \cos \kappa l$$

$$t = \sin \kappa l$$

若耦合相位因子 κl 等于 $(m+1/4)\pi$，则可以获得两个相等的输出。这时器件被称为 3dB 光分束器，其传输矩阵可写为

$$T_{\mathrm{C}} = \frac{\sqrt{2}}{2} \begin{pmatrix} 1 & \mathrm{j} \\ \mathrm{j} & 1 \end{pmatrix} \tag{2-15}$$

光纤耦合器的分类方法有很多种。从功能上看，可以分为光功率分配器、波分复用器以及光偏振分束器；从端口形式上看，可以分为 X 形（2×2）耦合器、Y 形（1×2）耦合器、星形（$N \times N$，$N>2$）耦合器、树形（$1 \times N$，$N>2$）耦合器。图 2-9 展示了两种耦合器。

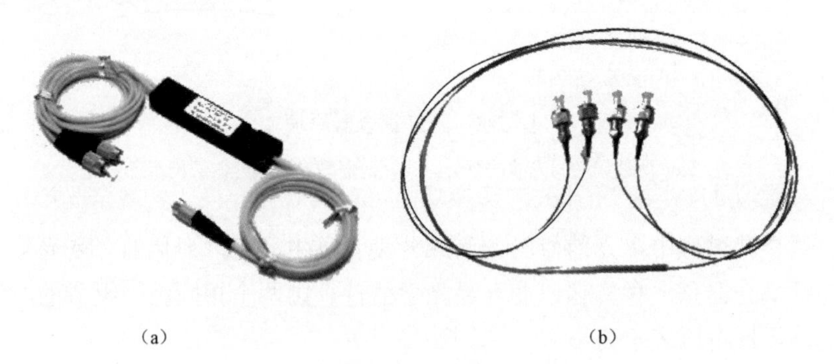

（a）　　　　　　　　　　（b）

图 2-9　按端口形式分类的光纤耦合器

（a）Y 形耦合器；（b）X 形耦合器

光纤耦合器主要的技术指标有插入损耗、附加损耗、分光比、隔离度。

（1）插入损耗。插入损耗是指耦合器的某一输出端口所引起的功率损耗，通

常以该端口的输出功率与某一输入功率之比的对数来表示，即

$$L_{\mathrm{I}i} = -10\lg\frac{P_{\mathrm{out}i}}{P_{\mathrm{in}}}(\mathrm{dB}) \tag{2-16}$$

式中：$L_{\mathrm{I}i}$ 为第 i 个输出接口的插入损耗；$P_{\mathrm{out}i}$ 为第 i 个输出端口测到的光功率值；P_{in} 为输入端的光功率值。

（2）附加损耗。附加损耗是指输入光功率与总体输出之比的对数，它反映了耦合器的损耗，其值越小越好，可表示为

$$L_{\mathrm{E}} = -10\lg\frac{P_{\mathrm{in}}}{P_{\mathrm{out}}}(\mathrm{dB}) \tag{2-17}$$

式中：P_{out} 为输出端口的总光功率值。

（3）分光比。分光比也称耦合比，指某一输出端口的光功率与总输出端口光功率之比，即

$$S_i = \frac{P_{\mathrm{out}i}}{P_{\mathrm{out}}}\times 100\% \tag{2-18}$$

式中：S_i 为第 i 个输出端口的分光比。

（4）隔离度。隔离度是指光纤耦合器件的某一光路对其他光路中光信号的隔离能力。隔离度越高，也就意味着不同线路之间的“串话”越小，其定义为

$$L_{\mathrm{T}i} = -10\lg\frac{P_{\mathrm{out}i}}{P_{\mathrm{in}}}(\mathrm{dB}) \tag{2-19}$$

隔离度对分波耦合器的意义更为重大，要求也高一些，实际工程中往往需要隔离度达到 40dB 以上的器件；一般情况下，合波器对隔离度的要求并不苛刻，20dB 左右将不会对实际应用带来明显的不利影响。

2.2.2.3　光开关

光开关是一种光路控制器件，具有光路切换的功能，可以实现不同光路切换、光纤、光器件的测试。光开关的切换功能可以实现光交换，实现全光层次的路由选择、波长选择、光交叉选择和自愈保护等。光开关和光开关阵列是构建光纤通信网的关键器件。光开关分为机械式、微机械式、波导型（电光效应）和气泡式光开关。

机械式光开关通过机械运动实现不同光纤端口之间的相对连接，如图 2-10 所示。

微机械式光开关可以看作机械式光开关的缩小版。通过电磁方式控制微机械反射镜的旋转，进而实现光路的连通或者断开，如图 2-11 所示。

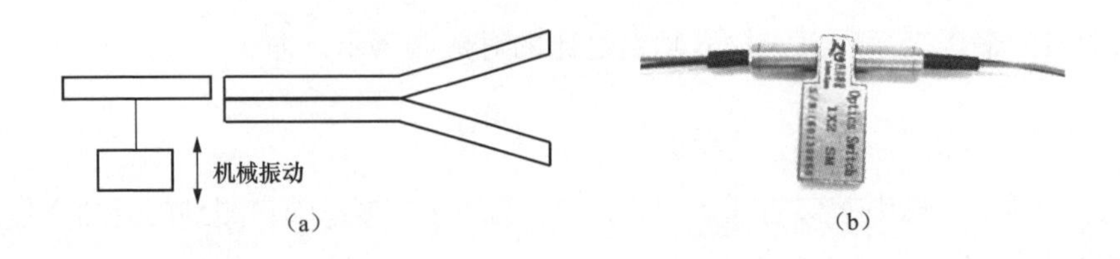

图 2-10　1×2 机械式光开关

（a）原理示意；（b）实物

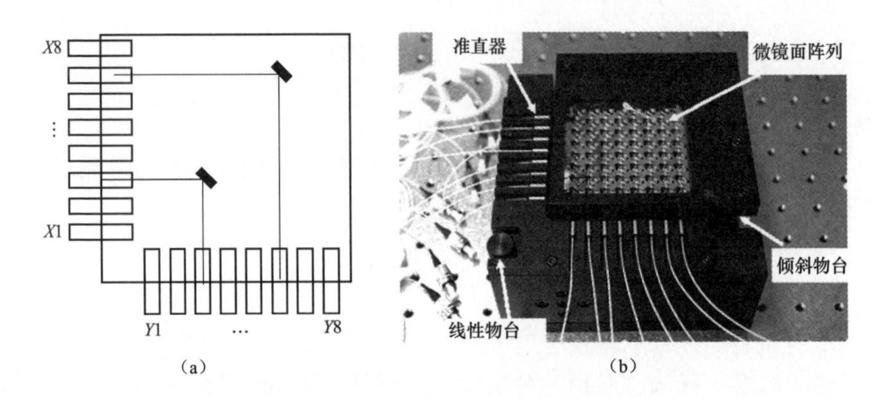

图 2-11　微机械式二维光开关

（a）原理示意；（b）实物内部

电光效应光开关多由光电晶体材料（如 $LiNbO_3$ 或其他半导体材料）波导材料制成，两条波导通路连接成马赫—曾德尔干涉结构，外加电压可改变波导材料的折射率，从而控制两臂的相位差，利用干涉效应实现了光的通断。它的特点是速度快，但与偏振有关，成本较高。工作原理如图 2-12 所示。

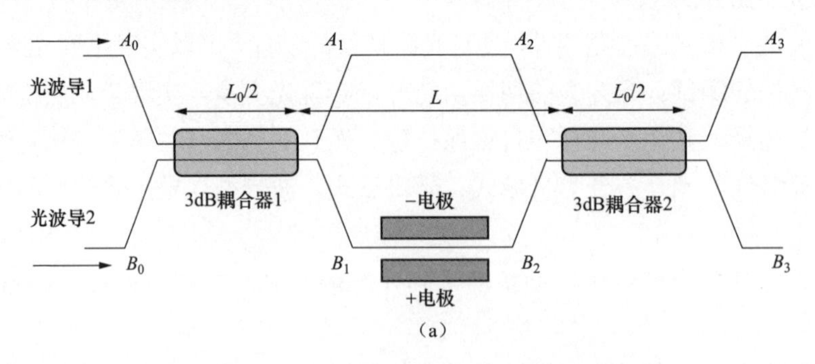

图 2-12　电光效应光开关工作原理（一）

（a）原理示意

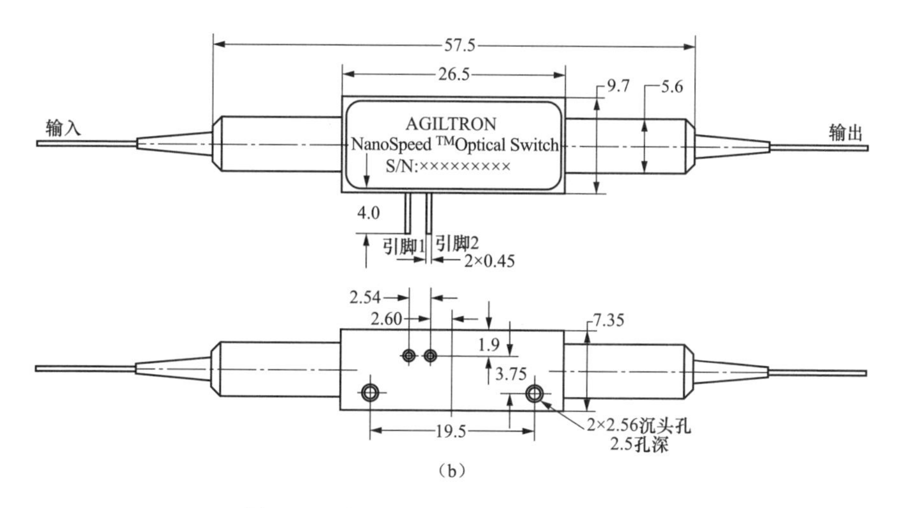

图 2-12　电光效应光开关工作原理（二）

（b）实物机械尺寸

光开关的主要技术指标有交换矩阵、交换速度、损耗、消光比。

（1）交换矩阵。交换矩阵的大小反映了其交换能力。交换矩阵越大，光开关的交换能力就越大。

（2）交换速度。交换速度是衡量光开关性能的重要指标，有两个重要的量级：当从一个端口到另一个端口的交换时间达到几个毫秒时，对因故障而重新选择路由的时间已经足够；当交换时间达到纳秒量级时，就可以支持光互联网的分组互换。

（3）损耗。损耗包括插入损耗和回波损耗等。损耗产生的主要原因是光纤和光开关端口耦合时的损耗及光开关自身材料对光信号产生的损耗。损耗特性影响了光开关的级联，限制了光开关的扩容能力。

（4）消光比。消光比是描述光开关导通与非导通状态通光能力差别的主要指标，即两个端口处于导通与非导通状态时的插入损耗之差。

光开关应该具有插入损耗小、串音低、开关速度快、开关功耗小、重复性好、寿命长、结构小型化等特点，目前实用化的光开关产品有聚合物开关、光微电机械开关、液晶光开关、喷墨灯光开关、声光开关等。

2.2.2.4　光隔离器

光隔离器是一种只允许光沿着一个方向通过而在相反的方向阻挡光通过的光无源器件。它主要是用来防止光路中由于各种原因产生的后向传输光对光源以及光路系统产生的不良影响。

光隔离器由两个线偏振器中间加一个法拉第旋转器构成。起偏器由偏振片或双折射晶体构成，实现由自然光得到偏振光；磁光晶体制成的法拉第旋转器，完成对光偏振态的非互易调整；检偏器实现将光线汇聚平行出射。不管光的传播方向如何，迎着外加磁场的磁感应强度方向观察，偏振光总按顺时针方向旋转。这就是法拉第效应旋向的不可逆性。光隔离器主要加在激光器与光纤之间，以消除反射光对激光器的不良影响。

光隔离器的工作原理如图 2-13 所示。对于正向入射的光信号，通过起偏器后成为线偏光，法拉第旋磁媒质与外磁场一起使信号的偏振方向右旋 45°，并恰好低损耗通过与起偏器成 45°角的检偏器。对于反向光，出检偏器的线偏振光经过旋转媒质时，偏转方向也右旋 45°，从而使反向光的偏振状态与起偏器反向正交，完全阻断了反向光的传输。

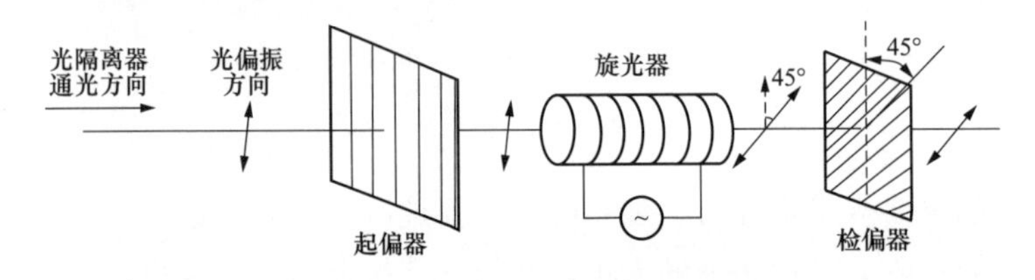

图 2-13　光隔离器工作原理示意图

评价光隔离性能的两个重要指标主要是插入损耗和隔离度。

光隔离器的插入损耗来源于偏振器和法拉第旋转器，其定义为

$$L_{\mathrm{I}}=-10\lg\frac{P_{\mathrm{out}}}{P_{\mathrm{in}}}(\mathrm{dB}) \tag{2-20}$$

式中：P_{in} 为输入功率；P_{out} 为输出功率。

光隔离器的插入损耗越小越好，一般高质量的光隔离器的正向插入损耗在 0.5dB 以下。

隔离度一般是指反射传输光的损耗。隔离度的大小受偏振器和法拉第旋转器的影响，插入损耗的增加会引起隔离度的减小，光隔离度越大越好。实际使用的单级光隔离器的隔离度一般只有 36dB，若不能满足要求，则可以选用双级隔离器，隔离度会大于 60dB。

2.2.2.5　光环形器

光环形器是只允许某个端口的入射光从确定端口输出而反射光从另外一个端口输出的光学器件。一种三端口光环形器的工作原理如图 2-14 所示，端口 1 是光输入端口，端口 2 是入射光输出端口、也是反射光的入射端口，端口 3 是反射光的输出端口。端口 1 的入射光只能从端口 2 输出，而从端口 2 输入的光只能从端

口 3 输出。光环形器十分适合用在测量反射光信号的场合，相比于 2×2 光耦合器，光环形器的优势在于其损耗远远小于光耦合器。

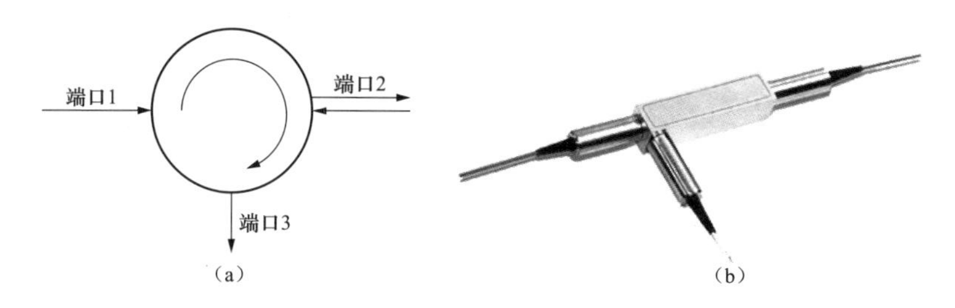

图 2-14　光环形器

（a）原理示意；（b）实物

光环形器的主要技术指标是插入损耗和隔离度。光环形器的插入损耗定义与光隔离器插入损耗一致，在此不再赘述。以上述三端口光环形器为例，其插入损耗主要包括端口 1 到端口 2 的插入损耗和端口 2 到端口 3 的插入损耗。

光环形器的隔离度 L_T 定义为

$$L_T = 10\lg\frac{P_2}{P_1} - 10\lg\frac{P_2}{P_3}(\text{dB}) \tag{2-21}$$

式中：P_2 为端口 2 的入射光功率；P_1、P_3 分别为端口 1 和端口 3 的输出光功率。

2.2.2.6　光电探测器

光电探测器的作用是将接收到的光功率信号转换为电信号输出，探测器是光纤通信光接收机的关键部件，对提高光接收机的灵敏度和延长光纤通信的中继距离有着重要的作用。光电探测器的核心结构是一个 PN 结，根据其结构的不同，主要分为 PIN 光电二极管和 APD 雪崩光电二极管。常见光电二极管外形如图 2-15 所示。

图 2-15　常见光电二极管

（a）带光纤的二极管；（b）不带光纤的二极管

（1）PIN 光电二极管。PIN 光电二极管是光纤通信和光纤传感系统中最常用的光电探测器，它具有价格低、灵敏度高、响应快、性能稳定和使用方便等优点。PIN 光电二极管是在掺杂浓度很高的 P 型、N 型半导体之间生成一层掺杂浓度极低的本征材料，称为 I 层。在外加反向偏置电压作用下，I 层中形成很宽的耗尽层。由于 I 层吸收系数极小，入射光可以很容易地进入材料内部被充分吸收而产生大量的电子—空穴对，因此大幅度提高了光电转换效率。另外，I 层两侧的 P 层和 N 层很薄，光生载流子的漂移时间很短，大大提高了器件的响应速度。

对于 PIN 光电二极管，其主要技术参数包括波长响应范围、响应度、量子效率、响应速度、噪声特性。

1）波长响应范围。不同半导体材料存在着上限波长（即截止波长）。当入射波长远远小于截止波长时，光电转换效率会大大降低。因此，半导体光电探测器只可以对一定波长范围的光信号进行有效的光电转换，这一波长范围就是波长响应范围。

半导体材料的吸收系数是影响其光电转换效率的重要参数。吸收系数与光波长有关，当波长很短时，材料的吸收系数很大；当波长增大时，吸收系数又迅速减小。因此，检测某波长的光要选择合适的材料作为光检测器。首先，材料的带隙决定了截止波长要大于被检测的光波波长，否则材料对光透明，不能进行光电转换。其次，材料的吸收系数不能太大，不然会降低光电转换效率。

2）响应度。响应度是描述光检测能量转换效率的一个参量，定义为

$$R = \frac{I_{\mathrm{p}}}{P_{\mathrm{in}}} \tag{2-22}$$

式中：P_{in} 为入射到光电二极管上的光功率；I_{p} 为产生的光电流。

3）量子效率。量子效率表示入射光子转换为光电子的效率，即单位时间内产生的光电子数与入射光子数之比。光电检测器的响应度随波长的增大而增大。另外，为了提高量子效率，必须降低入射表面的反射率，使入射光子尽可能多地进入 PN 结中；同时减少光子在表面层被吸收的可能性，增加耗尽层的宽度，使光子在耗尽层内被充分吸收。

4）响应速度。响应速度通常用响应时间（上升时间和下降时间）来表示。光电二极管在接收机中使用时通常由偏置电路与放大器相连，这样检测器的响应特性必然与外电路有关。影响响应速度的主要因素有检测器及其负载的 RC 时间常数、载流子漂移通过耗尽区的渡越时间、耗尽区外产生的载流子扩散引起的延迟等。

5）噪声特性。光电二极管的噪声包括量子噪声、暗电流噪声、漏电流噪声

及负载电阻的热噪声。除负载电阻的热噪声外，其他皆为散弹噪声。散弹噪声是由于带电粒子的产生及其运动的随机性而引起的一种具有均匀频谱的白噪声。量子噪声是由于光电子产生和收集的统计特性造成的，与平均光电流成正比。暗电流噪声是当没有入射光时流过器件偏置电路的电流，它是由于 PN 结内热效应产生的电子—空穴对形成的，是 PIN 的主要噪声源。当偏置电压增大时，暗电流增大。暗电流也会随着器件温度的升高而增大。暗电流的大小与光电二极管的结面积成正比，故常用单位面积上的暗电流（即暗电流密度）来衡量。表面漏电流是由于器件表面物理特性不完善，如表面缺陷、不清洁和加有偏置电压引起的。漏电流和暗电流一样，都只能通过合理的设计和良好的结构以及严密的工艺来降低。任何电阻都是热噪声，只要温度高于热力学零度，电阻中大量的电子就会在热激励的作用下无规则运动，由此在电阻上形成无规则弱电流，造成电阻热噪声。量子噪声不同于热噪声，它伴随着信号的产生而产生，随着信号的增大而增大。

（2）APD 雪崩光电二极管。当 PN 结耗尽，层中的场强达到足够高时，入射光产生的电子或空穴将不断被加速而获得很高的能量，这些高能量的电子和空穴在运动中与晶格碰撞，使晶体中的原子电离激发出新的电子—空穴对。这些碰撞电离产生的电子和空穴在场中被加速，也可以电离出其他的原子。经过多次电离，载流子迅速增加，形成雪崩倍增效应。APD 雪崩光电二极管就是雪崩倍增效应使光电流得到倍增的高灵敏度检测器。

APD雪崩光电二极管的特性除了PIN光电二极管中所述之外，还有如下特性：

1）倍增因子。定义倍增因子 g 为 APD 输出光电流 I_o 和一次光生电流 I_p 的比值，即

$$g = \frac{I_o}{I_p} \tag{2-23}$$

g值随着反向偏压、波长和温度的变化而变化。APD的响应速度要远高于PIN。

2）噪声特性。APD 中的噪声除了量子噪声、暗电流噪声、漏电流噪声外，还有附加的倍增噪声。雪崩倍增效应不仅对信号电流有放大作用，而且对噪声电流也有放大作用。同时雪崩效应产生的载流子也是随机的，所以引入新的噪声。

3）温度特性。当温度变化时，原子的热运动状态发生变化，从而引起电子、空穴电离系数的变化，使得 APD 的增益也随温度而变化。随着温度的变化，倍增增益下降。为了保持稳定的增益，需要在温度变化的情况下进行温度补偿。

2.2.2.7 光纤激光器

光纤激光器是一种能在光纤中产生特定波长激光的光纤有源器件，由三部分构成：①工作介质（增益介质），其作用是产生光子；②光学谐振腔（两个反射面之间形成的空间），作用是使光子得到反馈并在增益介质中进行谐振放大；③激励能源（泵浦源），作用是将掺入光纤中的稀土离子的电子由基态激发到高能态，高能态电子寿命短，很快以辐射形式（放出声子）弛豫到寿命较长的亚稳态上，并以辐射（光子）的形式放出能量回到基态，其基本结构如图 2-16 所示。

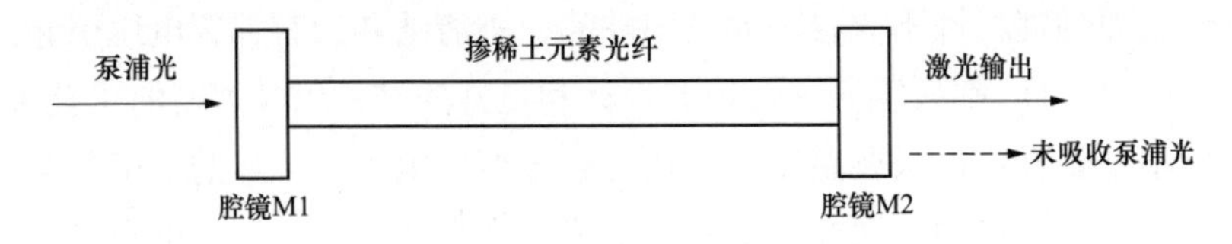

图 2-16　光纤激光器基本结构

光纤激光器的增益介质是掺杂稀土离子的光纤，掺杂离子一般为铒（Er^{+3}）、钕（Nd^{+3}）和镨（Pr^{+3}）等。目前采用的稀土离子中与光学有关的能级系统模型有两种：三能级系统和四能级系统。前者系统模型如图 2-17 所示，增益介质为掺铒离子光纤；后者系统模型如图 2-18 所示，增益介质为掺钕离子光纤。

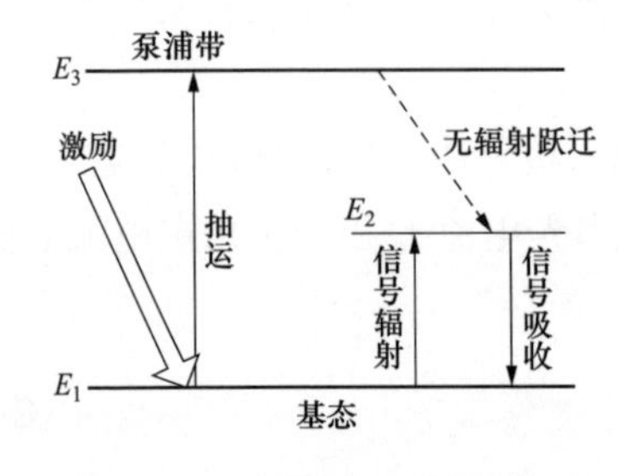

图 2-17　三能级跃迁系统模型

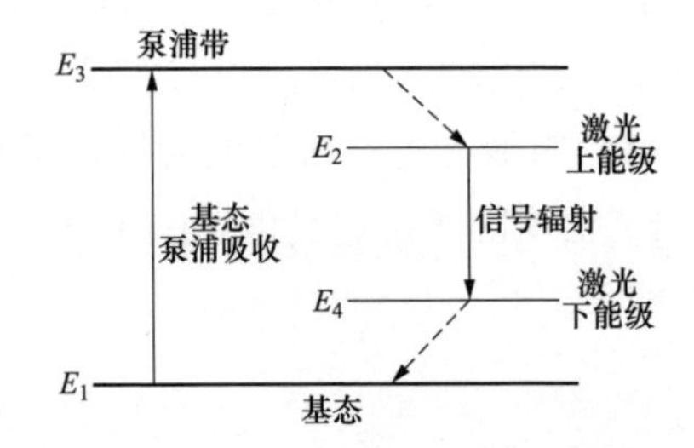

图 2-18　四能级跃迁系统模型

无论三能级系统还是四能级系统，它们并非是增益介质的实际能级系统，而是对形成粒子数反转分布的整个物理过程所做的模型抽象，实际的能级系统与之相比要复杂得多。作为抽象的三能级系统和四能级系统具有一些共同特性：即为实现粒子数反转分布，必须内有亚稳态，外有激励能源（即泵浦源），粒子整个输运过程是一个循环往复的非平衡过程。

光纤激光器的谐振腔有多种结构，最基本的结构有线性腔与环形腔两大类。线性腔的基本结构为 F-P 腔，它由两个高反射率的腔镜（反射镜）组成，如图 2-19 所示。环形腔的基本结构由一根光纤环绕成圆圈组成，如图 2-20 所示。借助光纤定向耦合器，线性腔与环形腔还可以构成反射腔、Fax-Smith 腔、双环形腔、Sagnac 腔和 M-Z 干涉腔等。

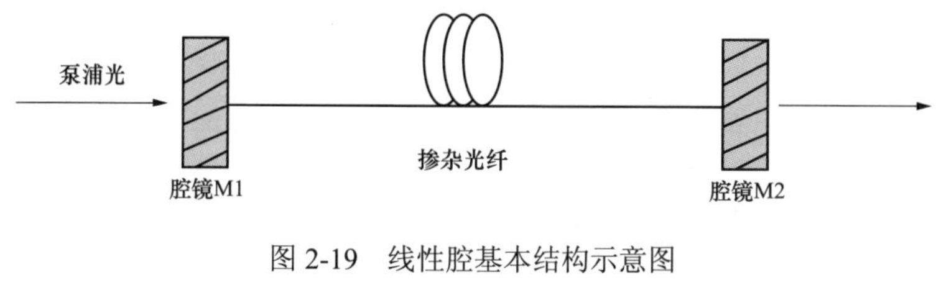

图 2-19　线性腔基本结构示意图

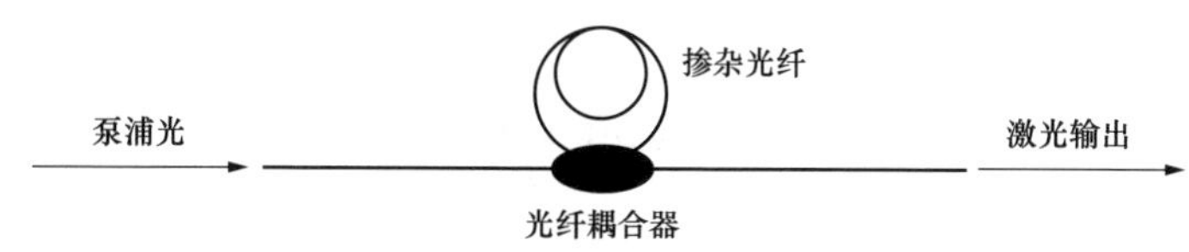

图 2-20　环形腔基本结构示意图

2.2.2.8　光纤放大器

光纤放大器是一种在光纤中对特定波段的激光进行放大的光纤有源器件。从本质上讲，光纤放大器的原理与光纤激光器类似，二者的区别在于不需要谐振腔结构使放大器具有行波放大的性能。光纤放大器主要用来在光纤通信中进行中继放大、前置放大、功率放大和光孤子通信。

根据泵浦光和信号光传输方向的关系，光纤放大器的基本结构可以分为正向泵浦型、反向泵浦型与双向泵浦型三类，如图 2-21～图 2-23 所示。

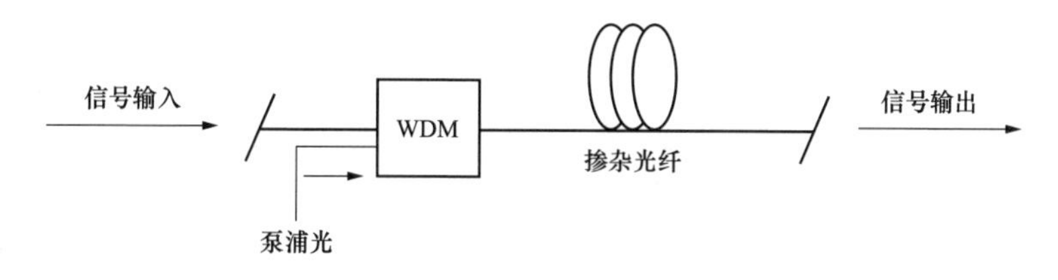

图 2-21　正向泵浦型光纤放大器结构示意图

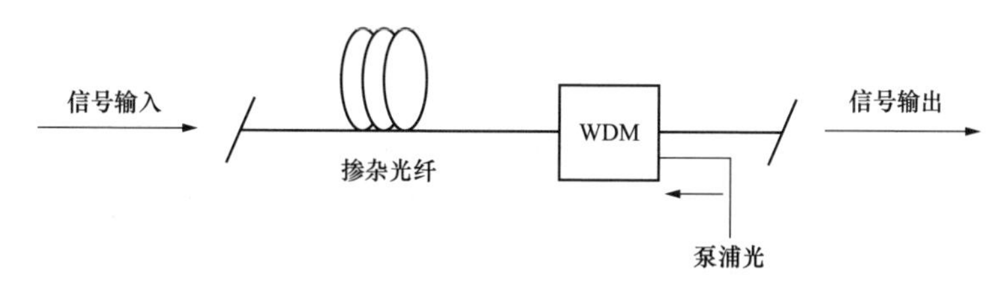

图 2-22　反向泵浦型光纤放大器结构示意图

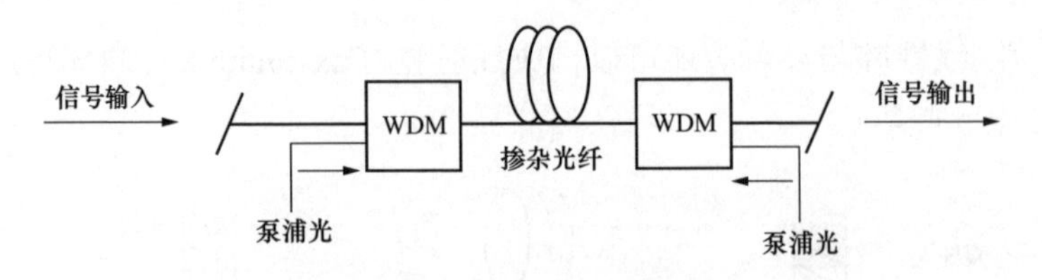

图 2-23 双向泵浦型光纤放大器结构示意图

光纤放大器的主要特性参数有增益、饱和输出功率、增益带宽、噪声系数。

（1）增益。增益为光纤放大器输出信号功率 P_{out} 与输入信号光功率 P_{in} 的比值，用 G（dB）表示，即

$$G = 10\lg\frac{P_{out}}{P_{in}} \tag{2-24}$$

（2）饱和输出功率。以小信号增益为基准，当信号增益下降 3dB 或者 10dB 时，对应的信号输出功率称为饱和输出功率。

（3）增益带宽。增益带宽为在最高增益下 3dB 增益差之内的信号波长范围。

（4）噪声系数。噪声系数为光纤放大器的输出信噪比与输入信噪比的比值。

光纤放大器主要有掺稀土离子光纤放大器和常规光纤放大器两种基本类型。掺稀土离子光纤放大器主要有掺铒光纤放大器（Erbium Doped Fiber Application Amplifier，EDFA）、掺镨光纤放大器（Praseodymium Doped Fiber Amplifier，PDFA）等。其中，EDFA 技术最成熟且工程应用最广泛，其工作波长为 1550nm，可用于放大 C 波段（1525～1565nm）的光信号；PDFA 主要放大 1310nm 波长区域的光信号。常规光纤放大器的代表是拉曼光纤放大器（Rama Fiber Amplifier，RFA），它也是一种技术比较成熟的光纤放大器。表 2-4 列出了两类放大器的主要特点。

表 2-4　　　　　　　两类主要光纤放大器的比较

光纤放大器类型	掺稀土离子光纤放大器	常规光纤放大器
基本原理	粒子数反转	光学非线性效应
泵浦方式	光	光
泵浦功率	数毫瓦至数十毫瓦	数毫瓦至数百毫瓦
工作长度	数米至数十米	数千米
输出光功率	10dBm	20dBm
噪声特性	好	好
与常规光纤耦合	容易	容易
与光偏振关系	无关	大
稳定性	好	好

2.3 瑞 利 散 射

2.3.1 光纤中的散射现象

光的散射现象就是一束单色光进入透明介质（气体、液体、固体）时，在透射和反射方向以外出现光的现象。光的散射可以分为尘埃小颗粒的丁泽尔散射、晶体的布里渊散射、等离子体对光的散射、分子的瑞利散射和拉曼散射、自由电子对光的散射等。

一定波长的激光脉冲与光纤分子相互作用时，可发生三类散射光：瑞利散射光、布里渊散射光以及拉曼散射光。这主要是由光纤的非结晶材料在微观空间的颗粒状结构和不均匀所引起的。各种散射的分布情况见图 2-24。散射可分为弹性散射和非弹性散射，前者入射光与光纤分子之间没有能量交换，散射光和入射光频率相同；后者入射光与光纤分子之间有能量交换，散射光和入射光频率不同。弹性散射主要包括瑞利（Rayleigh）散射；非弹性散射有拉曼（Raman）散射和布里渊（Brillouin）散射。入射光与声学波相互作用产生时，发生布里渊散射，布里渊散射光和入射光存在一定程度的频率偏移；入射光与光纤分子之间有能量交换时产生拉曼散射光效应，拉曼散射光和入射光存在较明显的频率偏移。

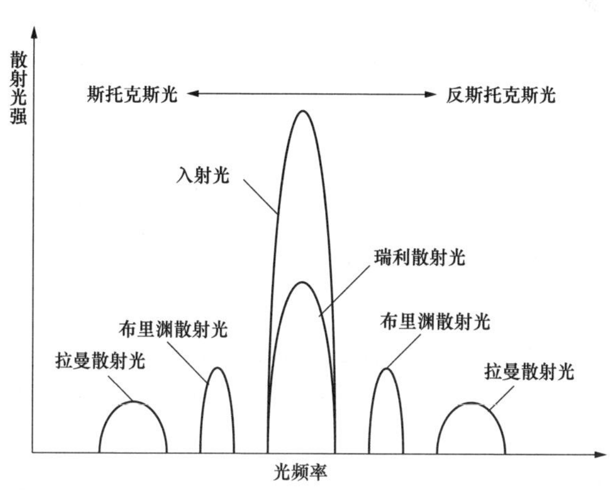

图 2-24　光纤中的散射

2.3.2 瑞利散射现象

英国科学家瑞利在 1871 年提出，如果浑浊介质的悬浮微粒线度为波长的

1/10，不吸收光能，在与入射光传播方向呈 θ 角的方向上，单位介质中散射光强度为

$$I_\theta = \alpha \frac{N_0 V^2}{r^2 \lambda^4} I_0 (1+\cos^2\theta) \tag{2-25}$$

式中：α 为表征浑浊介质光学性质非均匀程度的因子，与悬浮微粒的折射率 n_2 和均匀介质的折射率 n_1 有关。若 $n_1 \neq n_2$，则 $\alpha \neq 0$，在 θ 方向产生的散射光强度为 I_θ；若 $n_1 = n_2$，则 $\alpha = 0$，不发生散射现象。N_0 为单位体积介质中悬浮微粒的数目，V 为一个悬浮微粒的体积，r 为散射微粒到观察点的距离，λ 为光的波长，I_0 为入射光强度。

由式（2-25）可见，在其他条件相同的情况下，散射光强度与光波长的四次方成反比，即

$$I_\theta \propto \frac{1}{\lambda^4} \tag{2-26}$$

这就是瑞利散射定律，它说明光波长越短，其散射光强度越大。

利用瑞利散射定律可以解释若干自然现象。由于大气对阳光的散射，才使整个天空呈现光亮。如果没有大气层，白昼的天空也将是一片漆黑。根据瑞利散射定律，散射光中短波占优势，例如红光波长（λ=720nm）为紫光波长（λ=400nm）的 1.8 倍，则紫光散射光强度约为红光的 $1.8^4 \approx 10$ 倍。所以太阳的散射光在大气层外层部分呈紫蓝色，在大气层内层蓝色的成分比红光成分多，使天空呈蔚蓝色。正午的太阳基本上呈白色，而旭日和夕阳却呈红色。如图 2-25 所示，正午太阳直射，穿过大气层的厚度最小，阳光中被散射掉的短波成分不太多，因此垂直透过大气层后的阳光基本上是白色或略带黄橙色。早晚阳光斜射，穿过大气层的厚度比正午时厚得多，被大气散射掉的短波成分也多得多，仅剩下长波成分透过大气到达观察者，所以旭日和夕阳呈红色，而云也因为反射太阳光而呈现红色，但天空仍然是蓝色的。

因为红光透过散射物的穿透力比蓝光强，在拍摄薄雾景色时可在相机物镜前加上红色滤光片以获得更清晰的照片，红外线穿透力比可见光强，被用于远距离照相或遥感技术。

瑞利从太阳光穿过大气层所引起的衰减估算了阿伏伽德罗常量 N_A。人们发现实际的空气对太阳光的散射强度是由上述瑞利公式计算出的两倍大，其原因是瑞利公式只考虑了太阳光直接照射地球的散射光强度，没有计及地球表面反射的太阳光对空气微粒散射光强度的贡献。

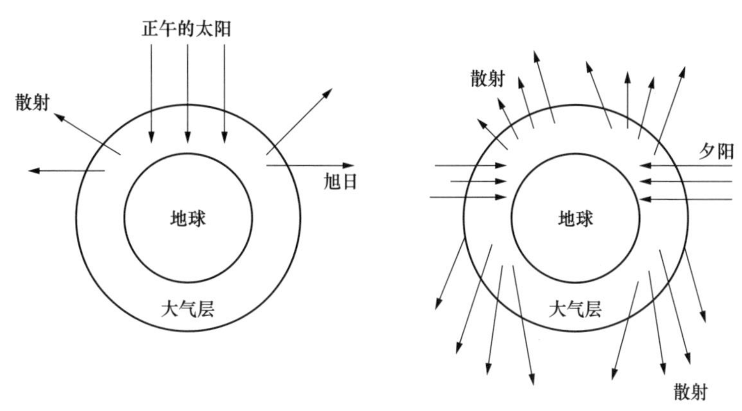

图 2-25　太阳的颜色

瑞利散射分为静态瑞利散射和动态瑞利散射，动态瑞利散射还称为准弹性瑞利散射。式（2-25）是描述微粒尺寸远小于入射光波长下（$d \ll \lambda$）静态瑞利光散射公式。静态光散射可以获得稀薄气体、稀薄溶液、溶胶等粒子的浓度、浊度，透射率权重平均分子量，均方根回旋半径，第二位力（维里）系数，样品各向异性等信息。如果粒子的尺寸较大，但仍小于入射波长（$d<\lambda$），则必须考虑相位的影响，需要对测量结果进行校正。实际的气体液体介质的原子分子处于无规则的运动状态，由于它们以不同的速度在不同方向做无规则运动，因而瑞利散射经历着频率加宽有关的多普勒频移，这就构成了动态瑞利散射。通过动态瑞利散射对谱线宽度测量，可获得大分子和胶体粒子的流体力学半径分布，溶液中粒子的扩散系数、相干长度、弛豫时间等重要信息。

2.3.3　瑞利散射光的强度角分布及偏振态

发生瑞利散射时，散射光强度是随散射方向不同而变化的。瑞利散射还有一个重要的特点，即不同方向的散射光具有不同的偏振态。如图 2-26 所示，设自然光沿 z 方向入射到介质中带电微粒 e 上，使其做受迫振动，由于自然光可以视为两个振幅相等、振动方向相互垂直但无固定相位关系的光振动。例如图 2-27 中沿 x 方向和 y 方向的两个光振动，令 x、y 方向的振幅分别为 E_x 和 E_y，则 $E_x=E_y=E$，于是带电微粒 e 的受迫振动的方向以及 e 因受迫振动而辐

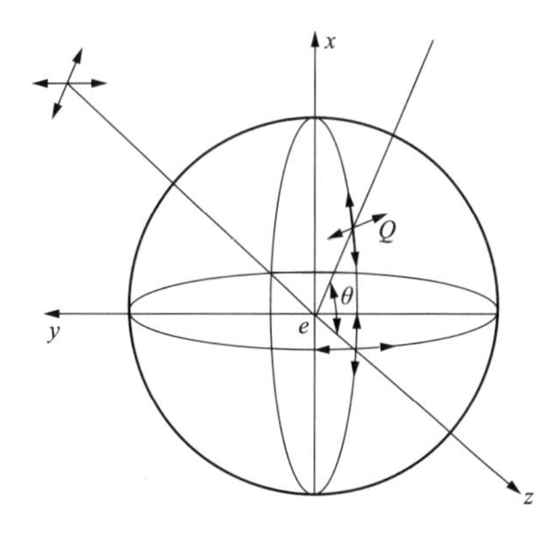

图 2-26　散射光的偏振态

射的球面波的光振动方向都沿着 x、y 这两个方向。

因为光波是横波，其光振动方向总是与其传播方向相垂直，因此任意一个散射方向的光振动方向都与其散射光传播方向相垂直。而散射光的振幅是 e 点的振幅在散射光振动方向上的投影。如图 2-26 所示，假设我们在 Q 点观察散射光，Q 点位于 xez 平面，散射方向 eQ 与原入射方向 z 成 θ 角。e 沿 y 方向的光振动经 eQ 方向传播到 Q 点时，在 Q 点的光振动仍与 y 方向平行，所以这个光振动在 Q 点的振幅 E'_y 就等于它在 e 点的振幅 Ey，即 $E'_y = E_y = E$。但是沿 x 方向的光振动并不和散射方向 eQ 垂直，因此在 Q 点该光振动的方向为 xez 平面上以 e 为中心过 Q 点的圆的切线方向。振幅 E'_x 为 e 点沿 x 方向光振动的振幅 E_x 在这个切线方向上的投影，如图 2-27 所示。即 $E'_x = E_x \cos\theta = E\cos\theta$。于是传播到 Q 点的散射光强度 I_θ 为 e 点沿 y 方向的光振动在 Q 点产生的强度 I'_x 与沿 x 方向的光振动在 Q 点的强度 I'_x 之和。

$$I_\theta = I'_y + I'_x = E^2(1+\cos^2\theta) = I(1+\cos^2\theta) \tag{2-27}$$

由式（2-27）可见：

（1）散射光强 I_θ 随散射角 θ 的不同而变化，在 xez 平面内，散射光强的角分布如图 2-28 所示。在三维空间，它是一个以入射光方向（z 轴）为转轴的旋转面。

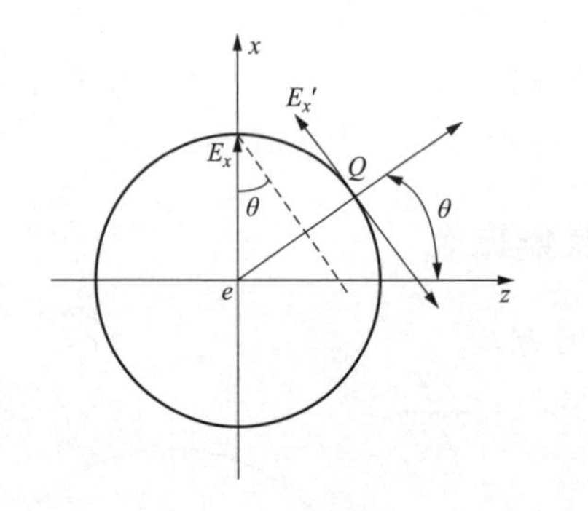

图 2-27　散射光的振幅

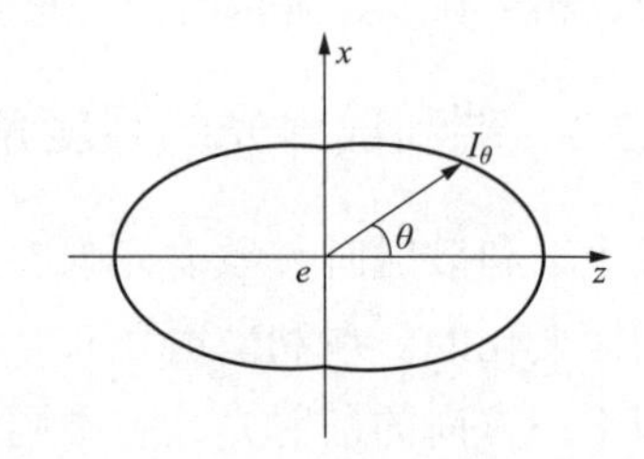

图 2-28　自然光产生的散射光强的角分布

（2）散射光的偏振态在不同方向也不相同。这是因为 I'_x、I'_y 的大小与散射方向有关。在图 2-28 中，沿入射光方向（θ=0）或逆入射光方向上（θ=π），$I'_x = I'_y$，散射光均为自然光。在垂直于入射光方向的 x 轴或 y 轴上，$I'_x = 0$ 或 $I'_y = 0$，散射光为线偏振光。而且在 xez 平面内，沿任何方向的散射光都是线偏振的。在其他方向上，$I'_x \neq I'_y \neq 0$，散射光为部分偏振光。不同方向散射光的偏振度为

$$P_{\text{olar}} = \frac{I_{\text{M}} - I_{\text{m}}}{I_{\text{M}} + I_{\text{m}}} = \frac{I - I\cos^2\theta}{I + I\cos^2\theta} = \frac{\sin^2\theta}{1+\cos^2\theta} \tag{2-28}$$

式中：P_{olar} 为偏振度；I_{M} 为入射光中与散射方向相垂直的偏振光分量产生的散射光强；I_{m} 为入射光中与散射方向存在夹角的偏振光分量产生的散射光强；θ 为入射光与散射光传播方向的夹角。

式（2-28）表明，θ=0 或 π 时，P_{olar}=0，即沿着或逆着入射光方向的散射光为自然光，θ=±π/2 时，P_{olar}=1，即与入射光垂直方向上散射光为线偏振光；θ 为其余任意值时，散射光为部分偏振光。

如果散射分子是各向异性的，则其电极化矢量一般与入射光矢量方向不一致。沿 z 方向的入射光为线偏振光时，正侧面散射光是偏振度 $P_{\text{olar}}<1$ 的部分偏振光，即出现退偏振现象。令散射光沿 x 轴和 y 轴的强度分别为 I_x 和 I_y，则在 z 方向上观察到的部分偏振光的偏振度为

$$P_{\text{olar}} = \frac{I_y - I_x}{I_y + I_x} \tag{2-29}$$

为了表征各向异性分子使正侧面散射光偏振度退化的程度，定义退偏振度为 $\Delta=1-P_{\text{olar}}$，通过测量退偏振度，可判断分子各向异性程度及分子结构。

2.3.4　瑞利散射的应用

在光纤中，瑞利散射主要是由于光纤内部各部分的密度存在一定的不均匀性，进而造成光纤中折射率的起伏所引起的。由于光纤对光波的约束，在光纤中的散射光只表现为前向和背向两个传播方向。对于光纤中脉冲宽度为 τ 的脉冲光，它的瑞利散射功率 P_{R} 为

$$P_{\text{R}} = PS\alpha_{\text{s}}\tau\frac{V}{2} \tag{2-30}$$

$$S = (\lambda/2\pi nr)^2$$

式中：P 为脉冲光的峰值功率；α_{s} 为瑞利散射系数，$\alpha_{\text{s}} = 0.12\sim0.15\text{dB/km}$；$S$ 为背向散射光功率捕获因子；λ 为光波的波长；n 为光纤纤芯的折射率；r 为光纤的模场半径；V 为光在光纤中的速度。对于 λ 为 1550nm、W 为 1μs 的光波，设 $2r=9\mu\text{m}$，则其瑞利散射的功率比入射光功率低约 53dB，相当于入射光峰值功率的（4～5）$\times10^{-6}$ 倍。

当光波在光纤中向前传输时，会在光纤沿线不断产生背向的瑞利散射光，如图 2-29 所示。根据式（2-30）可知，这些散射光的功率与引起散射的光波功率成

正比，由于光纤中存在损耗，光波在光纤中传输时能量会不断衰减，因此光纤中不同位置处产生的瑞利散射信号便携带有光纤沿线的损耗信息。另外，由于瑞利散射发生时会保持散射前光波的偏振态，所以瑞利散射信号同时包含光波偏振态的信息。因此，当瑞利散射光返回到光纤入射端后，通过检测瑞利散射信号的功率、偏振态等信息，可对外部因素作用后光纤中出现的缺陷等现象进行探测，从而实现对作用在光纤上的相关参量，如压力、弯曲等的传感。相对于光纤中的布里渊散射和拉曼散射等其他散射，瑞利散射的能量最大，更加容易被检测，因此目前已有很多关于利用光波的瑞利散射来进行全分布式传感的研究及应用。其中最为成熟的技术为光时域反射（OTDR）技术，它主要用来测量光纤沿线的衰减和损耗。其他较为多见的基于瑞利散射的全分布式光纤传感技术主要有相干光时域反射（COTDR）技术、光频域反射（OFDR）技术、偏振光时域反射（POTDR）和偏振光频域反射（POFDR）技术等。

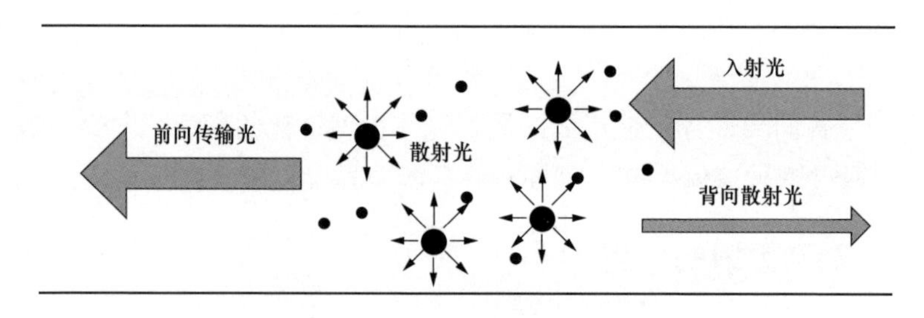

图 2-29　光纤中瑞利散射示意图

2.4　布里渊散射

2.4.1　布里渊散射现象

1914～1922 年，法国科学家布里渊研究了与声波有关的密度起伏引起的非弹性光散射。布里渊研究了频率为ν_0的光波与频率为ν_a的超声波的相互作用。如图 2-30 所示，平面超声波沿着液体和固体传播时产生一系列低密度和高密度疏密相间的平面，以声速V_a向前运动。这些密度不同的平面以一种选择的方式对光波产生反射。假如平面超声波处于静止状态，这相当于 X 射线学中晶面的布拉格散射。频率为ν_0的入射波与频率为ν_a的超声波的相互作用产生了频率为$\nu_0 \pm \nu_a$的两个散射束。它们以边带分别在入射光频率ν_0的低端（$\nu_0 - \nu_a$）和高端（$\nu_0 + \nu_a$）呈对称分布的，这就是布里渊散射。（$\nu_0-\nu_a$）属于斯托克斯布里渊频移，（$\nu_0+\nu_a$）称为反斯托克斯布里渊频移。斯托克斯和反斯托克斯布里渊散射均满足动量守恒和能量守恒关系。与拉曼散射一样，满足玻尔兹曼统计分布，反斯托克斯布里渊谱线的强度比斯托克斯谱线的强度低。

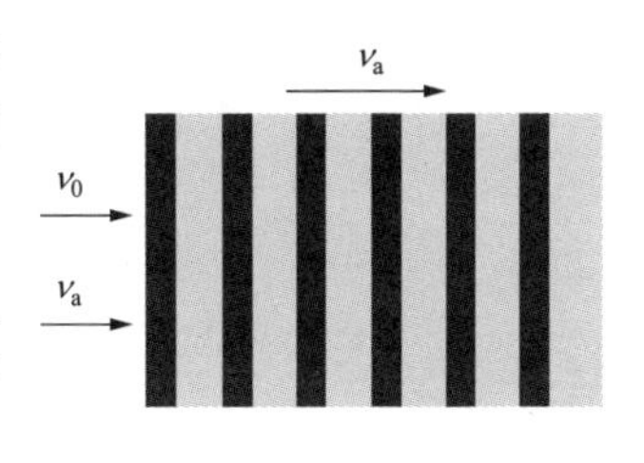

图 2-30　布里渊散射示意图

布里渊散射可以经典地描述为入射光、散射光和声波的非线性相互作用。而从量子的观点，也可以描述为入射光子、散射光子和声子的相互作用，过程如图 2-31 所示。图中 $\vec{k}_p$ 、$\vec{k}_s$ 和 $\vec{k}_a$ 分别为入射光、散射光和声波的波矢。

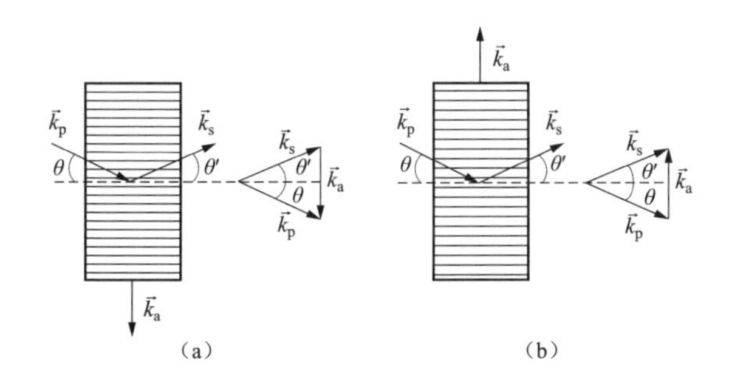

图 2-31　布里渊散射波矢图

（a）斯托克斯散射过程；（b）反斯托克斯散射过程

假设入射光、散射光和声波的频率分别为 ν_0、ν_s 和 ν_a，散射过程必然满足能量守恒定律和动量守恒定律，即

$$\nu_s = \nu_0 \pm \nu_a \tag{2-31}$$

$$\vec{k}_s = \vec{k}_p \pm \vec{k}_a \tag{2-32}$$

声波的频率比入射光子的频率小几个数量级，即 $\nu_a \ll \nu_0$，所以入射光的频率近似等于斯托克斯散射光的频率，即 $\nu_0 \approx \nu_s$，并且入射光的波数也近似等于斯托克斯光的波数，即 $k_p \approx k_s$，则图中 $\theta \approx \theta'$。根据图 2-31（a）中的矢量关系有

$$k_a \approx 2k_p \sin\theta \tag{2-33}$$

$$k_p = 2\pi n/\lambda_0 \tag{2-34}$$

$$k_a = 2\pi \nu_a / V_a \tag{2-35}$$

$$\nu_a = \frac{2nV_a}{\lambda_0}\sin\theta \tag{2-36}$$

式中：λ_0 是真空中光的波长；V_a 是介质中的声速；n 是介质折射率。

光纤的波导结构决定了入射光和斯托克斯散射光只能沿光轴的前、后向传播，所以式（2-36）中的 θ 只能取 $\theta=0$（入射光和斯托克斯散射光同向）或者 $\theta=\pi/2$。当 $\theta=0$ 时，$\nu_a=0$，而当 $\theta=\pi/2$ 时，ν_a 达到最大值 ν_B，则此时超声振动频率 ν_B 的计算式为

$$\nu_B = \frac{2nV_a}{\lambda_0} = \frac{2V_a}{\lambda_i} \tag{2-37}$$

式中：λ_i 是入射光波长。利用石英光纤的典型参数（$n=1.45$，$V_a=5960\text{m/s}$），可以算得真空波长 1550nm 处的布里渊频移 ν_B 等于 11.1GHz。

布里渊散射研究液体或气体密度起伏引起的光散射，以及固体的长波长声学声子模和铁磁、亚铁磁材料磁振子或自旋波引起的光散射。布里渊光谱测量散射光的能谱和极化，由布里渊谱的频移可以求出介质中的声速；布里渊谱峰宽度可以得知声衰减或起伏的寿命。由这两个基本参量可以得到弹性常量、压缩系数、体滞弹性等参量。

从物理机制来看，布里渊散射与拉曼散射一样都是光线中光与物质相互作用的非弹性散射过程。不同的是，拉曼散射是入射光场与介质的光学声子相互作用产生的非弹性光散射，而布里渊散射是入射光场与介质的声学声子相互作用而产生的一种非弹性光散射现象。

按入射光的能量大小考虑，布里渊散射也可以分为线性（自发）布里渊散射（Spontaneous Brillouin Scattering，Sp-BS）和非线性的受激布里渊散射（Stimulated Brillouin Scattering，SBS）两个基本类型。入射光的功率密度小于阈值功率密度 $10^8 \sim 10^9\text{W/cm}^2$，则归入线性（自发）布里渊散射；入射光的功率密度大于这一阈值，则为受激布里渊散射。常见的用氩离子激光器输出的激光作激发光源的布里渊散射装置构成了典型的线性（自发）布里渊散射系统；当以一个功率输出高的巨脉冲激光器，如钇铝石榴石（Yttrium Aluminum Garnet，YAG）激光器，发射的激光作激发光源时，场强的二次以上的高次项对散射产生贡献，于是构成受激布里渊散射。

2.4.2 自发布里渊散射

组成介质的粒子（原子、分子或离子）由于自发热运动会在介质中形成连续的弹性力学振动，这种力学振动会导致介质密度随时间和空间周期性变化，从而在介质内部产生一个自发的声波场。该声波场使介质的折射率被周期性调制并以

声速 V_a 在介质中传播，这种作用如同光栅（称为声场光栅），当光波射入介质中时受到声场光栅作用而发生散射，其散射光因多普勒效应而产生与声速相关的频率漂移，这种带有频移的散射光称为自发布里渊散射光。

在光纤中，自发布里渊散射的物理模型如图 2-32 所示。不考虑光纤对入射光的色散效应，设入射光的角频率为 ω，移动的声场光栅通过布拉格衍射反射入射光，当声场光栅与入射光运动方向相同时，由于多普勒效应，散射光相对于入射光频率发生下移，此时散射光称为布里渊斯托克斯光，角频率为 ω_s，如图 2-32（a）所示。当声场光栅与入射光运动方向相反时，由于多普勒效应，散射光相对于入射光频率发生上移，此时散射光称为布里渊反斯托克斯光，角频率为 ω_{as}，如图 2-32（b）所示。

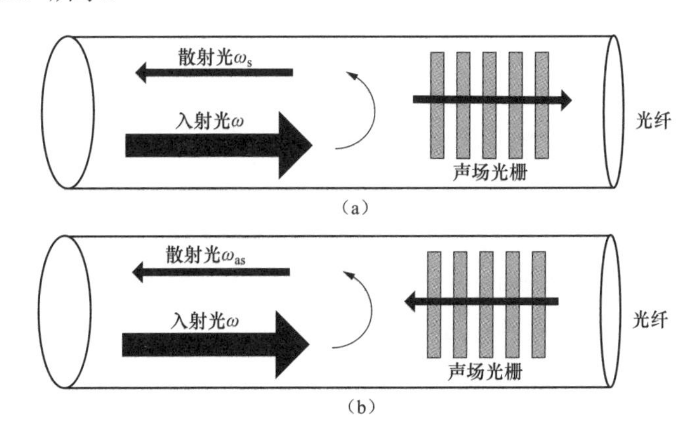

图 2-32　光纤中的布里渊散射物理模型示意图

（a）布里渊斯托克斯光产生过程示意图；（b）布里渊斯反托克斯光产生过程示意图

2.4.3　受激布里渊散射

1964 年，人们在块状晶体中首次观察到了受激布里渊散射。当一个窄线宽、高功率信号沿光纤传输时，将产生一个与输入光信号同向的声波，此声波波长为光波长的一半，且以声速传输。受激布里渊散射过程可以经典地描述为入射光波、斯托克斯波通过声波进行的非弹性相互作用。与自发布里渊散射不同，受激散射过程源自强感应声波场对入射光的作用。当入射光波达到一定功率时，入射光波通过电致伸缩产生声波，引起介质折射率的周期性调制，而且大大加强了满足相位匹配的声场，致使入射光的大部分能量耦合到反向传输的布里渊散射光，从而形成受激布里渊散射。山东大学的胡大伟提出，理解非线性布里渊效应的一个简单办法是将此声波想象为一个把入射光反射回去的移动布拉格光栅，由于光栅向前移动，因此反射光经多普勒频移后变为一个较低的频率值。图 2-33 展示的是受激布里渊散射效应。

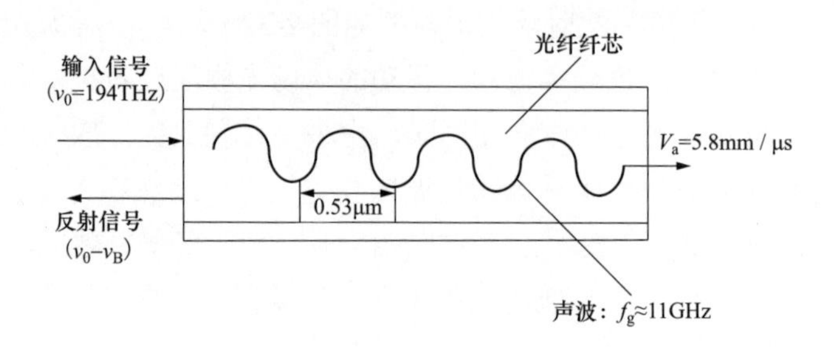

图 2-33　受激布里渊散射效应

受激布里渊散射过程中，入射光只能激发出同向传播的声波场，因此通常只表现出频率下移的斯托克斯光谱线，其频移与介质中声频大小相同。从量子力学的角度，这个散射过程可以看成一个入射光子湮没，产生一个斯托克斯光子和一个声频声子。

受激布里渊散射的入射光场、斯托克斯光和声波场之间的频率和波矢关系与自发布里渊散射过程中的近似，这里不再重复分析。布里渊放大过程是与受激布里渊散射相关的非线性效应，是用于光纤传感技术的重要机制。

2.4.4　布里渊散射的应用

2.4.4.1　布里渊光放大器（SBA）

对于工作于 1.55μm 的二氧化硅光纤，布里渊频偏约为 11GHz，且决定于光纤中的声速。反射光线宽取决于声波的损耗，它可在几十至几百赫兹的范围内变动。当光纤的光强足够大时，布里渊散射呈现受激散射的特点。布里渊光放大器利用强激光与光线中的弹性声波场相互作用产生的后向散射光来实现对光信号的放大。其主要特点是高增益、低噪声、窄带宽，因而可以形成分布式放大，作为光滤波器。

2.4.4.2　基于布里渊散射的传感技术

布里渊散射同拉曼散射一样对温度敏感，但布里渊散射强度比拉曼散射高一个数量级，信噪比相对更高。因此，利用布里渊散射进行温度的分布式测量也得到较多研究和应用。

2.5 拉 曼 散 射

2.5.1 拉曼散射现象

1928年，印度科学家拉曼（C.V.Raman）发现，角频率为ω_0的单色光经过苯、甲苯等溶液时，散射光除入射光的角频率ω_0以外，还有一系列新频率的光产生，并且散射光的光谱具有以下特点：

（1）在ω_0谱线的两侧对称分布着一系列谱线$\omega_0 \pm \omega_1$，$\omega_0 \pm \omega_2$，$\omega_0 \pm \omega_3$，… $\omega_0 \pm \omega_j$，如图2-34所示。

（2）ω_1、ω_2等只与介质本身的性质有关，与介质的吸收谱一致。

这一散射现象被称为拉曼散射。其中$\omega_0-\omega_1$、$\omega_0-\omega_2$等光波频率较低的谱线称为斯托克斯线（或称红伴线），$\omega_0+\omega_1$、$\omega_0+\omega_2$等谱线被称为反斯托克斯线（或称紫伴线）。紫伴线的强度总是弱于红伴线，二者与入射光光谱线波长的间隔相等，其值等于相应的分子振动频率，约十几太赫兹。

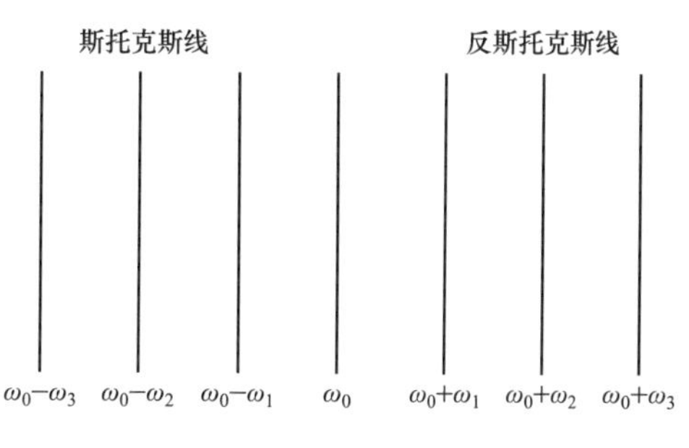

图2-34 拉曼散射示意图

2.5.2 自发拉曼散射

拉曼散射源自光与分子之间的相互作用。从经典电磁理论观点看，分子中的电子在光的作用下发生极化，极化率的大小又因分子热运动而发生改变，引起介质折射率的涨落，使光学均匀性受到破坏，从而发生光的散射。散射光的频率是入射光频率v_0和分子振动的固有频率v的联合，故拉曼散射又称为联合散射。按照经典辐射理论，光与分子相互作用，分子极化后产生三种频率的电磁辐射，其中频率为v_0的辐射就是瑞利散射，频率发生拉曼频移的辐射就是拉曼散射。拉曼频移等于分子、原子的振动频率，只与分子自身的结构有关，而与入射光的频率无关。

设入射光电场为$E = E_0 \cos 2\pi v_0 t$，则分子因电场E作用获得的感生电偶极矩为

$$p = \chi \varepsilon_0 E \tag{2-38}$$

式中：χ 为分子极化率。若 χ 为不随时间变化的常数，则 p 以入射光频率 ν_0 作周期性变化，由此得到的散射光频率也为 ν_0，这就是瑞利散射。若分子以固有频率 $\Delta\nu$ 振动着，则分子极化率不再为常数，也会随 $\Delta\nu$ 作周期性变化。设 χ_0 为分子静止时的极化率，χ_ν 相当于分子以固有频率振动引起的变化着的极化率的振幅，将此式代入式（2-38），得

$$\chi = \chi_0 + \chi_\nu \cos(2\pi\Delta\nu t) \tag{2-39}$$

$$\begin{aligned} p &= \chi_0\varepsilon_0 E_0 \cos 2\pi\nu_0 t + \chi_\nu\varepsilon_0 E_0 \cos 2\pi\nu_0 t \cdot \cos 2\pi\Delta\nu t \\ &= \chi_0\varepsilon_0 E_0 \cos 2\pi\nu_0 t + \frac{1}{2}\chi_\nu\varepsilon_0 E_0[\cos 2\pi(\nu_0 + \Delta\nu)t + \cos 2\pi(\nu_0 - \Delta\nu)t] \end{aligned} \tag{2-40}$$

式（2-40）表明，感应电偶极矩 p 变化的频率有三种：ν_0，$\nu_0 \pm \Delta\nu$，所以散射光也有三种频率，频率为 ν_0 的线为瑞利散射线；频率为 $\nu_0 - \Delta\nu$ 的线称为拉曼红伴线，又称斯托克斯线；频率为 $\nu_0 + \Delta\nu$ 的线称为拉曼紫伴线，又称反斯托克斯线。若分子的固有频率不止一个，为 $\Delta\nu_1$，$\Delta\nu_2$，$\Delta\nu_3$，…则拉曼散射线中也将产生频率为 $\nu_0 \pm \Delta\nu_1$，$\nu_0 \pm \Delta\nu_2$，$\nu_0 \pm \Delta\nu_3$，…的线。

实验发现，反斯托克斯线出现得少且强度很弱，但经典电子理论无法解释这种现象，这也是拉曼散射的经典理论不完善之处。只有量子理论才能对拉曼散射作圆满的解释。自发拉曼散射的效应很弱，散射光的强度一般只有入射光强度的百万分之一或亿分之一，但是强度正比于入射光强；而且自发拉曼散射光是不相干的。

半经典量子理论认为，单色光与分子相互作用产生的散射现象可以用光量子（粒子）与分子的碰撞来解释。如图 2-35 所示，频率为 ν_0 的单色光可以看作是具有能量为 $h\nu_0$ 的光粒子，与分子之间发生弹性碰撞和非弹性碰撞。前者，光子仅改变运行方向，频率不发生变化，包括瑞利散射和米氏散射；后者，光子不仅改变运动方向，而且与分子之间发生能量交换，分子转动、振动能级、电子能级跃迁引起散射频率发生变化，包括拉曼散射和布里渊散射。拉曼散射光强比较弱，是入射光强的 10^{-6}。其中，当光子能量转化成分子能量时，产生斯托克斯线；当分子能量转化为光子能量时，产生反斯托克斯线。斯托克斯线和反斯托克斯线之间的能级差是两倍的分子能级差。

按照量子力学理论，光子与分子相互作用，不同能级的分子吸收光子后跃迁到受激虚态。由于受激虚态不稳定，分子很快离开受激虚态。根据分子离开受激虚态回落到不同的能级，可以产生瑞利散射谱线、斯托克斯谱线和反斯托克斯谱线。激光进入介质以后，光子被介质吸收，使介质分子由基能级 E_0 激发到高能级

E_2，$E_2 = E_0 + h\nu_0$，这里，h 是普朗克常数；ν_0 是入射光子频率。但高能级是一个不稳定状态，它将很快跃迁到一个较低的亚稳态能级 E_1 并发射一个散射光子，其频率 ν_s 满足式（2-41），且 $\nu_s < \nu_0$，然后弛豫回到基态，并产生一个频率为 $\Delta\nu$ 的光学声子。这是一个基本的斯托克斯散射过程。

$$\nu_s = \nu_0 - \Delta\nu \tag{2-41}$$

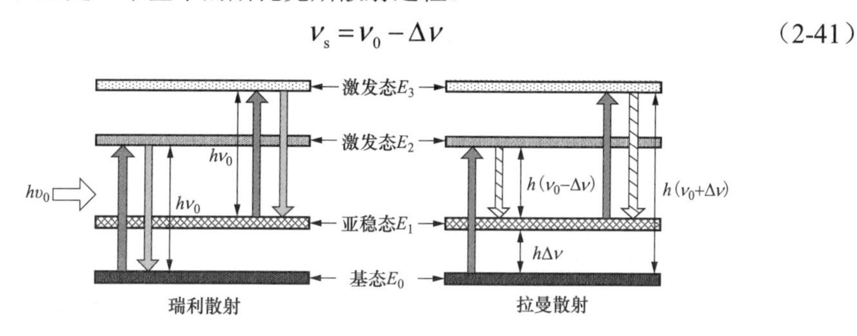

图 2-35　拉曼散射的量子能级示意

实际上还可能存在另一个散射过程，如果少数分子在吸收光子能量以前已处在激发态 E_1，则它吸收光子能量以后将被激发到一个更高的能级 E_3 上，这个分子从 E_3 跃迁直接回到基级 E_0，将发射一个反斯托克斯光子。反斯托克斯光的频率 ν_{as} 为

$$\nu_{as} = \nu_0 + \Delta\nu \tag{2-42}$$

2.5.3　受激拉曼散射

从激光光源的功率密度考虑，拉曼散射可分为线性拉曼散射（即自发拉曼散射）和非线性拉曼散射（也称相干拉曼散射）。若入射光场较小时，例如用一个连续输出的氩离子激光器作为入射激光光源，此时只需考虑场的一次项贡献，极化和场强呈线性关系 $P = \alpha E$，其中比例常数 α 称作极化系数；当激光强度增大到一定程度时，光纤呈现非线性，产生非线性效应，出现受激拉曼散射（Stimulated Raman Scattering，SRS）。波长较短的泵浦散射将一部分入射功率转移到另一较低的频率，如果这个低频与高频相比的偏移量由介质的振动模式所决定，那么这个过程成为受激拉曼散射，SRS 是一种非常重要的非线性过程。比如以一个巨脉冲激光（$E > 10^9$V/m）照射在样本上，极化与场强之间除了有线性项，还具有非线性项的依赖关系，即

$$P = \alpha E + \beta E^2 + \gamma E^3 + \cdots \tag{2-43}$$

式中：β 和 γ 为与非线性拉曼散射有关的极化系数，分别称为三波混频（或称二

次谐波产生）有关的第一超极化率和四波混频（或称三次谐波产生）有关的第二超极化率。非线性拉曼散射包括三光子过程的受激拉曼散射、反拉曼散射（AntiRaman Acattering，IRS）、超拉曼散射（Hyper Raman Scattering，HRS），四光子过程的相干反斯托克斯拉曼光谱（Coherent Anti Stokes Raman Spectroscopy，CARS）、拉曼感应克尔效应光谱（Raman Induced kerr Effect Spectroscopy，RIKES）、光学外差拉曼感应克尔效应（Optical Heterodyne Raman Induced Kerr Effect Spectroscopy，OHD-RIKES）、相干反斯托克斯拉曼显微镜等。受激拉曼散射光具有很强的空间相干性和时间相干性，强度也大得多。

受激拉曼散射是强激光与物质相互作用所产生的受激声子（光学支声子）对入射光的散射。而自发拉曼散射是热振动声子对入射光的散射。受激拉曼散射过程中，最初一个入射光子（ν_0）与一个热振动声子碰撞，产生了一个斯托克斯光子（ν_s），同时增添了一个光学支声子（ν_a）；这个光学支声子再与入射光子相碰撞，又增添一个光学支声子和一个斯托克斯光子。这样重复下去，形成一个雪崩过程。由于光学支声子所形成的声波是相干的，入射光波也是相干的，所以拉曼散射后形成的斯托克斯光子也是相干的。当斯托克斯光强到一定程度时，它自身还会作为泵浦光，发生更高阶的拉曼散射。受激拉曼散射就是入射光和斯托克斯光之间的相互耦合引起的这两个光波之间的有效能力转移。入射光的大部分功率都可以转移到斯托克斯光上，而且散射光的方向性极好，与激光器产生的激光类似。反斯托克斯线则是入射光子与光学支声子碰撞后产生反斯托克斯光子。

2.5.4 拉曼散射的应用

2.5.4.1 光纤拉曼放大器

光纤拉曼放大器（Fiber Raman Amplifier，FRA）是利用光纤的受激拉曼散射效应制成的。当两个恰好频率间隔为斯托克斯频率的光波同时入射到光纤时，低频波将获得光增益；高频波将衰减，其能量转移到低频上。如果一个弱光信号和一个强的泵浦光在光纤中同时传播且它们的频率差处在光纤的拉曼增益谱范围内，弱光即可得到放大。FRA 是超宽带光纤放大器，其低损耗区间是 1270～1670nm，可以全波长放大；噪声指数低。但是 FRA 增益不高，一般小于 15dB；增益具有偏振相关性，与光的偏振态有密切关系；泵浦效率较低，一般只有 10%～20%。

2.5.4.2 拉曼光谱仪

拉曼散射是研究分子结构的重要手段，利用拉曼现象制造的拉曼光谱仪被用于材料成分或分子结构的精确测量，可以确定分子的固有频率，研究分子对称性及分子动力学等问题。分子光谱属于红外波段，一般用红外吸收法进行研究。而拉曼散射法的优点是将分子光谱转移到可见光范围内进行观察、研究，西安电子科技大学的刘娟在其专著中认为，拉曼散射法可与红外吸收法互相补充。受激拉曼散射可用于研究生物分子结构、测量大气污染等，它属于非线性光学范畴。

利用拉曼散射和抑制光纤激光器中强烈的非线性效应，使用激光雷达探测大气，通过散射光谱线的分析就可以测出特定的大气污染物浓度。

2.5.4.3 拉曼光源

受激拉曼散射属三阶非线性光学效应，其光束显示出激光特性，可使激光波段得到有效拓展。利用固体拉曼激光技术，可以发展新型的黄、橙光激光，以及1.5μm 人眼安全激光，这些光源将在军事、医疗、显示、遥感、海洋探测等许多领域得到重要应用，因此相关研究日益受到人们关注。

2.5.4.4 基于拉曼散射的传感技术

拉曼散射对温度较为敏感，斯托克斯光和反斯托克斯光的强度比与光纤温度存在一定关系，拉曼散射型光纤传感器正是利用这一关系来实现温度监测。

2.6 光 纤 光 栅

2.6.1 光纤光栅基本结构

光纤光栅是通过一定方法使纤芯折射率发生轴向周期性调制而形成的衍射光栅，主要有光纤布拉格光栅、啁啾光栅、长周期光栅等类型。这是一种一维光栅，主要参数是折射率增量 Δn 和周期 Λ。当周期等于光波长的一半时，光栅就会使入射基模和反向传输模相耦合，显现为波长选择的反射功能。因此，光纤光栅的基本特征是一个反射式光学滤波器。

光纤光栅是利用光纤的光敏性制成的。光纤的光敏性是指激光通过掺杂光纤时，光纤的折射率随光强的空间分布发生相应变化的特性。根据折射率沿光纤轴向分布的形式，可将紫外写入的光纤光栅分为均匀周期光纤光栅和非均匀周期光纤光栅。

2.6.1.1 均匀周期光纤光栅

均匀周期光纤光栅是指纤芯折射率变化幅度和折射率变化的周期（也称光纤光栅的周期）均沿光纤轴向保持不变的光纤光栅。

（1）光纤布拉格光栅（Fiber Bragg Grating，FBG）。FBG 是最早发展起来的光纤光栅，也是应用最广泛的光纤光栅，FBG 的折射率呈固定的周期性调制分布，即调制深度与光栅周期均为常数，光栅波矢方向与光纤轴线方向一致，如图 2-36 所示。光栅对光波的反射机理与晶体中的布拉格衍射一致，因此这种光栅被称为光纤布拉格光栅。当光经过 FBG 时，对满足 Bragg 相位匹配的光产生很强的反射；对于不满足 Bragg 条件的光，由于相位不匹配，只有很微弱的部分被反射回来，其折射率分布如图 2-36（b）所示。FBG 在通信和传感领域均有很广泛的应用，目前市面上出售的 FBG，其典型的技术数据如下：中心波长为 980nm、1020nm、1550nm；波长准确度为 0.2nm；反射率为 0～99%；带宽为（0.1～0.2）±10%nm；插入损耗小于 0.1dB。

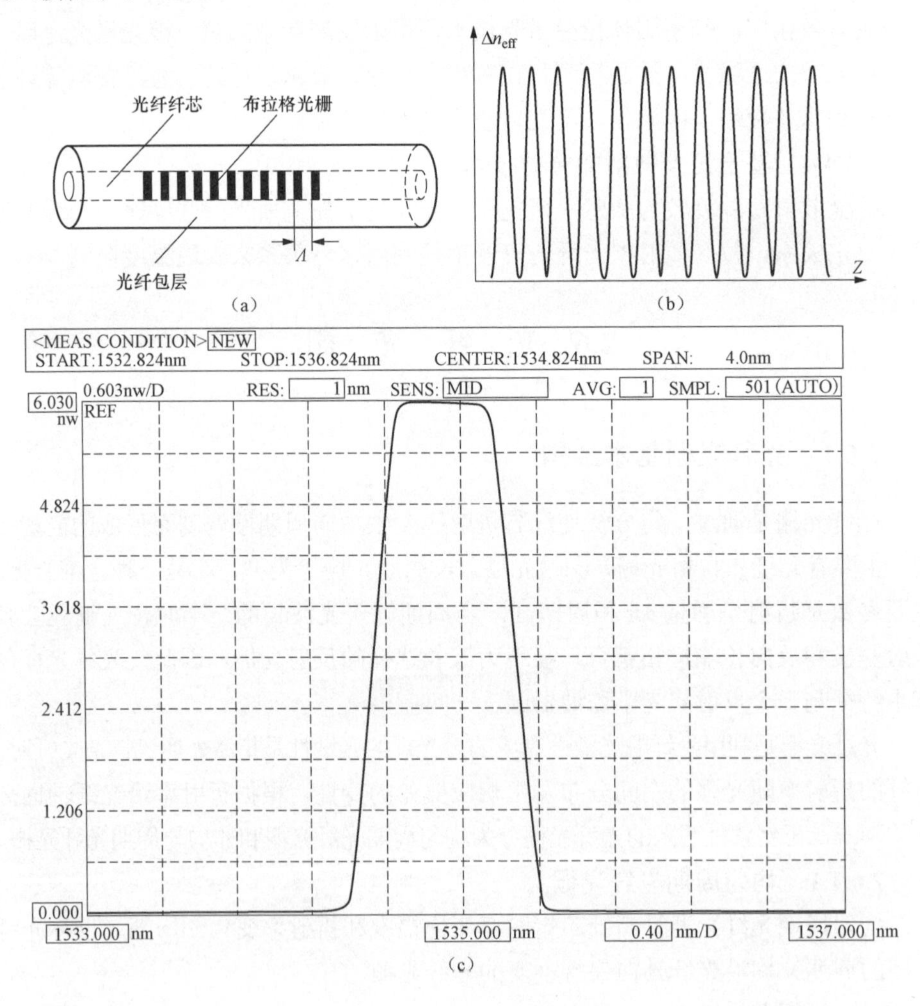

图 2-36　光纤布拉格光栅

（a）结构示意；（b）折射率分布；（c）反射谱

（2）长周期光纤光栅（Long-period Fiber Bragg Grating，LPFG）。根据需要，既可以将光栅周期制成带宽小于 0.1nm 的窄带型，也可以制成几十纳米宽带型。长周期光纤光栅是指栅格周期大于 100μm 的光纤光栅，光栅波矢方向也与光纤轴线一致。长周期光纤光栅的折射率调制方程与 FBG 相似，不同的是调制周期。长周期光纤光栅的工作原理不同于 FBG，由于光栅周期很大，达到亚毫米级，导致纤芯模与包层模相耦合。其透射光谱显示若干对应于不同包层模的尖谷，即吸收峰。因此，长周期光栅是一种透射型光栅，其功能是将光纤中传播的特定波长的光波耦合到包层中损耗掉。长周期光纤光栅在光纤通信系统中有着重要的应用，可作为光栅模式转换器和旋光滤波器，是一种理想的掺铒光纤放大器增益平坦元件，由于长周期光纤光栅的耦合特性对外界环境因素非常敏感，它在光纤传感领域也有着广泛的应用。

（3）倾斜光纤布拉格光栅（Braze Fiber Bragg Grating，BFBG）。倾斜光纤布拉格光栅也叫闪耀光纤光栅。其光栅周期与折射率调制深度均为常数，但其光栅波矢方向却与光纤轴线不一致，而是与其成一定的角度。闪耀光纤光栅不但可以引起反向导波模耦合，而且还将基阶模耦合至包层模中损耗掉，其折射率分布如图 2-37 所示。利用闪耀光纤光栅的包层模耦合形成的带宽损耗特性，可将其应用

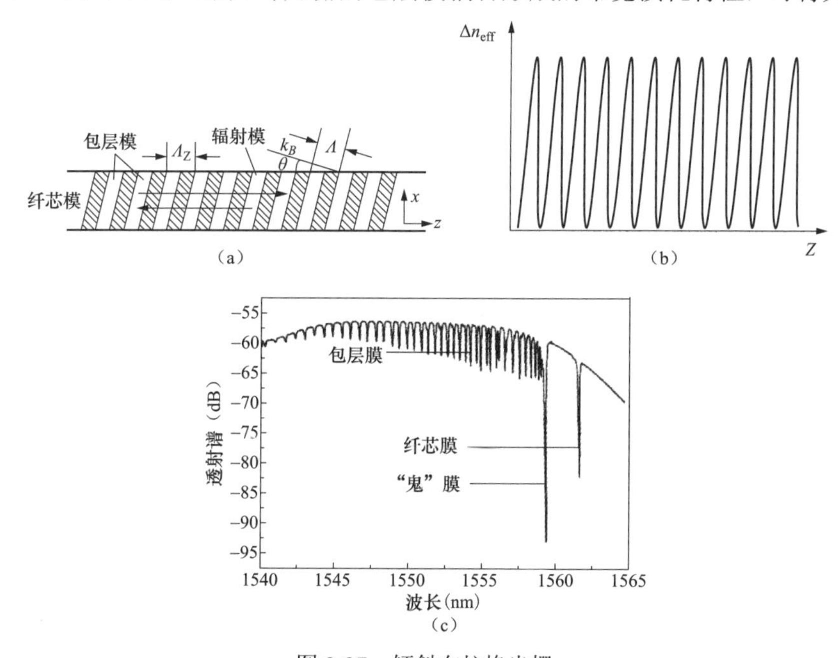

图 2-37　倾斜布拉格光栅

（a）结构示意；（b）折射率分布；（c）典型透射谱

于掺铒光纤放大器的增益平坦。当光栅法线与光纤轴向倾角较小时，还可将闪耀光栅用作空间模式耦合器。

2.6.1.2　非均匀周期光纤光栅

非均匀周期光纤光栅是指纤芯折射率变化幅度或折射率变化的周期沿光纤轴向变化的光纤光栅。

（1）相移光纤光栅（Phase-shifted Fiber Grating，PS-FBG）。相移光纤光栅是由两个及两个以上不同长度的均匀光栅以及连接这些光栅的连接区域（相移段）组成。实际上，相移段较均匀光栅短得多。相移光栅因为在其反射谱中存在一个透射窗口而可直接用作带通滤波器。在 π/2 相移光栅中可以获得一个很窄的透射峰。如图 2-38（a）所示的是一支由两段 FBG 组成的相移光纤光栅，其折射率分布如图 2-38（b）所示。

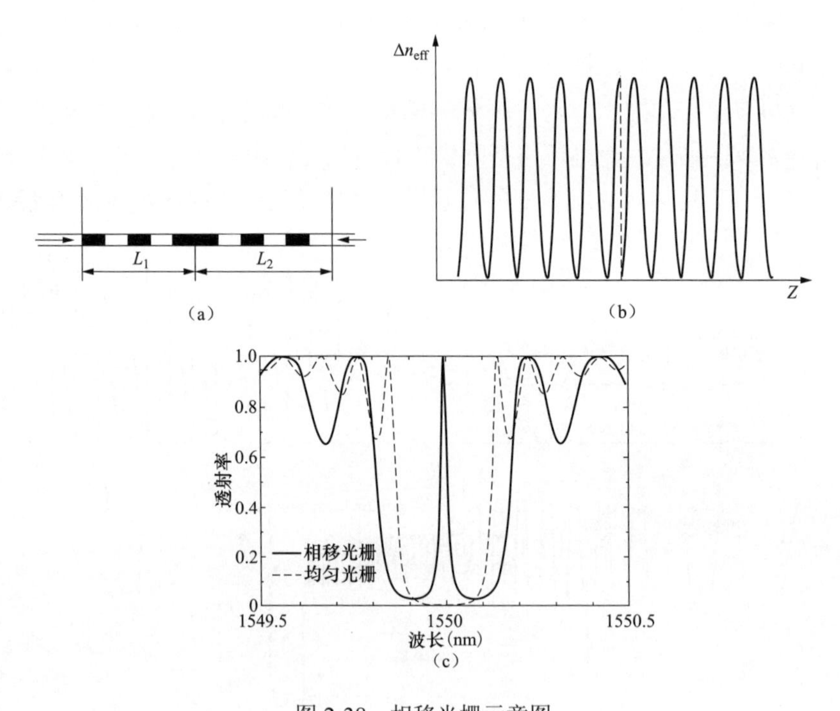

图 2-38　相移光栅示意图

（a）结构示意；（b）折射率分布；（c）反射谱

（2）莫尔光纤光栅（Moire Fiber Grating）。莫尔光纤光栅是采用两个具有微小周期差异的紫外条纹对光纤的同一位置进行二次曝光的结果，其谱特征是在反射带中开了一个很窄的投射窗口。莫尔光纤光栅实际上相当于一个 $\lambda/4$ 的相移光纤光栅。莫尔光纤光栅的折射率分布如图 2-39 所示，是一种具有慢变包络的快变结构，故其反射谱具有带通性。

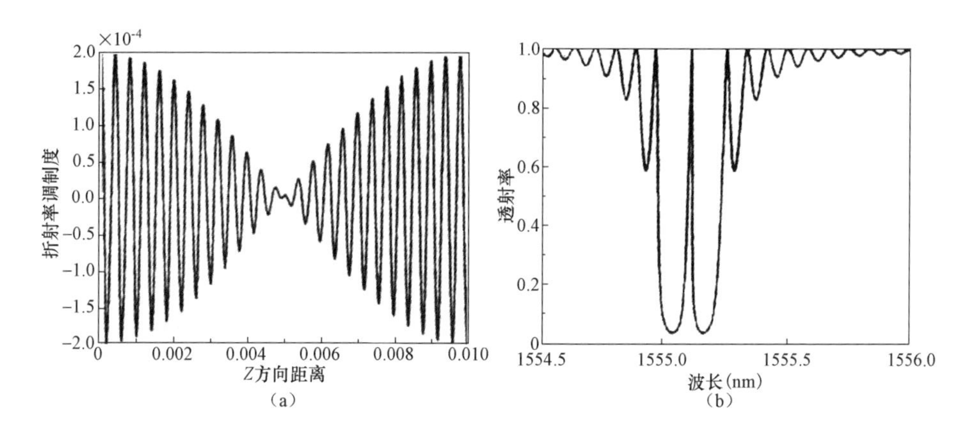

图 2-39 莫尔光纤光栅折射率分布

（a）折射率分布；（b）透射谱

（3）啁啾光纤光栅（Chirp Grating）。啁啾光纤光栅的纤芯折射率变化幅度或折射率变化周期沿光纤轴向逐渐变大，或逐渐变小，其折射率分布及反射谱如图 2-40 所示。由于在啁啾光纤光栅的轴向不同位置可反射不同波长的反射光，所以啁啾光纤光栅具有较宽的反射谱，在反射带宽内具有渐变群时延，群时延曲线的斜率即光纤光栅的色散值。

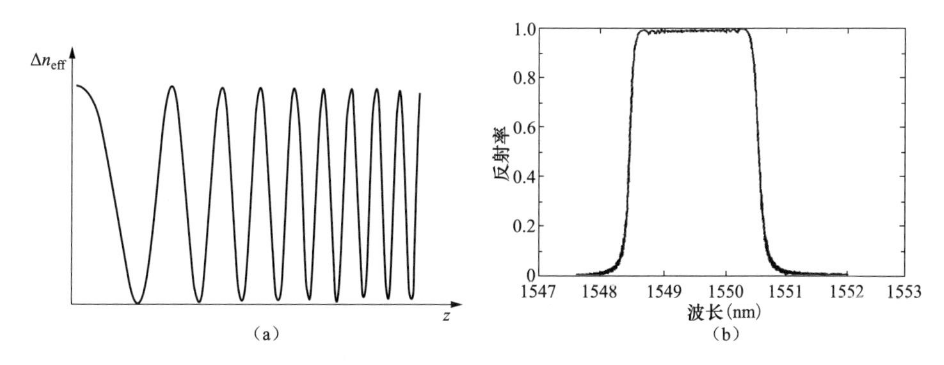

图 2-40 啁啾光纤光栅折射率分布及反射谱

（a）折射率分布；（b）反射谱

（4）超结构光纤光栅（Superstructure Fiber Grating）。超结构光纤光栅也叫采样光纤光栅，其折射率调制是周期性间断的，相当于在光纤布拉格光栅或是啁啾光纤光栅的折射率调制上又加了一个调制函数，即可将其看作是对光纤布拉格光栅或是啁啾光纤光栅按照一定的规律在空间上进行取样的结果，因此超结构光纤光栅的反射谱具有一组离散的反射峰，其折射率分布如图 2-41 所示。

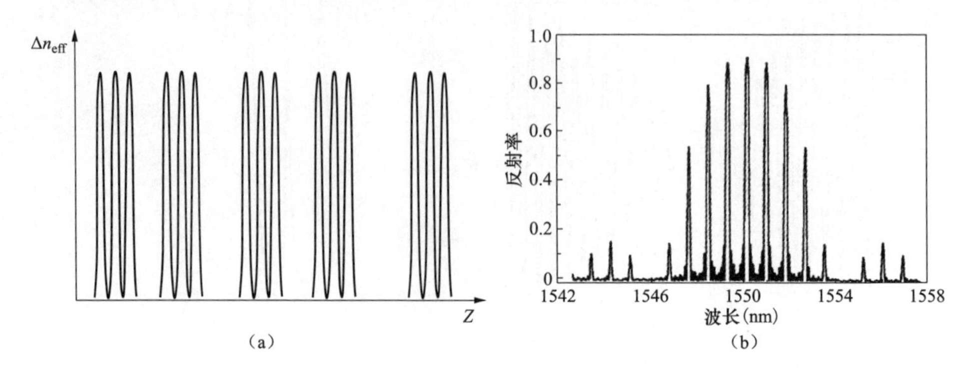

图 2-41　超结构光纤光栅折射率分布及反射谱

(a) 折射率分布；(b) 反射谱

2.6.2　光纤光栅的应用

光纤光栅的反射波或透射波的波长与光栅的折射率调制周期以及纤芯折射率有关,而外界温度或应变的变化会影响光纤光栅的折射率调制周期和纤芯折射率，从而引起光纤光栅的反射或透射波长的变化，这就是光纤光栅传感的基本原理。因此，温度和应变是光纤光栅直接传感检测的两个最基本的物理量，其他物理量的传感都是以光纤光栅的温度、应变传感为基础间接衍生出来的。

将 FBG 应用于传感检测是以其谐振耦合波长随外界参量变化而移动为基础的，是一种波长调制型光纤传感器。FBG 传感原理如图 2-42 所示。

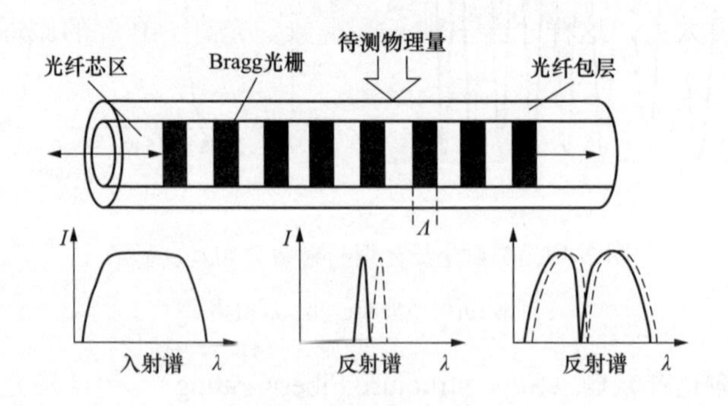

图 2-42　FBG 传感原理图

当宽带光波在光栅中传输时，由模式耦合理论可知，只有满足 Bragg 条件的光波被 FBG 强烈地反射，而其余的光则全部透射出光栅。其反射中心波长可表示为

$$\lambda_{\mathrm{B}} = 2n_{\mathrm{eff}}\Lambda \tag{2-44}$$

式中：n_{eff}为光纤的有效折射率；Λ为栅距。对于纤芯模，有效折射率和纤芯的折射率 n_1 比较接近。

由式（2-44）可以看出，FBG 的反射中心波长主要取决于光栅周期和有效折射率，任何使这两个参量发生改变的物理过程都将引起光栅 Bragg 波长的漂移。而在所有引起光栅 Bragg 中心波长漂移的外界因素中，最直接的物理量是温度、应变、压力等参量，当传感光栅周围的温度、应力或其他与此有关的待测量发生变化时，将会导致 FBG 光栅周期或有效折射率的改变，从而使 FBG 反射波长发生微小的移动。由式（2-44）取微分可得其波长偏移量为

$$\Delta\lambda_{\mathrm{B}} = 2\Lambda \cdot n_{\mathrm{eff}} + 2n_{\mathrm{eff}} \cdot \Delta\Lambda \tag{2-45}$$

因此通过检测 Bragg 波长的位移情况，即可获得待测物理量的大小。下面在忽略温度和应力的交叉敏感和光纤芯径变化所引起的波导效应的影响下，具体分析 FBG 仅在均匀分布的应力或温度作用下的传感特性。

2.7 光纤法布里–珀罗腔

2.7.1 光纤法布里-珀罗（F-P）腔的工作原理

光纤法布里-珀罗（F-P）腔的应用是基于光的干涉原理。目前产生干涉的方法是让同一光源发出的一束光分为两束，再让它们相遇，也就是让一个波列自己与自己相遇，这样才能满足频率相同、相位差稳定的条件，再考虑到振动方向与振幅的差别不要太大，这样才会出现干涉现象。光纤 F-P 腔的原理就是光路中有近距离相对的两个平行反射端面，当入射光进入 F-P 腔后发生多次反射，通过腔体同一侧面的多束光由于满足相干条件便产生干涉，如图 2-43 所示。图中 n_1 为光纤的折射率；n_2 为空腔中的折射率；E 为光波的电场矢量；M_1 和 M_2 分别是空腔两端的反射端面；光波从空腔经 M_1 进入光纤时的界面反射率和透射率分别是 r_1 和 t_1；光波从光纤经 M_1 进入空腔时的界面反射率和透射率分别是 r_1' 和 t_1'；光波从空腔经 M_2 进入光纤时的界面反射率和透射率分别是 r_2 和 t_2；光波从光纤经 M_2 进入空腔时的界面反射率和透射率分别是 r_2' 和 t_2'。

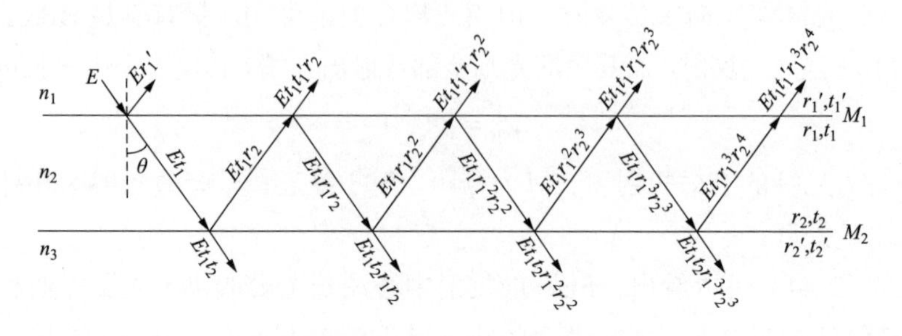

图 2-43　光射入 F-P 腔后的折射与反射

由图 2-43 可知，反射光中任何两束光的光程差或相位差是相同的，设第一束反射光的初相为 φ_1，任何两束相邻的反射光之间的相位差为 φ，则反射光合成振幅的复数形式为

$$\begin{aligned} e_R &= Er_1' e^{j(wt+\phi_1)} + Et_1t_1' e^{j(wt+\phi_1+\phi)} + Et_1t_1'r_1r_2^2 e^{j(wt+\phi_1+2\phi)} + Et_1t_1'r_1r_2^2 e^{j(wt+\phi_1+3\phi)} + \cdots \\ &= \left(Er_1' + Et_1t_1' e^{j\phi} \frac{1}{1-r_1r_2e^{j\phi}} \right) e^{j(wt+\phi_1)} \end{aligned} \tag{2-46}$$

反射光强为

$$\begin{aligned} I_R &= e_R \times e_R \\ &= E^2 r_1'^2 + \frac{E^2(t_1t_1'r_2)^2 - 2E^2t_1t_1'r_1r_1'r_2^2 + 2E^2t_1t_1'r_1'r_2\cos\phi}{1+(r_1r_2)^2 + 2r_1'r_2\cos\phi} \end{aligned} \tag{2-47}$$

由于 $t_1t_1' = 1 - r_1^2$，$r_1 = r_1'$，则式（2-47）变为

$$I_R = \frac{E^2(r_1'^2 + r_2^2 + 2r_1'r_2\cos\phi)}{1+(r_1r_2)^2 - 2r_1r_2\cos\phi} = \frac{E^2(r_1'^2 + r_2^2 - 2r_1r_2\cos\phi)}{1+(r_1r_2)^2 - 2r_1r_2\cos\phi} \tag{2-48}$$

令 $E^2 = I_0$，则反射光的干涉效果为

$$I_R = \frac{(r_1'^2 + r_2^2 + 2r_1r_2\cos\phi)}{1+(r_1r_2)^2 - 2r_1r_2\cos\phi} I_0 \tag{2-49}$$

式中：I_0 为入射光光强；r_1、r_2 为光纤端面的反射率；ϕ为光程差所对应的相位差。

假设 $r_1 = r_2 = r$，当 $r^2 \ll 1$ 时，F-P 腔内的光干涉可近似看作两束等幅光的干涉，则反射光的强度为

$$I_R = 2I_0r^2(1-\cos\phi) = 2I_0R(1-\cos\phi) \tag{2-50}$$

相位差ϕ与光纤 F-P 腔的长度 L 关系为

$$\phi = \frac{2\pi}{\lambda} n(2L)\cos\theta = \frac{4n\pi}{\lambda} L\cos\theta \tag{2-51}$$

式中：λ 为光波波长；n 为 F-P 腔的折射率；L 为 F-P 腔的长度；θ 为两发射面间反射光与反射平面法线的夹角。

由式（2-50）和式（2-51）可知，干涉光强 I_R 是相位差ϕ的函数，而相位差ϕ与 F-P 腔的长度 L 成正比。当 F-P 腔的长度 L 变化时，相位差随之变化，反射光的光强 I_R 也随之变化。

2.7.2 光纤法布里-珀罗（F-P）传感器的类型

根据光纤 F-P 腔的结构形式，光纤 F-P 传感器主要可以分为本征型光纤 F-P 传感器（Intrinsic Fabry-Perot Interferometer，IFPI）和非本征型光纤 F-P 传感器（Extrinsic Fabry-Perot Interferometer，EFPI）两种。

2.7.2.1 本征型光纤 F-P 传感器

F-P 腔制作在光纤内部，而光纤两端作为输入和输出端口，所构成的传感器称为本征型光纤 F-P 传感器。本征型光纤 F-P 传感器的研制始于 20 世纪 80 年代中期，是研究最早的一种光纤 F-P 传感器。其制作工艺可分为蒸镀加熔接、紫外诱导折射率台阶、化学腐蚀和飞秒激光加工等，如图 2-44 所示。蒸镀加熔接工艺是将光纤截为 A、B、C 三段，并在 A、C 两段的端面镀上高反射膜，通常是利用交变脉冲平面磁控系统或阴极射线蒸发方式在光纤端面镀上一层 TiO_2 膜，然后将它们与 B 段光纤焊接在一起而形成。焊接的时候要比普通焊接采用更小的电流和更短的焊接时间，靠控制焊接次数的方法来控制所需要的端面的反射率，如果想要得到超过 10%的反射率，就必须采用交变脉冲平面磁控系统镀上多层 TiO_2 膜。B 段的长度 L 就是此光纤 F-P 传感器的 F-P 腔长，它除了像其他光纤那样传输光束外，还要作为传感器的敏感元件感受外界作用。

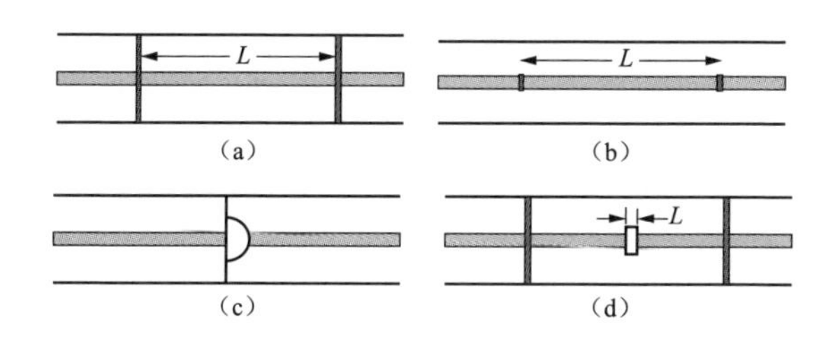

图 2-44 本征型光纤 F-P 传感器示意图

（a）蒸镀加熔接；（b）紫外诱导折射率台阶；（c）化学腐蚀产生空气腔；（d）飞秒激光加工空气腔

两个反射谱近乎相等的 FBG 相连就组成一个光纤光栅 F-P 腔。这样的结构可以看作是一个由两段 FBG 组成的简化的取样光纤光栅。图 2-45 显示了它的结构和计算的反射谱。在 FBG 的反射谱主瓣内出现了 F-P 振荡导致的干涉条纹，其数量正比于腔长 L。

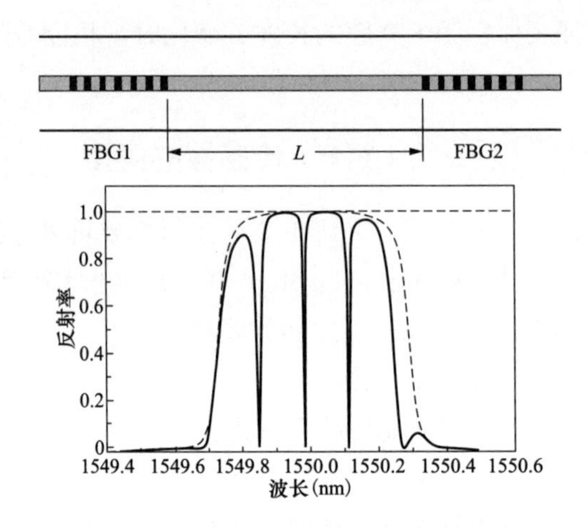

图 2-45 光纤光栅 F-P 腔的结构（上）和计算的反射谱（下）

2.7.2.2 非本征型光纤 F-P 传感器

非本征型光纤 F-P 传感器是目前应用较为广泛的一种光纤 F-P 传感器。非本征光纤 F-P 传感器通常是由解理或者抛光端面的光纤和一个具有反射面的非光纤元件组成。这种反射元件可以是固定在中空支架上的膜，或者是具有平滑表面的悬臂。探针光束输入光纤后，可以得到两束反射波，其中一束来自光纤端面的部分反射，另一束是经非光纤反射元件反射、重新耦合回光纤的光束。两光束干涉产生与反射镜位置有关的信号。

图 2-46（a）所示的非本征光纤 F-P 传感器由两段端面严格平行、同轴的镀膜单膜光纤构成，光纤密封在一个长度为 D、内径为 d（$d \geqslant 2a$，$2a$ 为光纤外径）的毛细管内。由于其结构特点，使得它具有以下优点：①非本征光纤 F-P 传感器在制作过程中，可以利用特殊的微调结构调节 F-P 腔的腔长 L，因此制造工艺较为方便、灵活，能够精确控制腔长 L；②由于它的导管长度 D 大于腔长 L，且 D 是传感器的实际敏感长度，这就使得制造者可以通过改变 D 的长度，控制传感器的敏感特性；③F-P 腔是由空气间隙组成的，其折射率基本不受外界影响，可以近似认为是腔长 L 的单参数函数；④当导管材料的热膨胀系数与光纤相同时，则可以基本抵消材料热胀冷缩导致的腔长 L 的变化。

假设由单模光纤出射的光束为平行光，因而能够在 F-P 腔内多次反射，并完全返回单模光纤。但实际光线由光纤出射时为发散光束，且是向光纤外部传播，因此只有部分光能返回光纤．从而造成反射耦合的损失。实际的非本征型光纤 F-P 传感器的输出强度会随着腔长 L 的变化而衰减，而本征型的光纤 F-P 传感器由于光束永远在光纤内传播，则不存在这个问题。

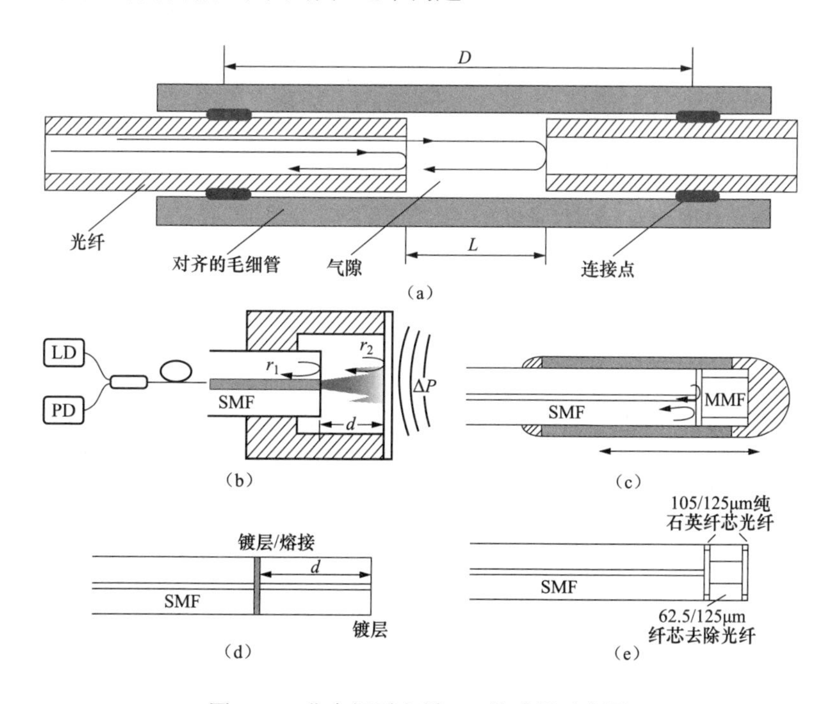

图 2-46　非本征型光纤 F-P 传感器示意图

（a）两光纤 F-P 腔；（b）光纤/隔膜 F-P 腔；（c）多模光纤作为镜子；

（d）反射镜直接做在光纤端面；（e）多段多模光纤形成谐振腔

2.7.3　光纤法布里-珀罗（F-P）腔的应用

F-P 腔内两束干涉光之间的相位差以及由相位差产生的干涉光强与 F-P 腔的折射率、F-P 腔的长度、两反射面间反射光与反射平面法线的夹角相关。凡是能够影响上述因素的物理量均能反映在 F-P 腔的干涉光强度上。特别是非本征 F-P 传感器，由光纤端面和镜子组成，利用镜子位置、角度的变化来感应外界信号，广泛用于位移传感、压力传感、声波和超声波检测。例如，图 2-46（b）中，在外部静压力或者声压的作用下，隔膜变形，光纤端面和隔膜间的距离变化，两反射光束干涉产生相关的位移信号。

2.8 光纤干涉技术

光纤传感器中光的干涉是在光纤干涉仪中实现的。光纤干涉仪与传统的分立元件干涉仪相比，具有下列优点：①能够用于准直；②可以通过增加光纤长度来增加光程以提高干涉仪的灵敏度；③封闭式光路，不易受外界干扰；④测量的动态范围大等。光纤干涉仪广泛用于高精度测量和传感技术中，包括分布式和准分布式传感系统，有光纤迈克尔逊干涉仪、光纤马赫-曾德尔干涉仪、萨格纳克干涉仪等。

2.8.1 光纤迈克尔逊（Michelson）干涉仪

光纤迈克尔逊干涉仪（Michelson Interferometer）是光学干涉仪中最常见的一种，其原理是一束入射光经过分光镜分为两束后各自被对应的平面镜反射回来，因为这两束光频率相同、振动方向相同且相位差恒定（即满足干涉条件），所以能够发生干涉。干涉中两束光的不同光程可以通过调节干涉臂长度以及改变介质的折射率来实现，从而能够形成不同的干涉图样。干涉条纹是等光程差的轨迹，因此，要分析某种干涉产生的图样，必须求出相干光的光程差位置分布的函数。若干涉条纹发生移动，一定是场点对应的光程差发生了变化。引起光程差变化的原因，可能是光线长度 L 发生变化，或是光路中某段介质的折射率 n 发生了变化，或是薄膜的厚度发生了变化。迈克尔逊干涉仪式传感器中检测参量主要是两路光的相位差 $\Delta\varphi$，可表示为

$$\Delta\varphi = \beta\Delta L + k_0 L\Delta n_{\text{eff}} \tag{2-52}$$

探测器收到的光强为

$$I = I_0\left(1+\cos\Delta\varphi\right)/2 \tag{2-53}$$

式中：I_0 为激光器发出的光强。

光纤迈克尔逊干涉仪的调制原理如图 2-47 所示，激光器发出的光被 3dB 耦合

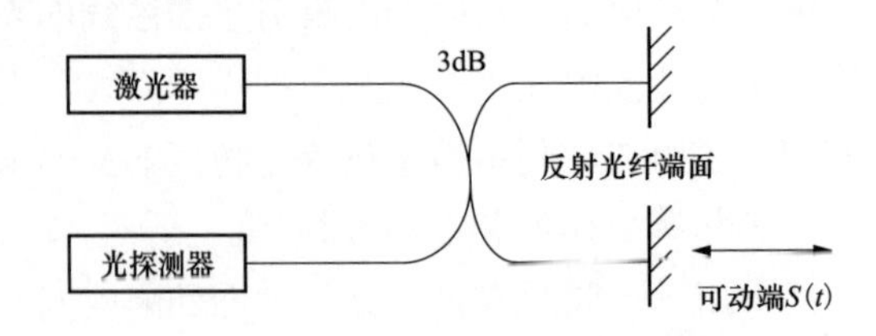

图 2-47　光纤迈克尔逊干涉仪原理图

器分成两路入射到光纤；一路到达固定的光纤反射端面（称为参考臂）；另一路到达可动光纤端面（称为可移动臂），反射回来的光经过 3dB 耦合器耦合到光探测器。外界信号 $S(t)$ 作用于可移动臂，引起探测器接收到的光强的变化。

与用块状光学器件构成的传统迈克尔逊干涉仪相比，全光纤迈克尔逊干涉仪具有可以与光纤系统兼容的优点，而且结构灵活，便于满足不同的需求。图 2-48 显示了含有光纤环形镜（Fiber Loop Mirror，FLM）的全光纤迈克尔逊干涉仪。它为干涉仪的两臂提供了稳定、宽带的反射镜。在该干涉仪的一个臂中插入了一个传感头 φ_2，另一个臂中插入了一个由压电陶瓷驱动的相位调制器 φ_1，它提供了一个人为的相位调制作为参考，有助于在信号解调中抑制噪声和漂移。

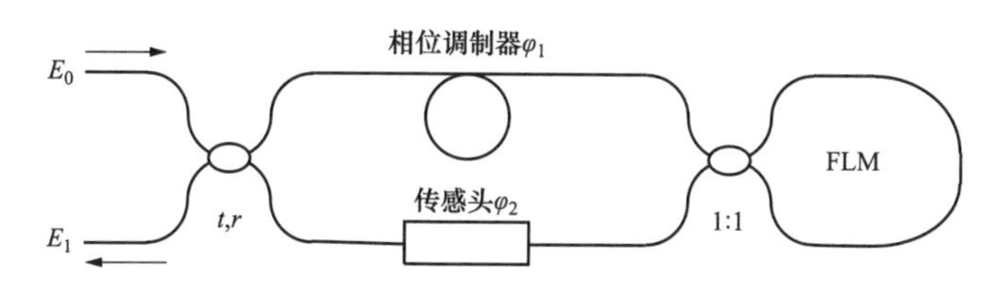

图 2-48　利用光纤环形镜的全光纤迈克尔逊干涉仪

2.8.2　光纤马赫-曾德尔（Mach-Zehnder）干涉仪

光纤马赫-曾德尔干涉仪的结构如图 2-49 所示，激光器发出的相干光通过一个 3dB 耦合器分成两个相等的光束，一束在信号臂光纤 S 中传输，另一束在参考臂光纤 R 中传输，外界信号 $S(t)$ 作用于信号臂，第二个 3dB 耦合器把两束光再耦合，并且又分成两束光经光纤传输到两个探测器中。根据光束相干原理，两个光探测器收到的光强分别为

$$I_1 = I_0(1+\cos\Delta\phi)/2 = I_0\cos^2(\Delta\phi/2) \tag{2-54}$$

$$I_2 = I_0(1-\cos\Delta\phi)/2 = I_0\sin^2(\Delta\phi/2) \tag{2-55}$$

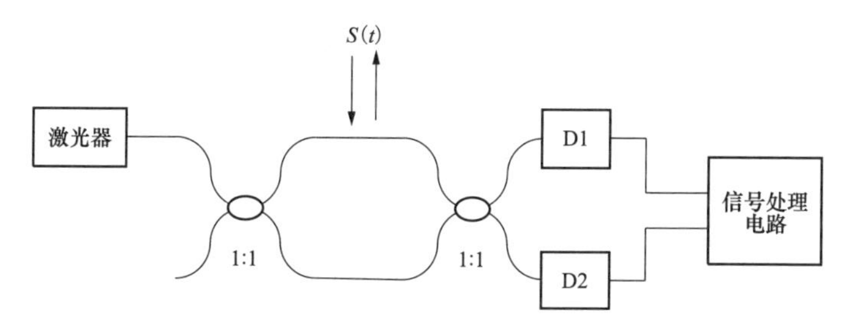

图 2-49　光纤马赫-曾德尔干涉仪结构示意图

式中：I_0为激光器发出的光强；$\Delta\phi$是信号臂和参考臂两路光的相位差，其中包含外界信号 S（t）引起的相位差。

马赫-曾德尔干涉仪的优点是不带纤端反射镜，克服了迈克尔逊干涉仪回波干扰的缺点，因而在光纤传感技术领域比迈克尔逊干涉仪应用更为广泛。

2.8.3 光纤萨格纳克（Sagnac）干涉仪

光纤萨格纳克环是最简单的光纤器件之一。如图 2-50 所示，将 2×2 光纤耦合器的两个端口连在一起，剩下的一个端口（端口 0）作为输入，另一个（端口 1）作为输出，就构成萨格纳克环。在光纤耦合器上，输入光束被分成两束：一束沿着环的顺时针方向（CW）从点 a 到点 b 传输，另一束沿着环的逆时针方向（CCW）从点 b 到点 a 传输。回到耦合器时，两束光发生干涉，得到从端口 1 输出的透射光 E_1 和向入射端口反向传输的反射光 E_2。

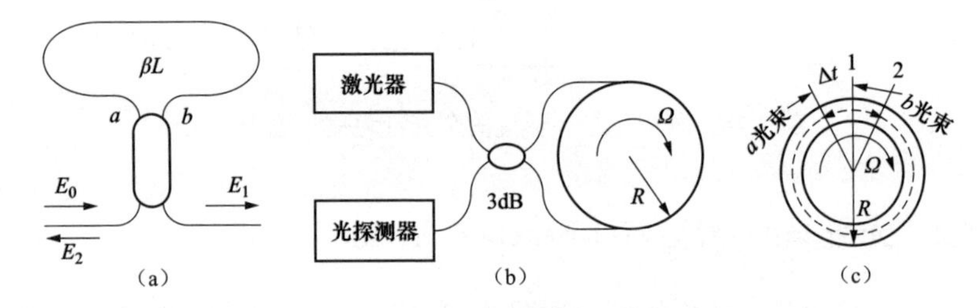

图 2-50 光纤萨格纳克干涉仪

（a）光纤萨格纳克环；（b）光纤萨格纳克干涉仪结构；（c）干涉原理

当光束 CW 和 CCW 的相移相等时，输出光波为

$$E_1 = (t^2 - r^2)\exp(\mathrm{j}\beta L)E_0 \tag{2-56}$$

$$E_2 = \mathrm{j}2tr\exp(\mathrm{j}\beta L)E_0 \tag{2-57}$$

式中：t 和 r 分别为光纤耦合器的透射率和反射率；β 为光纤传播常数；L 为光纤环的长度。

如果 2×2 耦合器选用 3dB 耦合器，则会有特殊结果，即光强为

$$I_1 = (t^2 - r^2)^2 I_0 = 0 \tag{2-58}$$

$$I_2 = 4t^2 r^2 I_0 = I_0 \tag{2-59}$$

此时，光束完全被反射回入口，而且与光纤环的长度无关，与光波长无关，因为 CW 和 CCW 传输光束经历了相同的相移，回到耦合器发生干涉时相移项相互抵消。该光纤环也被称为光纤环形镜，用于需要高反射镜的光纤系统中。这也表明，光纤环在消除外部环境扰动方面具有独特性能。

当光纤环内存在非互易性元件或者非互易性效应，例如磁光效应、法拉第旋光效应，以及在惯性系统下光纤环的转动，使得光束 CW 和 CCW 的相移不相等，相位差就会在干涉结果中显示出来。假设光纤环发生转动，则 CW 和 CCW 两路光的光程差和相位差为

$$\Delta L = 2\Omega R t = 4\pi R^2 \Omega / c \tag{2-60}$$

$$\Delta\phi = 2\pi(\Delta L/\lambda) = 8\pi^2 R^2 \Omega / c\lambda \tag{2-61}$$

式中：R 为光纤环的半径；Ω 为光纤环的转动角速度。若光纤环有 N 匝，则相位差也加大到 N 倍。若 2×2 耦合器为 3dB 耦合器，此时光纤环输出光强为

$$I_1 = I_0 \sin^2(\Delta\phi/2) \tag{2-62}$$

$$I_2 = I_0 \cos^2(\Delta\phi/2) \tag{2-63}$$

2.8.4 法布里-珀罗（Febry-Perot）干涉仪

光学中，法布里-珀罗干涉仪（Fabry-Perot Interferometer）是一种由两块平行的玻璃板组成的多光束干涉仪，其中两块玻璃板相对的内表面都具有高反射率。这一干涉仪的特性为，当入射光的频率满足其共振条件时，其透射频谱会出现很高的峰值，对应着很高的透射率。

其结构如图 2-51 所示，M 和 M' 是两块具有很小楔角的平板玻璃，相对两面互相平行，并涂有高反射率涂层，两板间用殷钢环隔离并固定。这种间距固定不变的干涉仪常称作标准具。入射光在相对两镜面上反复反射和折射后产生多束相干反射光和透射光，透射光束在透镜 L' 的焦面上叠加，形成等倾圆环状干涉条纹。

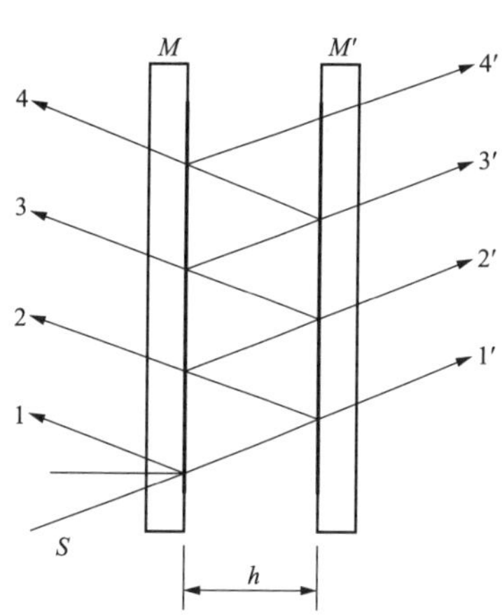

图 2-51　法布里-珀罗干涉仪原理图

常规 F-P 干涉仪的界面蒸镀高反射率膜，两个镜面的反射率 $r_1=r_2=r\approx1$。根据多光束干涉的原理，探测器上探测到的干涉光强（反射光强）变化的计算公式为

$$I = \frac{I_0}{1 + \dfrac{4r^2}{(1-r^2)^2 \sin^2 \dfrac{\phi}{2}}} \tag{2-64}$$

式中：I 为反射光强；I_0 为入射光强；r 为反射面的能量反射率；ϕ为相邻两相干

光间的相位差，与入射光倾角有关。

当$\phi=2n\pi$时，干涉光强有最大值 I_0；$\phi=2(n+1)\pi$时，干涉光强有最小值$\left(\frac{1-r^2}{1+r^2}\right)^2 I_0$；最大值和最小值之比为$\left(\frac{1+r^2}{1-r^2}\right)^2$。

这种干涉仪与前三种干涉仪的根本区别是：光纤迈克尔逊干涉仪、马赫-曾德尔干涉仪和萨格纳克干涉仪都是双光束干涉，而光纤法布里-珀罗干涉仪是多光束干涉。因此，光纤法布里-珀罗干涉仪在光纤传感和光纤通信领域越来越受到人们的重视。

2.9 光时域反射技术

2.9.1 光时域反射技术基本原理

光时域反射技术（Optical Time Domain Reflection，OTDR）由美国巴诺斯基（Barnoski）博士于 1976 年提出，该技术利用了激光雷达的概念，用于检测光纤的损耗特性。它是检测光纤衰减、断裂和进行空间故障定位的有力手段，同时也是全分布式光纤传感技术的基础。OTDR 技术是依据光在光纤介质中传输时发生瑞利散射和菲涅尔反射所产生的背向散射效应原理而建立的。OTDR 的工作原理如图 2-52 所示，将一束窄的探测脉冲光通过双向耦合器注入光纤中，脉冲光在光纤中向前传输时，由于光纤介质本征特性、弯曲、断裂等事件而产生散射和反射效应，会不断产生背向瑞利散射光和反射光。背向瑞利散射光光信号则携带光纤内不同位置或事件点（如异常发热点、断裂等）的位置信息，通过双向耦合器耦合到光电检测器中。

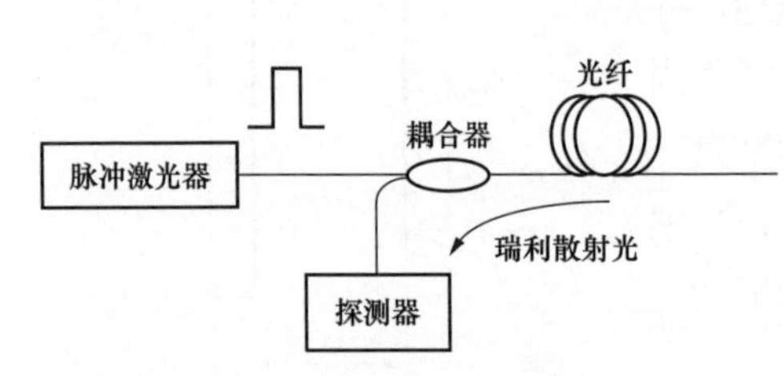

图 2-52 OTDR 的工作原理图

设从光纤发射端面发出脉冲光，到接收到该脉冲光在光纤中 L 处产生的瑞利散射光所需的时间为 t，则在 t 时间内，光波从发射端至该位置往返传播了一次，因此该位置距起始端的距离 L 为

$$L=Vt/2 \tag{2-65}$$

式中：V 为光在光纤中的传播速度；t 为从发出脉冲光到接收到某位置产生的瑞利散射光所需的时间。

设光纤的衰减系数为α，则脉冲光传播到光纤 L 位置处时的峰值功率为

$$P(z)=P_0e^{-\alpha L} \tag{2-66}$$

根据式（2-30）可知在该处产生的瑞利散射功率为：

$$P_{\mathrm{R}}(z)=P_0e^{-\alpha L}S\alpha_{\mathrm{S}}\tau\frac{V}{2} \tag{2-67}$$

当它返回到光电探测器时，其功率变为

$$P_{\mathrm{R}}(z)=P_0e^{-2\alpha L}S\alpha_{\mathrm{S}}\tau\frac{V}{2}=P_0e^{-\alpha Vt}S\alpha_{\mathrm{S}}\tau\frac{V}{2} \tag{2-68}$$

由式（2-68）可见，OTDR 得到的光纤沿线的瑞利散射曲线为一条指数衰减的曲线，该曲线表示出了光纤沿线的损耗情况。当脉冲光在光纤中传播的过程中遇到裂纹、断点接头、弯曲、端点等情况时，脉冲光会产生一个突变的反射或衰减，根据式（2-65）可以获得该点的位置，因此可实现对这些状况的检测。

图 2-53 显示了光纤上典型的事件点对应的 OTDR 曲线（图中纵轴采用对数单位，因此 OTDR 显示的曲线为直线）。光脉冲从光源中发射出来，在第一个接头处产生强烈的菲涅尔反射，使得一段距离内无法探测到后向散射信号，形成盲区。盲区过后，后向散射光的光强直线下降，在焊接点处光强会有稍微的损耗，表现在曲线上为斜率较大的直线下降。在光纤中，如果遇到折射率突变的点，会有很强的菲涅尔反射光反射回来产成事件；事件过后，光强会有较大的变化，形成台阶。在光纤的端面处，同样会有强烈的菲涅尔反射光反射回来，形成端面反射。

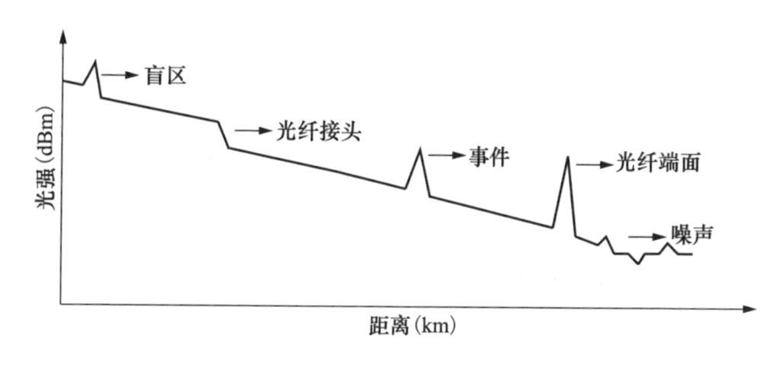

图 2-53　OTDR 曲线图

2.9.2　光时域反射系统的技术指标

一般说来，OTDR 的技术指标主要有动态范围、盲区、测量距离、空间分辨率和灵敏度等。其中，动态范围和空间分辨率是其主要的性能参数。

2.9.2.1 动态范围

动态范围一般定义为，当后向散射光功率和噪声平均功率相等时，后向散射光的最大损耗值。动态范围是OTDR最重要的一项性能指标，它直接决定了OTDR所能测量的光纤的最长距离。

2.9.2.2 空间分辨率

空间分辨率是指在空间上能够分辨的两个事件之间的最小距离。如图2-54所示，光纤中事件1和事件2之间的距离为L，光脉冲宽度为$V\tau$，其中V为光在光纤中的传播速度，τ为脉冲宽度。光沿着光纤传播，当光脉冲到达事件1时，部分光向回反射形成反射脉冲1，其余光继续向前传播，当传播到事件2时形成反射脉冲2，此时两列脉冲之间距离为

$$\Delta l = 2L - V\tau \tag{2-69}$$

当$\Delta l > 0$时，可以分辨出两个光脉冲，因此空间分辨率为

$$\Delta l \geqslant \frac{1}{2}V\tau \tag{2-70}$$

由式（2-70）可以看出，脉冲宽度τ越小，L越小，空间分辨率也就越高，当光脉冲宽度为10ns时，分辨率达到1m左右。然而，脉冲宽度越小，光脉冲的功率越小，动态范围也就越小，因此，动态范围和空间分辨率是一对不可调和的矛盾，在实际测量中要综合考虑两方面的因素。

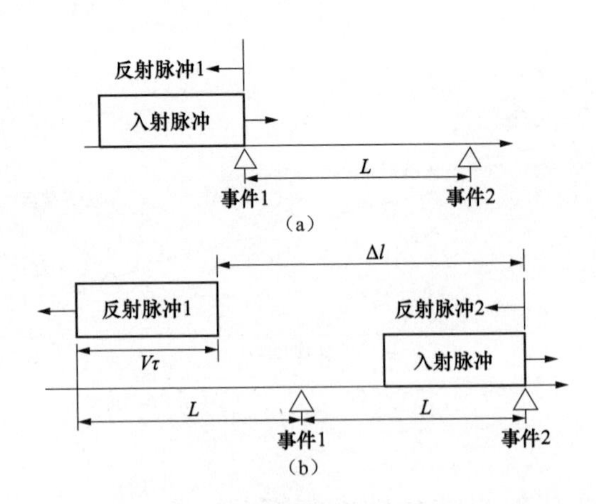

图2-54　OTDR空间分辨率示意图

（a）入射脉冲到达事件1时产生反射脉冲1；（b）入射脉冲到达事件2时产生反射脉冲2

2.9.3　其他光时域反射技术

光纤中的后向散射光，除了光强会发生变化之外，其相移和偏振特性也是携带光纤系统信息的参量。由此人们发展出了偏振光时域反射技术和相位敏感光时域反射技术等。

2.9.3.1　偏振光时域反射技术（POTDR）

瑞利散射具有偏振相关性。该特性可以用来增加 OTDR 的灵敏度，并获得更多的光纤特性信息。为此，注入光纤中的探测光脉冲要用偏振光，接收端要用偏振分析仪。其基本结构如图 2-55 所示。实际光纤或多或少具有一定的双折射特性。外部压力、弯曲、扭转都会引起光纤双折射。非均匀温度分布和外部磁场也会影响光纤的偏振特性。POTDR 正是用来探测这些效应及其在光纤中的演变。

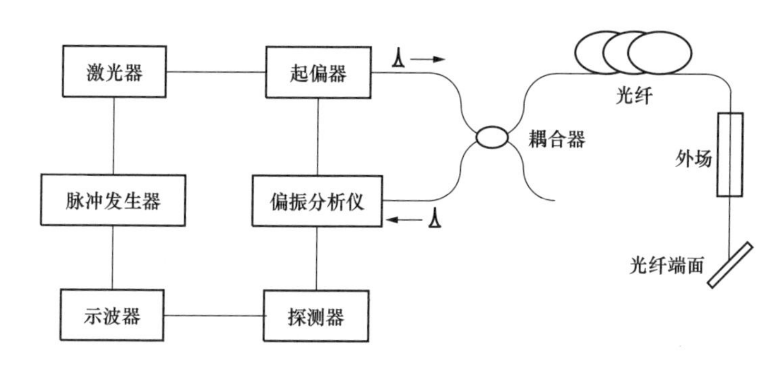

图 2-55　POTDR 系统结构

2.9.3.2　相干光时域反射技术（Coherent OTDR，COTDR）

在强度检测的 OTDR 中，从一个长光纤远端散射回来的信号会微弱到难以用直接探测的方法接收到。一个替代方法是相干接收，采用一个窄线宽的激光脉冲作为探针光，回波与本振光混频，产生拍频信号，称为相干光时域反射技术。该技术可以提供高得多的灵敏度。其基本结构如图 2-56 所示，采用一个窄线宽连续运转激光器作为光源，激光光源的一部分被分出来作为本地振荡；探针光用声光调制器从 ν_0 频动到 ν_1，并且斩波成一个窄脉宽的脉冲串，重复频率与光纤长度匹配。接收端采用外差接收技术，背射光 E_{S} 与本振光 E_{L} 在光纤耦合器中干涉。假设该耦合器为理想的 3dB 分束器，其输出干涉光强为

$$I_{1,2} = E_{\mathrm{L}}^2 + r^2 E_0^2 e^{-2\alpha z} \pm 2r\gamma E_{\mathrm{L}} E_0 e^{-2\alpha z} \cos\theta \sin\left(\Delta\omega t + \Delta\phi\right) \qquad (2\text{-}71)$$

式中：E_0 为探针光场；θ 为偏离本振光的偏振角度；$\Delta\phi$ 为光波的传输相移和散射相移之和；$\Delta\omega$ 为散射光和本振光之间的角频率之差；r 为背向瑞利散射系数；γ 为由光源线宽决定的相干因子；α 为光纤的衰减系数。

干涉光强信号用平衡探测器接收，输出为两者之差，得到消除了直流本底的交流干涉项。可见，信号强度与本真激光幅值成正比，具有放大回波信号的优点。

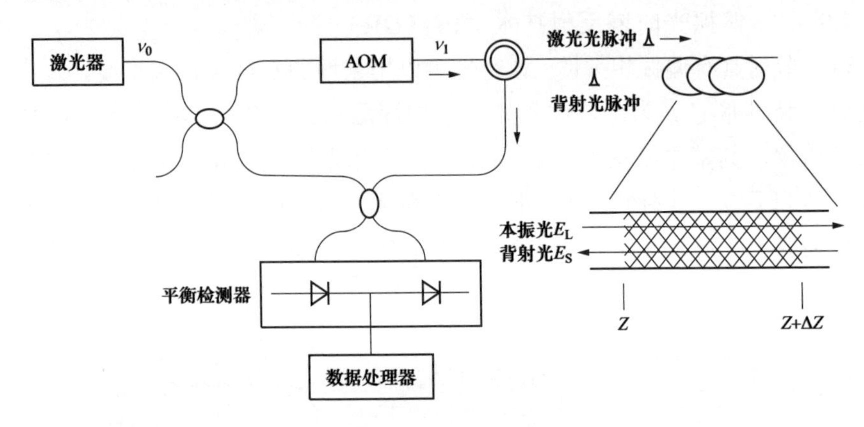

图 2-56　COTDR 系统结构

2.9.3.3　相敏光时域反射技术（Φ-OTDR）

强度检测的 OTDR 采用低相干光源，有利于降低干涉噪声，但是光波的相位信息被掩盖。实际上，相移变化比衰减和偏振变化更灵敏。Φ-OTDR 和 COTDR 系统的结构相似。Φ-OTDR 要从拍频波形 $\sin(\Delta\omega t+\Delta\phi)$ 中提取相位信息，必要时还需要做相位解包处理，扩展所提取的相位角到大于 2π 的范围。Φ-OTDR 和 COTDR 系统的结构相似，但应用目标有所不同。大体上前者以动态信号的传感为目标，后者关注静态微弱信号的探测。

2.9.3.4　光频域反射技术（Optical Frequency Domain Reflection，OFDR）

OTDR 技术存在一些缺点，其空间分辨率受到激光光源脉冲宽度的限制。为了提高空间分辨率，需要应用较窄的脉冲，但是较窄的脉冲会降低信号的积分功率和信噪比。如果使用高功率脉冲激光，又会引起光纤中大的色散和高的非线性效应。为了克服这些缺点，人们提出和发展了光频域反射技术。

OFDR 采用频率调整连续波测距技术。该系统采用一个周期线性频率扫描的连续光载波，探测的回波有同样的扫频，但是存在一个与传输距离成正比的时延。回到起点处的散射信号与本地参考光干涉，在频域产生相关信号，经频谱分析仪显示出背散射信号。如图 2-57 所示，f_M 为频率调制幅度，T 为扫频周期，则散

射光和本地光的拍频信号与时延时间有关，即

$$\Delta f = 2 f_{\mathrm{M}} z / (T V_{\mathrm{g}}) \tag{2-72}$$

式中：z 为散射体离开原点的距离；V_{g} 是光波群速度。

图 2-57 中，Δf_{L} 和 Δf_{H} 分别是锯齿波上升沿和下降沿对应的拍频信号幅值。可见，可以通过拍频数值确定外界扰动或者故障点的位置。

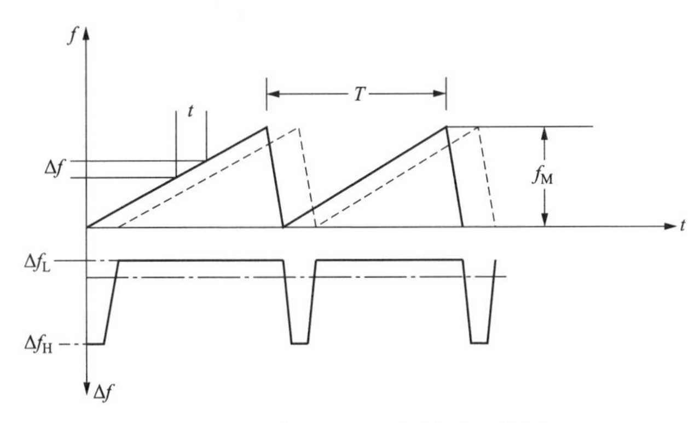

图 2-57　OFDR 的时频关系示意图

2.9.4　光时域反射技术的应用

外部环境，包括温度和应力的变化，也会对光纤的衰减特性产生影响。这种变化反映在瑞利散射强度中，可以被 OTDR 探测到。OTDR 不仅能够检测出变化的幅值，而且能够定位。这是一种典型的分布式传感器。OTDR 是最早的全分布式光纤传感技术，也是全分布式光纤传感技术的工作基础，它主要用来测量弯曲、接续、损坏等产生的损耗沿光纤的空间分布，也可用来进行光纤断裂等故障的空间定位，其具体的应用包括以下几方面：

（1）通信光纤的性能表征和光通信线路故障定位。在光纤通信系统的故障中，线路故障率要远大于设备故障率。据统计，因光纤线路故障造成的阻断占网络不可运行时间 90%以上，平均每次阻断时间达 10h。对光纤线路实施监测、及时发现和修复故障对于降低损失、提高通信的可靠性非常有意义。通信光纤的性能表征和光通信线路故障定位是 OTDR 最早也是到目前为止最主要的应用。由于 OTDR 对光纤的测量是一种非损伤的测量，并且能获得整条光纤线路的衰减信息，相对于截断测量法有不可比拟的优势。因此，一直以来 OTDR 都是测量光通信线路损耗及故障点的主要手段。

（2）大型结构的安全健康监测。OTDR 还被用于大型结构（如大厦、桥梁、

公路等）的安全健康监测。其原理主要是利用建筑的应力（或应变），导致光纤微弯，从而使接收到的该处的瑞利散射功率发生改变，于是推断出该处可能发生的事件。将光纤嵌入到混凝土中，建筑结构裂缝导致光纤断裂处光纤端面产生强的端面反射。于是，通过 OTDR 可以找到裂缝的具体位置。由于断点会完全中断光波向前的传输，因此通过使用耦合器将一部分探测光耦合出来直接跨过被测对象，并接入下一个探测节点，可避免由断点导致的探测光波中断。

3 光纤测温技术

由于光纤具有抗电磁干扰能力强、本质安全、高灵敏度、实时持续测温和在线监控等特点，采用光纤结构的测温技术受到越来越多的关注。目前光纤测温技术主要有分布式光纤测温技术、光纤光栅测温技术和荧光光纤测温技术等。光纤分布式测温技术依据光时域反射（OTDR）原理和光散射效应对温度的敏感特性实现温度监测。光纤光栅测温技术则是根据温度对光栅中反射光和透射光的中心波长偏移的特性，实现温度测量。光纤测温技术以其独特的优势，广泛应用于电力电网、核能、石油化工、煤矿等行业。

本章主要介绍以拉曼散射原理、布里渊散射原理、光纤光栅及荧光光纤为基础的电力设备温度检测的相关理论，并介绍相关研究和现场应用实例。

3.1 基于拉曼散射的分布式测温技术

分布式光纤温度技术是利用光纤中光的散射效应和光时域反射技术（OTDR）实现的一种测温技术，可用于分布式实时测量空间温度场分布。该技术利用光纤作为敏感介质和传输介质，具有电绝缘、抗电磁干扰、本质安全、测温范围宽、测量距离长、测量准确度高等优点，受到广泛关注和应用。目前，根据测量背向散射光种类的不同，分布式光纤测温技术主要分为基于拉曼散射的分布式测温技术和基于布里渊散射的分布式测温技术。

3.1.1 基于拉曼散射的分布式测温技术原理

众所周知，当光入射到光纤中时，会发生散射现象，这主要是由光纤的非结晶材料在微观空间的颗粒状结构和玻璃中存在的诸如气泡等不均匀结构所引起的。拉曼散射对温度较为敏感；瑞利散射对温度不敏感；布里渊散对温度和应力都敏感，容易受到外界环境的干扰，影响测量的准确度。基于拉曼散射的分布式光纤系统在温度测量上具有较大的优势。

拉曼散射的斯托克斯光和反斯托克斯光的强度比与光纤温度存在一定关系。

当激光脉冲在光纤中传输产生拉曼散射时，一部分光能转换成热振动，会产生一个低于光源频率的斯托克斯光；一部分热振动转换成为光能，则会产生一个高于光源频率的反斯托克斯光。斯托克斯和反斯托克斯散射光在光频谱图上相伴出现，空间分布也大致对称。

反斯托克斯散射光在热振动作用中吸收了热能，其强度受散射区的温度影响较大，对温度敏感。而斯托克斯散射光转换成热能，与散射区温度关系不大，即对温度不敏感。设定光介质内某一点的反斯托克斯光和斯托克斯光强度分别为 I_a 与 I_s，根据量子电动理论，I_a 与 I_s 的计算公式为

$$I_s=\frac{2\pi^2 h}{c}\frac{(\nu_0-\Delta\nu)^4}{\Delta\nu\exp\left(\frac{-h\Delta\nu}{k_B T}\right)}g_\nu\left(\frac{\partial a_1}{\partial q_k}\right)_0^2 \tag{3-1}$$

$$I_a=\frac{2\pi^2 h}{c}\frac{(\nu_0+\Delta\nu)^4}{\Delta\nu\left[1-\exp\left(\frac{-h\Delta\nu}{k_B T}\right)\right]}g_\nu\left(\frac{\partial a_1}{\partial q_k}\right)_0^2 \tag{3-2}$$

式中：c 为光速；h 为普朗克常数；k_B 为玻尔兹曼常数；ν_0 为入射光频率；$\Delta\nu$ 为拉曼频移量；T 为温度；g_ν 为受激拉曼散射增益系数；q_k 为介质分子振动的一个简正坐标；a_1 为分子的一个极化率。可见，拉曼散射的强度不但正比于散射频率的四次方，而且正比于极化率随简正坐标变化的平方。鉴于常温下 $\exp(-h\Delta\nu/k_B T)$ 的数值较小，二者的光强之比和温度 T 之间的关系可表示为

$$\frac{I_a}{I_s}\approx\frac{(\nu_0+\Delta\nu)^4}{(\nu_0-\Delta\nu)^4}\exp\left(\frac{-h\Delta\nu}{k_B T}\right)=A\exp\left(\frac{-h\Delta\nu}{k_B T}\right) \tag{3-3}$$

式中：A 为常数。于是可以通过测出来的反斯托克斯光与斯托克斯光强度之比计算光纤温度，即

$$T=\frac{h\Delta\nu}{k_B}\frac{1}{\ln A-\ln(I_a/I_s)} \tag{3-4}$$

为了对全分布式光纤拉曼温度传感器进行温度标定，在光纤的前端设置一定标光纤，将定标光纤圈放在温度为 T_0 的恒温槽中，恒温槽的温度一般设为 20℃，由此得出拉曼强度比与温度的关系式，即

$$\frac{1}{T}=\frac{1}{T_0}-\frac{k_B}{h\Delta\nu}\ln F(T) \tag{3-5}$$

$$F(T)=\frac{I_a(T)/I_s(T)}{I_a(T_0)/I_s(T_0)}=\exp\left(\frac{-h\Delta\nu}{k_B T}\right)\Big/\exp\left(\frac{-h\Delta\nu}{k_B T_0}\right) \tag{3-6}$$

经过计算得到的温度与拉曼散射强度比 $F(T)$ 关系见表 3-1 和图 3-1。

表 3-1　光纤拉曼温度传感器中光纤温度与拉曼强度比的关系（T_0=20℃）

光纤温度（℃）	0	10	20	30	40	50	60	70	80	90	100	110	120
$F(T)$	0.8536	0.9265	1.0000	1.0739	1.1480	1.2222	1.2962	1.3699	1.4436	1.5167	1.5893	1.6613	1.7326
测量温度（K）	273.15	283.15	293.15	303.15	313.15	323.15	333.15	343.15	353.15	363.15	373.15	383.15	393.15

从图 3-1 可以看到，0～120℃温度范围内，温度与拉曼散射强度呈线性关系，其斜率是全分布式光纤拉曼温度传感器的相对灵敏度 S。系统的相对灵敏度与设定的定标光纤的温度有关，定标光纤处在 T_0=20℃时，相对灵敏度 S_0=136.511。

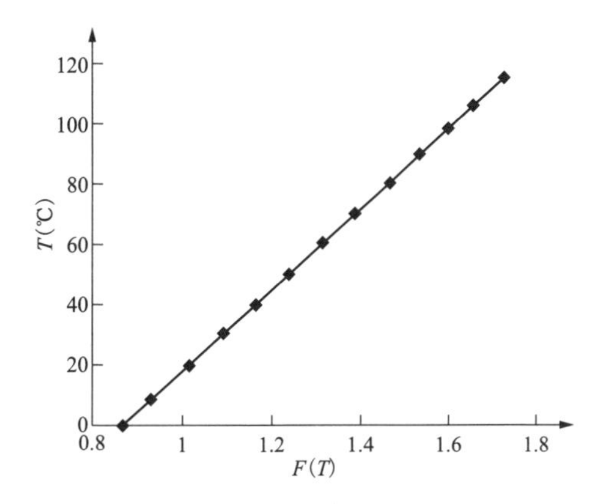

图 3-1　光纤的拉曼散射强度比 $F(T)$ 与光纤温度的关系曲线

随着定标光纤温度 T_0 的降低，S_0 值也降低，而随着 T_0 的升高，S_0 值升高。例如 T_0=0℃时，S_0=116.575。

在实验室里，通常将全分布式光纤拉曼温度传感器的传感光纤中取出一段作为测温光纤段，使它稳定地处在 30℃、40℃、50℃、60℃、70℃、80℃、90℃，从全分布式光纤拉曼温度传感器系统可测量到不同温度的拉曼强度比 $F(T)$，得到系统的温度定标曲线，由定标曲线的斜率得到实际系统的 S_0。由于全分布式光纤拉曼温度传感器中波分复用器（WDM）的隔离度达不到理论设计值，因此实际系统传感器的相对灵敏度要低于理论计算的相对灵敏度。

3.1.2　基于拉曼散射的分布式测温系统

3.1.2.1　分布式测温系统的典型结构

典型的分布式温度检测系统（Distributed Temperature System，DTS）如图 3-2 所示，主要由 DTS 测温主机和传感光纤组成，其中 DTS 测温主机由激光器、光脉冲调制器、波分复用器、光滤波器、光电转换器和数据采集处理模块等组成。

分布式光纤测温系统通过交换机连接计算机与以太网实现就地和远程温度监测功能。光耦合器的输出端将激光脉冲注入长工作距离的传感光纤，同时接收返回的后向散射光。两个窄带的滤波器将斯托克斯散射光和反斯托克斯散射光从瑞利散射中区分出来。拉曼散射频移相当大，达 13THz，在 1550nm 波段约为 100pm，光谱区分并不困难；但是拉曼散射强度远远小于瑞利散射，大约低 1000 倍，因此要求滤波器具有很高的边瓣抑制比。此外，反斯托克斯光比斯托克斯光弱得多，在光路中要采用非对称的分束器。例如，90%端用于反斯托克斯通道，10%端用于斯托克斯通道；而且通常都将反斯托克斯拉曼散射用作信号通道，作为计算温度的主要依据，而斯托克斯拉曼散射通常被用作参考通道，用来消除应力等其他因素的影响。最后，用网络分析仪和数字信号处理器分析探测到的信号。

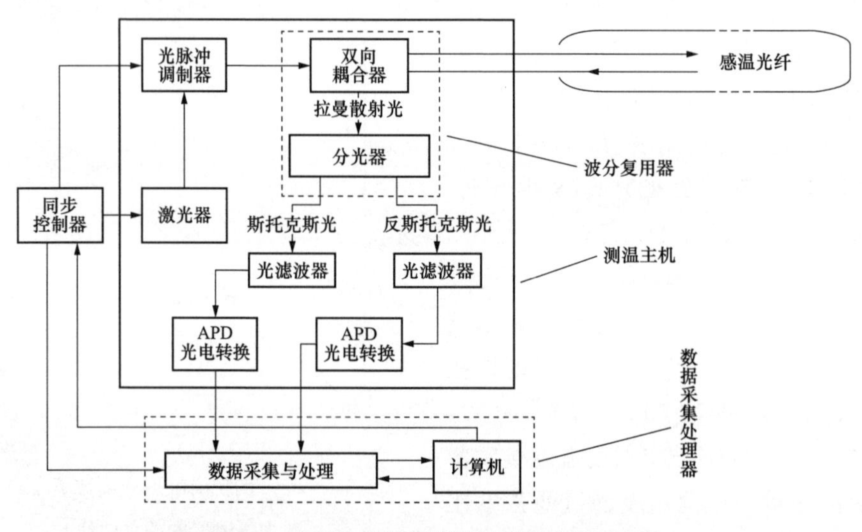

图 3-2　典型的光纤拉曼测温系统结构示意图

（1）激光器及光脉冲调制器。激光器是信号产生的源头，它的工作原理是使激光介质电子达到高能级，再跃迁回到低能级，此时就会释放出光子，为了使介质电子获得跃迁的能量，一般通过泵激的方法。通过控制泵激的能量，可得到需要的激光波长。通过比较不同波长的入射光在光纤中的衰减图谱，中心波长为 1550nm 入射光在石英光纤中衰减较小，一般选做 DTS 激光器发射激光波长。激光器的输出光脉宽和频率是激光器的两个重要参数。根据测量分辨率和测量距离要求，通过光脉冲调制器形成特定宽度和频率的脉冲光。

（2）波分复用器。波分复用器将激光器输出的激光进行耦合，然后传入光纤中；沿光纤后向返回的散射光具有不同波长，利用特定的波分复用器滤出需要的拉曼散射光，将反斯托克斯光和斯托克斯光分离出来。根据其制造工艺的不同，波分复用器种类较多，使用较多的是介质膜型。它是通过光学薄膜的透过选择性实现滤波功能，当多种波长的入射光通过光学薄膜后，只有特定波长可以透过，其他波长都被反射回来。

（3）光电转换器。光电转换器的核心部件是光电二极管，它是将波分复用器分离出的反斯托克斯光和斯托克斯光信号进行光电转换的元件。由于散射光信号十分微弱，其功率在纳瓦（nW）级别，所以一般选用既可以进行光电转换又能放大信号的雪崩二极管（Avalanche Photodiode，APD），即形成 APD 光电转换器。同时，APD 还具有响应快、灵敏度高、噪声小等优点，适用于 DTS。

（4）数据采集处理模块。该模块为激光器提供周期性的脉冲驱动，并周期性地采集光电转换器输出的反斯托克斯光和斯托克斯光的电信号，然后通过数据处理解调出传感光纤所在环境的温度值。其核心部件数据采集卡（Data Acquisition Card，DAC）将连续的电信号变成离散的数字信号，离散的数字信号通过串口线、USB、PIC 等接口将信息传入计算机，由计算机对信号进行进一步加工处理。DTS 需要采集斯托克斯光和反斯托克斯光两路信号，所以选取采集卡的通道数为两路，由于反斯托克斯光作为参考信号，应尽量避免数据采集卡对两路信号的影响，以保证温度测量的准确性。

（5）传感光纤。传感光纤作为系统的重要组成部分，实现了信息的传输与探测两种功能。将光纤布置于待测温度场中，当温度场中温度发生变化，光纤中反斯托克斯光和斯托克斯光光强会相应变化，背向散射光沿光纤传回波分复用器，通过波分复用器分离出反斯托克斯光和斯托克斯光，再由光电转换器将其转换为电信号，利用温度解调算法可以得到温度信号。

根据传输光的模式进行区分，光纤有单模光纤和多模光纤两种。单模光纤只能允许一束光传播，所以单模光纤没有模分散特性，单模光纤的纤芯相应较细，传输频带宽、容量大，传输距离长，但因其需要激光源，成本较高。多模光纤允许多束光在光纤中同时传播，多模光纤的模分散特性限制了其带宽和距离，因此，多模光纤的芯线粗，传输速度低、距离短，整体的传输性能差，但其成本比较低。

由于激光在光纤的端面会产生端面反射，端面反射是无法去除的，在布置测温光纤时不可以将两端的光纤用于测温，在信号处理时也要注意去除两端不正常的温度信号，避免出现温度的误报，所以使用的光纤长度也要大于测温的距离。

3.1.2.2　分布式测温系统的技术参数分析

分布式光纤测温系统的主要技术参数包括温度精度、温度分辨率、空间分辨率、测温距离、激光光脉冲宽度、激光光脉冲频率、光电转换器响应时间、A/D转换时间等。下面对主要技术参数分别进行分析。

（1）温度精度。因为系统所处外界环境和信号传播过程中噪声等的影响，使得测量计算得到的温度数据与实际温度存在一定的误差。测量计算得到的温度数据与实际温度值之间允许的一个误差范围称为温度精度。温度精度主要与系统的信噪比、系统的稳定性以及系统所在周围环境的温度等因素有关，美国传感变电公司的学者对此做了较为详细的研究。

1）激光器的影响。激光器所发射的光脉冲波的功率和波长与工作电流和激光器的工作温度有密切的关系。在相关研究中，由于使用两路解调方法，两路的比值抵消了光功率的影响；不仅光脉冲在光纤中传播的过程中所产生的损耗受激光器波长的影响，而且斯托克斯光和反斯托克斯光的波长也会受激光器波长的影响，它们都会随激光器波长的变化而变化。此外，波分复用器中滤波器的带宽也会影响光脉冲的损耗，这都会导致测量温度误差。

2）光电探测器的影响。光电探测器的主要构成是APD雪崩二极管和放大电路，它们的工作也会受温度的影响。对于 APD 雪崩二极管，温度主要影响的是它的热噪声及其增益，而当增益漂移时会使得测温系统的可靠性变差。而对于放大电路，温度主要影响的是它的放大倍数。从而通过以上两方面影响系统的稳定性。

（2）温度分辨率。温度分辨率是指产生信号光电流的变化量时所需要的温度变化量，即系统信号与噪声的比例为 1 时的温度变化值。温度分辨率是系统最小的温度示值，可以表示为

$$\Delta T = \frac{k_{\mathrm{B}} T^2}{h \Delta \nu} \frac{n_{\mathrm{as}}}{p_{\mathrm{as}}} \tag{3-7}$$

式中：h 为普朗克常数；k_{B} 为玻尔兹曼常数；$\Delta \nu$ 为拉曼频移；T 为纤芯温度；$n_{\mathrm{as}}/p_{\mathrm{as}}$ 为信噪比。可以看出，系统的温度分辨率随信噪比的提高而提高，两者成正比关系。

（3）空间分辨率。系统空间分辨率是达到温度分辨率指标所能测量得到的最小空间距离，决定了系统能达到的分布式程度。空间分辨率的影响因素有：激光脉冲宽度、光电探测器 APD 响应时间、A/D 转换时间。系统空间分辨率 δ_{z} 可以表示为

$$\delta_{\mathrm{z}} = \max(\Delta l_1, \Delta l_2, \Delta l_3) \tag{3-8}$$

式中：Δl_1 为激光脉冲宽度决定的空间分辨率；Δl_2 为探测电路响应时间决定的空

间分辨率；Δl_3 为 A/D 转换时间决定的空间分辨率。

1）激光光脉冲宽度。激光器发射的光脉冲的脉宽是一定的，由光脉冲宽度所对应的空间分辨率为

$$\Delta l_1 = \frac{\tau_1 V}{2} \tag{3-9}$$

式中：τ_1 为输入激光脉冲的宽度；V 为光脉冲在光纤中的传播速度。由式（3-9）可知，光脉冲宽度确定的空间分辨率随着光脉冲宽度的增大而增大，测温系统的性能也随之变差。也就是说空间分辨率与光脉冲宽度的关系是正比关系，所以可通过减小光脉冲的宽度来减小空间分辨率。但脉冲的宽度减小，信噪比也会随之减小，所以光脉冲宽度也不宜过小。

2）光电转换器响应时间。光电转换器接收到信号，在经过一定时间后再转换光信号，而这个时间就是响应时间 τ_2。光电转换器件的响应时间所对应的空间分辨率可表示为

$$\Delta l_2 = \frac{\tau_2 V}{2} \tag{3-10}$$

光电转换器响应时间确定的空间分辨率随着响应时间 τ_2 的增大而增大，可通过选择响应速度快的光电转换器来减小空间分辨率。

3） A/D 转换时间。A/D 转换时间是指对接收到的模拟信号进行采集并转换成数字信号的时间，也会影响系统的空间分辨率。A/D 并不是持续不断地对数据进行转换，需要经过一个转换时间 τ_3 后再对下一个采集来的信号进行转换。A/D 转换时间 τ_3 所确定空间分辨率为

$$\Delta l_3 = \frac{\tau_3 V}{2} \tag{3-11}$$

A/D 转换时间确定的空间分辨率随着转换时间的增大而增大，因此可通过选择转换速度快的 A/D 来减小空间分辨率。

（4）两路拉曼散射信号的同步性。温度信号解调时，一般采用两路信号调制方法，这就要求这两路信号具有同步性，但在实际系统中，两路信号因多种因素的影响而不能同步。例如：斯托克斯光信号和反斯托克斯光信号在光纤中的传播速度不一致，并且这两路信号在经过光电探测器时的 APD 的响应时间和放大电路的响应时间也不相等。当两路拉曼散射信号不能保持同步时，那么由两路信号解调出的温度信号就与真实的温度信号存在误差，即不能准确测量电缆的温度信息，不能保证所需求的空间分辨率。所以必须保证两路拉曼散射信号的同步性，以保证测温系统的稳定性，以便准确测量真实的电缆温度。

（5）系统测量时间。系统达到满足需求的温度分辨率和空间分辨率时，对于整条光纤上所有点对应的温度测量一次所需要的最少时间称为测量时间。测量时间 δ_t 主要受信号累加平均时间的影响，可以表示为

$$\delta_t = N_a / f \tag{3-12}$$

式中：N_a 表示信号累积平均的次数；f 表示光探测脉冲的重复频率。信号的累加平均次数越多，提取的有效信息越好。但平均次数受系统性能等的限制，不能无限增大。

（6）传感距离。传感光纤长度的选择主要是由光脉冲的重复频率决定的，要保证光纤中一直存在一个光脉冲，所以有

$$L \leqslant \frac{V}{2f} \tag{3-13}$$

3.1.2.3 分布式拉曼散射光纤测温技术特点

分布式拉曼散射光纤测温技术具有以下特点，使其非常适用于电力设备的分布式温度监测。

（1）抗电磁干扰，在高电磁环境中可以正常的工作。光纤本身是由石英材料构成的，完全的电绝缘；同时光纤传感器的信号是以光纤为载体的，本征安全，不受任何外界电磁环境的干扰。

（2）连续分布式测量，误报和漏报率低。可以连续实时地得到沿着探测光缆几十千米的测量信息，但随着测量距离的增加，对测温系统软、硬件要求也提高。

（3）灵敏度高，测量精度高。理论上大多数光纤传感器的灵敏度和测量精度都优于一般的传感器。传输数据量大和损耗小，可以实现长距离远程监测。

（4）寿命长、系统简单，但价格较高。光纤的材料一般皆为石英玻璃，其具有不腐蚀、耐火、耐水及寿命长的特性，通常可以服役 30 年。但分布式光纤测温系统价格相对较高。

3.1.2.4 分布式拉曼散射光纤测温系统案例

目前，基于拉曼散射的分布式光纤测温技术比较成熟，可以在 30km 长度上测量到 0.25m 的空间分辨率以及 0.01℃的温度分辨率，适合于电缆、管道、隧道等隐蔽、复杂、高危场所的温度测量，在电力系统中电缆测温、电缆接头温度监测、开关柜测温、电抗器测温等方面得到了大量的应用。分布式光纤测温系统由测温主机、测温光纤、光纤接续盒、安装固定附件，以及监视计算软件与计算机等设备构成。测温主机提供以太网数据接口和串行数据接口，便于进行本地与远程的监控。测温主机的报警输出形式有声、光、不同颜色的图形界面、继电器输

出等形式，不同的区域可以独立报警。目前，市场上分布式测温系统的测温主机性能可以满足大多场合的应用需求，表 3-2 列出了某 DTS 温度监控系统的技术指标。

表 3-2　　　　某 DST 温度监控系统技术指标

指标类型	参数	特性
测温距离	10km	2/4/6/8/10km 可选
测温范围	–40～350℃	根据应用领域可选
通道数	6	4，6，8，…可扩展
测温精度	0.5℃	可根据距离取精确值
定位精度	1m	可根据距离取精确值
测温响应时间	＜7s	10km 测量距离/单通道

分布式测温软件系统支持 Win2000/XP/Windows7 等主流系统，支持以太网数据通信，支持数据列表、图形化、曲线显示，支持历史数据记录，支持对主机的全功能系统参数设置。根据用户需要，可以定时保存温度数据、查询或统计某一段光纤或某一个时间范围内温度数据。当系统检测到温度报警时，系统会自动保存报警前后及报警时的温度数据。一般 DTS 测温系统操作界面，兼容性好，操作界面人性化。

3.1.3　分布式拉曼散射光纤测温技术的应用

3.1.3.1　电力电缆测温应用案例

用于电缆本体温度监测的传感光纤安装主要有两种方式：一种是内置式安装，即将测温光纤安装在电缆内部；另一种是表贴式安装，即将测温光纤安装在电缆外部，两种不同的安装方式如图 3-3 所示。由于内置式安装需电缆特殊生产，安装工艺要求高且不适合已经应用的电缆线路，因此目前应用较多的是表贴式安装。为了提高温度监测效果，通常将传感光纤紧贴于电缆表面或以“S 形”的走线方式敷设在电缆上。用于高压开关柜、电抗器等电气设备的传感光纤也常为外置式敷设，敷设路径则根据设备具体情况设计。

采用表贴式安装时需要注意下列事项：

（1）测温光纤应均匀地紧贴于被测电缆表面。测温光纤与电缆若接触不紧将导致无法准确测量电缆表面温度，同时造成无法准确定位光纤测温的实际电缆位置。

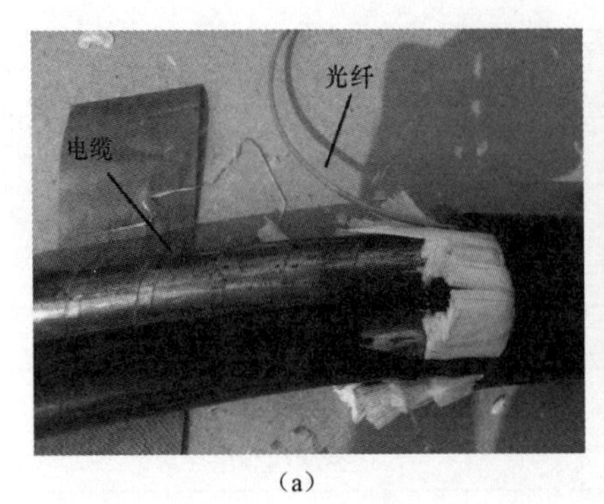

（a）

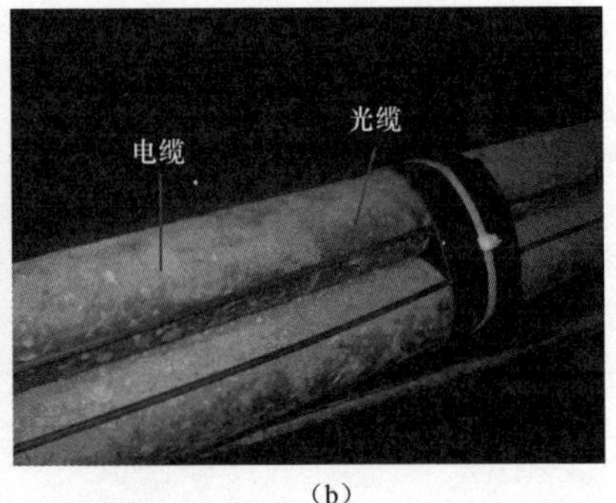

（b）

图 3-3　光纤分布式电缆测温安装方式

（a）内置式安装；（b）表贴式安装

（2）测试范围小于空间分辨率时，测温结果与现场值差别较大。可通过改变在测试范围内的光纤长度（如在电力电缆中间接头位置多缠绕几圈），以保证测温范围在测温系统的空间分辨率精度内。

（3）由于激光在光纤的端面会产生端面反射，端面反射是无法去除的，在布置测温光纤时，不可以将两端的光纤用于测温，在信号处理时也要注意去除两端不正常的温度信号，避免出现温度的误报，所以使用的光纤长度也要大于测温的距离。

（4）传感光缆应该尽可能以整段的形式敷设，不要熔接点或减少熔接点。敷设更长的传感光缆必须考虑熔接，熔接点处需要做好保护。

（5）在电缆温度监测工程中应考虑使用无金属的传感光缆，弯曲半径不能过小。

（6）测温光纤在熔接处理时，必须提前关闭激光源，使用时严禁将光纤对准人眼。

【案例 1】　确定电缆重点监测位置和输电瓶颈点

在广州供电局某变电站 10kV 出线电缆表皮敷设光纤，该站为广州供电局出线负荷较重的一个变电站，电缆为集群敷设，其中站出线的 20m 左右区段为电缆沟敷设，其他均为排管敷设。由于部分排管内已经被杂物塞满，光纤只敷设在变电站出线的电缆沟段以及排管敷设区段 1 和区段 2。

光纤采用绑扎固定在电缆表面，绑扎带每隔 0.5m 固定一次，以保证电缆和光纤的紧密接触，电缆敷设现场环境如图 3-4 所示。

由于广州地区夏季多雨且排管段电缆附近有条河，地下水位高，使电缆排管敷设区段 1 管道内含水而排管敷设区段 2 管道内充满水。为便于说明，将电缆沟

（a）

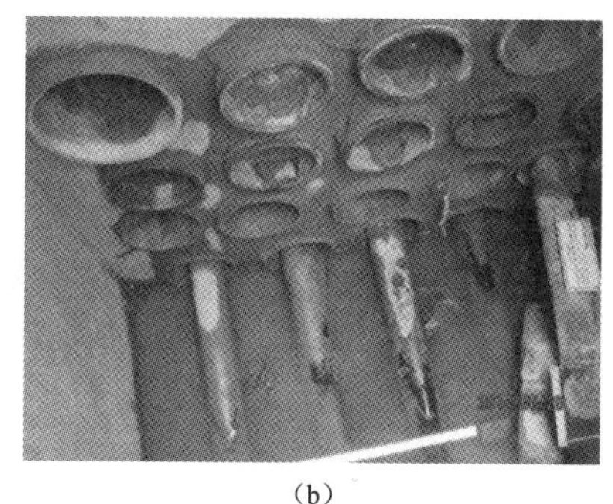
（b）

图 3-4　电缆敷设现场环境

（a）电缆沟敷设现场环境；（b）排管敷设现场环境图

敷设电缆称为区段 0，排管敷设区段 1 称为区段 1，排管敷设区段 2 段称为区段 2。例如出线电缆 F18 电缆沟敷设部分命名为 F18-0，而该电缆排管敷设区段 1 和区段 2 部分分别命名为 F18-1 和 F18-2。电缆为交联聚乙烯钢带铠装三芯电力电缆，型号为 YJV22-8.7/15-3×300。负荷最重的 F18 电缆 2007 年 7 月 23～30 日的监测结果，如图 3-5 所示。由图 3-5 可以看出，一周内负荷电流曲线形状基本一致而峰值有所差异。当负荷电流变化时，电缆沟敷设外皮温度变化较大，而排管敷设外皮温度变化较小。在负荷最重的一天对 F18 电缆（负荷最重的一条）不同位置温度情况进行分析。

图 3-6 给出了 7 月 24 日早上（7:38）、中午（12:03）、下午（17:31）和晚上（22:28）四个时刻电缆不同位置外皮温度测量数据。从图 3-6 可以看出，3 段电缆在不同时刻外皮温度沿轴向的变化趋势基本一致，最高的点位置相对稳定，基本不发生偏移。3 段电缆外皮温度均呈现端部效应，即中间温度高而两端的外皮温度较低。一天之中随着负荷的变化，F18 电缆外皮温度最高点出现不同的位置。在负荷较轻时，外皮温度最高点出现在排管敷设区段；在负荷较重时，外皮温度最高点出现在电缆沟敷设区段。外皮温度最高点出现在不同位置是由负荷电流、敷设方式及周围敷设环境差异造成的。

从整体线路来看，7 月 24 日 F18 电缆当前自然环境下的输电瓶颈出现在电缆沟敷设的区段，这与大部分情况下排管温度更高的现象有所不同。由于该排管段电缆周围是比热容高的水，电缆产生的热量容易被水吸收，使其温度下降的较快，而电缆沟内是空气，相对来说更不利于电缆散热，最终导致 F18 电缆输电瓶颈出现在电缆沟敷设段。

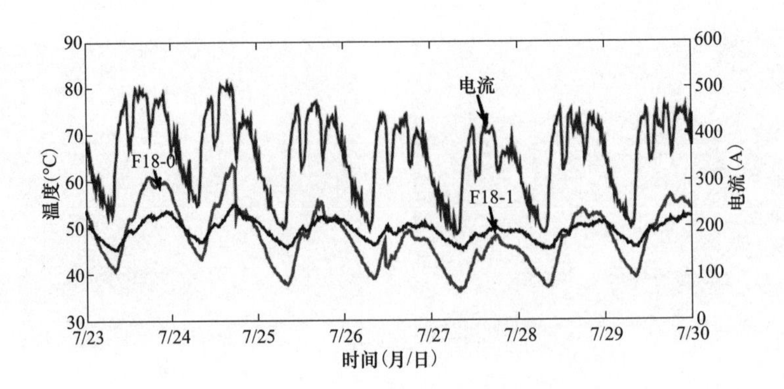

图 3-5　一周内电缆外皮温度监测结果

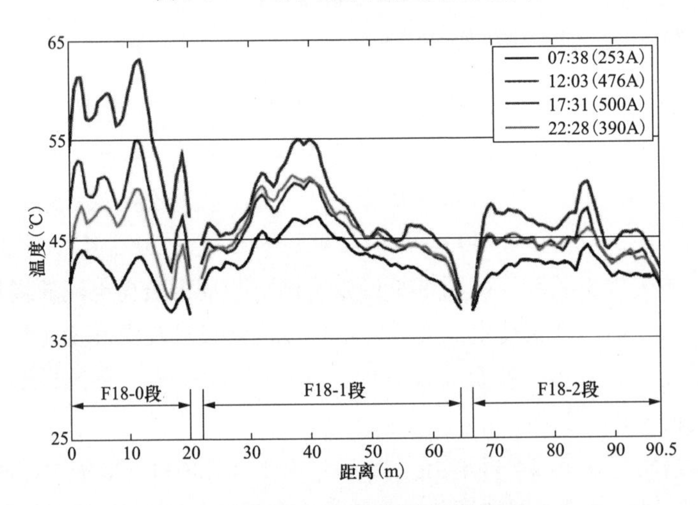

图 3-6　温度空间位置变化监测情况

温度监测结果表明，电缆温度呈现端部效应。一方面，每段电缆中间位置外皮温度高而两端的外皮温度较低，每段电缆的中部是制约电缆输电能力的一个瓶颈，应重点关注。另一方面，可适当缩减电缆井间距，以提高电缆散热能力。环境对电缆运行有巨大影响。本案例中电缆线路外皮温度的最高值出现在电缆沟敷设区段，而在排管敷设区段，最高温度值远低于电缆沟敷设，这是因管内水分所致。理论上排管敷设情况更为恶劣，这也说明实际运行电缆和理论情况有极大差别，需根据电缆实际敷设情况，确定重点关注区段。

【案例 2】　电缆接头发热异常故障监测

秦山核电公司有 2 条带有接头长度约 1km 的 6kV 高压电缆，敷设在电缆槽沟内，因负荷较大，该电缆温度较其他电缆高。为了避免温度过高而造成电缆尤其是接头处的短路、爆炸等事故产生，采用光纤分布式测温系统对其进行监测。

把特制的传感光缆绑扎在待测电缆上，让二者紧密接触，以准确地获得被测电缆上各点的温度情况。

图 3-7 为 2003 年 7 月 25 日 17 时电缆温度分布曲线，较完整地显示了 1km 电缆沿途温度分布情况。从中可以清楚地看到，当时整条电缆两端温度低，是电缆在室内部分；中间有若干个低谷，是电缆通过厂区交通线及厂房之间的走道部分，这些部位电缆置于水泥路面以下，温度较低，约为 31～36℃；其余处于电缆槽沟内，由于日照的影响，致使温度升高至 42～45℃。由图 3-7 中可见，离起点 326m 附近有温度高峰，据查该处有一个接头，其温度明显偏高，表明该接头质量并不理想，存在一定问题，需引起关注。

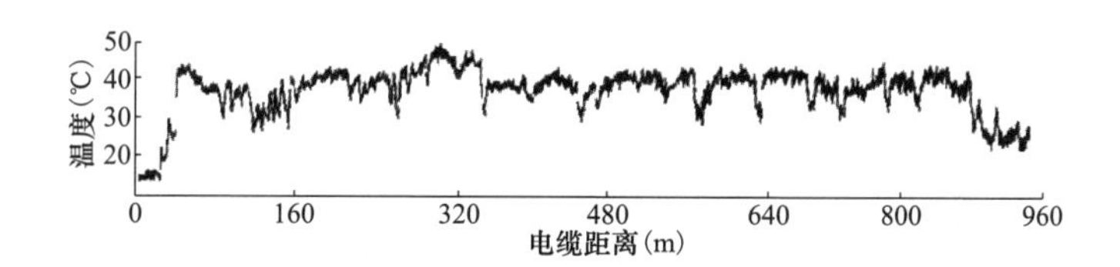

图 3-7　2003 年 7 月 25 日 17 时电缆温度分布曲线

图 3-8 为 2003 年 7 月 18～27 日接头 2 的温度变化曲线。可以看出接头 2 的温度变化具有规律性，16 时温度最高，7 时温度最低，符合温度变化规律。接头 2 最高温度在 25 日以前呈上升变化趋向，25 日以后负荷降低，温度骤降了近 10℃，这说明接头 2 温度不仅随环境条件变化，而且受所带负荷的影响。

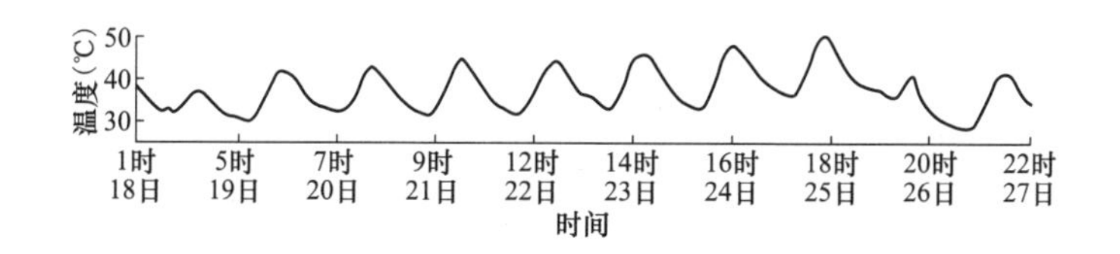

图 3-8　2003 年 7 月 18～27 日接头 2 的温度变化曲线

对该光纤测温系统进一步进行验证，表明系统的空间定位误差小于 0.5m，温度测量误差小于 0.5℃，响应时间和软件功能等均满足设计要求，能很好地监测高压电缆的相关温度变化信息，现场应用效果较好。

【案例 3】　电缆击穿前温度监测

在一条长 110m 的 10kV XLPE 单芯电缆护套表面相对位置上来回敷设一根直径 2.5mm 的测温光纤，确定好几个重要点的位置，在电缆两头装配好相应的电缆终端，然后对电缆施加工频电压，并以 1kV/min 的速度逐渐升高电压。

当电压升至 102kV 时，在 105、115m 两处（来回敷设，在电缆的同一个位置）出现两个波峰。继续升高电压，波峰越来越明显，幅值越来越高，大约 53min 后，电缆击穿。此时两处的温度幅值分别为 33.4℃、33.7℃，其他位置的温度为 21～22℃（见图 3-9）。击穿后立即检查电缆，发现击穿位置与两个波峰位置吻合。

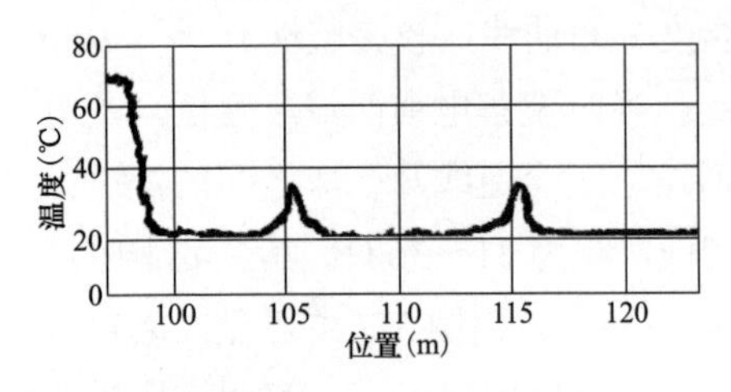

图 3-9　电缆击穿前电缆温度曲线

电缆绝缘存在缺陷，长时间运行绝缘老化，当绝缘耐压水平下降到一定程度或者经受过电压时，会发生绝缘击穿短路故障。在绝缘击穿前，要击穿部位及其附近温度会异常升高，分布式光纤测温系统能够在线实时检测并发现电缆温度异常，及时采取措施，避免事故的发生。

【案例 4】　电缆接头发热异常故障监测

为了监视高压电缆的运行情况，某变电站安装并投运了分布式电缆温度监测系统。如图 3-10 所示，电缆温度监测系统具有 4 个测量通道，分别监测 220kV、110kV、10kV 共四回电缆出线，系统每天会定时以短信方式将每条电缆的最高温度和所在区域发送给电缆维护人员。

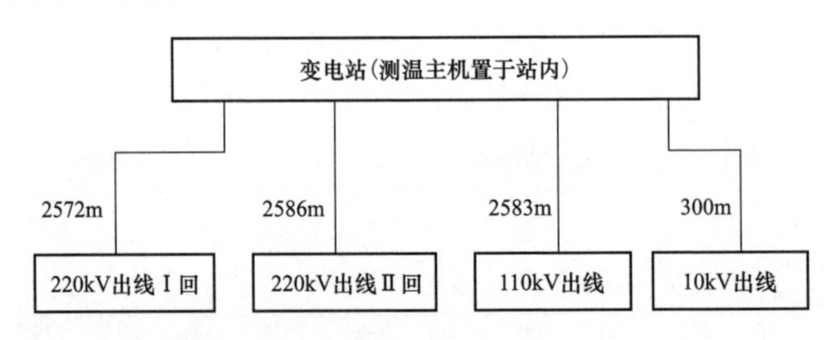

图 3-10　电缆温度监测示意图

自 2007 年 11 月 2 日以来，运行人员通过比较分析光纤测温系统每天定时收到的温度短信，发现 220kV Ⅱ回 3 号接头工井处电缆的表面温度开始缓慢持续上升，维护人员开始关注这一区域的温度异常变化。从历史温度曲线上分析，3 号工井温度持续升高始于 11 月 2 日，开始时缓慢上升，11 月 7 日以后，随着负荷的增加温度上升加快。11 月 12 日晚上 6 点，电缆表面最高温度已经高达 48℃，如图 3-11 所示。

11 月 13 日，现场打开井盖后发现 3 号接头井内积水严重，水温异常，初步判断为交叉互联接地箱进水引起的短路发热。进行抽水处理，此时电缆的表面温度已达到设定的报警温度 58℃，接头井表面的水温竟高达 84℃。经 11 月 13 日和 11 月 14 日两次处理，工井温度下降。电缆表面温度恢复正常。

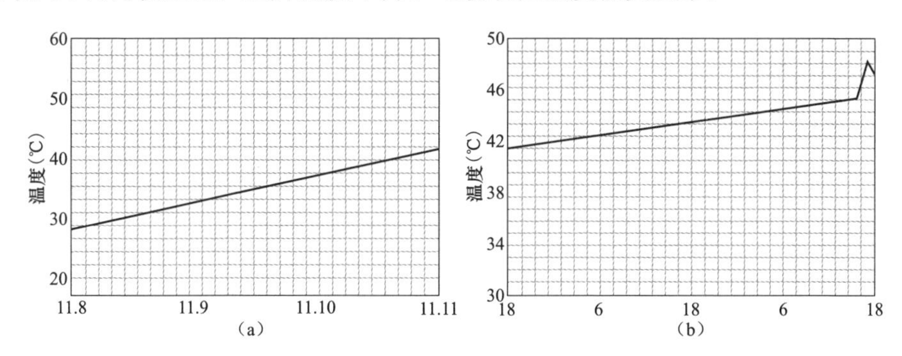

图 3-11 历史温度曲线

（a）11.8～11.11 电缆的温度持续上升；（b）报警前 48h 温度变化

通过分布式光纤测温系统，持续关注电缆温度变化情况，自动报警，成功地发现并消除了该次隐患。结合现场情况分析认为，井内热源主要来自两个方面：一是电缆本身运行发热；二是交叉互联箱进水后造成部分护层循环电流经水流入大地，造成对水加热。长时间加热而热量又散发不出去，因此井内温度持续上升。从井内顶部温度远大于底部来看，发热主要部位应该在上半部，因此交叉互联接地箱进水发热是主要原因。

3.1.3.2 高压开关柜测温应用案例

开关柜在长期运行中，由于各种客观原因造成开关柜在安装和投运后的过程中出现电缆搭接处故障、母线故障、触头故障、操动机构故障、避雷器故障等，从而对电网的可靠运行带来了隐患，直接影响设备的安全稳定运行。

分布式光纤温度监测系统将感温光纤直接安装在开关柜的静触头、母线、接点上，如图 3-12 所示；实时准确连续的监测各点运行温度，从根本上解决金属全

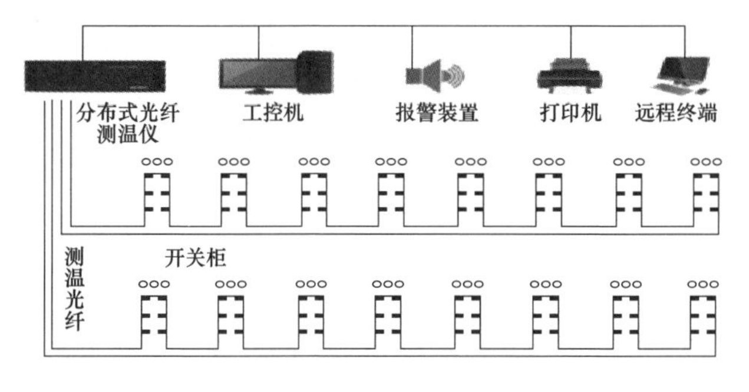

图 3-12 开关柜测温系统及光纤安装示意图

封闭开关柜不能进行红外测量的问题。监测数据同步上传，实时监控，在出现过热时发出预警，以便采取应对措施。

3.1.3.3 大型电抗器测温应用案例

将铠装测温光缆通过特定的方式敷设在大型电抗器上，用分布式温度监测系统（DTS）主机实时监测各个设备的温度分布新情况，如果发现有温度速升的热点或温度超过一定阈值时就判断设备出现故障，系统发出警报通知相关人员维护。

通常电抗器通风槽分为六个扇区，每个扇区分别有若干层，在每扇区每层根据需要设置相应的监测点对这个电抗器的运行提供实时在线监测，保证其安全性。测温光纤的敷设方案如图 3-13 所示，设计专用支架，在上面放入光纤环，根据测量需求可调节光纤环的距离，测量通风槽里温度的变化。

3.1.3.4 电力变压器测温应用案例

将光缆直接敷设在被测试变压器表面用磁扣进行固定，见图 3-14，安装方便，可实时在线监测设备温度变化。如果变压器发生故障时，可以通过温度变化来有效地进行检测，及时通知相关人员维护。

图 3-13 电抗器测温系统光纤安装示意图

图 3-14 电力变压器测温系统光纤安装示意图

3.2 基于布里渊散射的分布式测温技术

光波在光纤中传播时，入射光与声学波相互作用发生布里渊散射，布里渊散射光和入射光存在一定程度的频率偏移。布里渊散射同拉曼散射一样对温度敏感，但布里渊散射强度比拉曼散射高一个数量级，信噪比相对更高。因此，利用布里渊散射进行温度的分布式测量也得到较多研究和应用。

3.2.1　基于布里渊散射的测温技术原理

如图 3-15 所示，基于布里渊散射效应的分布式光纤传感技术利用光纤中的布里渊散射效应，通过测量宽频带布里渊反射谱上的离散频率点对应的光时域反射曲线，得到关于布里渊频率、功率和散射位置信息的三维曲线。最后，通过与初始数据做对比得到光纤中各个散射位置处的布里渊频移量，从而根据温度和应力与布里渊频移的线性关系得出散射位置处的温度和应力分布。

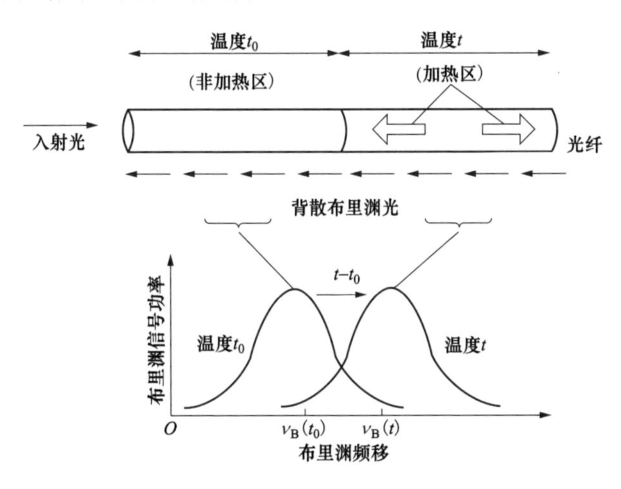

图 3-15　布里渊频移随温度的变化

布里渊散射效应是一种非弹性散射作用过程，入射到光纤中的探测光脉冲与纤芯介质中的声学声子相互作用，从而使背向散射回的光信号产生固有的频率移动，称为布里渊频移。介质内部并不是静止的，存在热运动和分子振动，局部振动的涨落形成向外传播的声波场。这种振动导致介质密度的局部变化，进而导致介质局部折射率的变化。因而，该声波场会对入射到介质中的光产生一定的作用，导致光在介质中出现布里渊散射现象。一部分光能转换成振动能，产生一个低于光源频率的斯托克斯光；一部分振动能转换成为光能，形成一个高于光源频率的反斯托克斯光。斯托克斯和反斯托克斯散射光在光频谱图上相伴出现，空间分布也大致对称。

布里渊频移与光纤材料有关，可以表示为

$$\nu_B = 2V_a/\lambda_i \tag{3-14}$$

式中：V_a为光纤介质的声子移动速度；λ_i为入射光波长。应力、温度都会对布里渊散射光频移量产生影响。当光纤材料相同时，布里渊频移与光纤所受的温度和

应变呈线性关系，即

$$\nu_{\mathrm{B}}(\varepsilon)=\nu_{\mathrm{B}}(\varepsilon_0)(1+C_{\varepsilon}\varepsilon) \tag{3-15}$$

$$\nu_{\mathrm{B}}(t)=\nu_{\mathrm{B}}(t_0)[1+C_{\mathrm{t}}(t-t_0)] \tag{3-16}$$

式中：ν_{B}（ε）为应变引起的布里渊频移；ν_{B}（ε_0）为初始状态应变引起的布里渊频移；C_{ε}为应变系数，ε为应变；ν_{B}（t）为温度引起的布里渊频移；ν_{B}（t_0）为初始状态温度引起的布里渊频移；C_{t}为温度系数；t_0和t分别为初始温度和改变后的温度。

布里渊散射光的功率随温度的上升而线性增加 ，随应变增加而线性下降。因此布里渊功率也可表示为

$$P_{\mathrm{B}}=P_0+\frac{\partial P}{\partial T}T+\frac{\partial P}{\partial \varepsilon}\varepsilon \tag{3-17}$$

式中：P_0为T=0、ε=0时的布里渊功率；ε为应变。由此可知，通过检测布里渊散射光的光功率和频率即可得到光纤沿线的温度应变等的分布信息。

布里渊谱呈洛伦兹型，实际测量中需逐点扫描至少300MHz的频率范围才能提取完整的布里渊谱，于是需要通过扫频的方式得到布里渊谱上的离散点，最后通过数据插值的方法恢复布里渊谱的形态并确定其对称中心频。通过比较温度或应力改变前后，布里渊谱对称中心频率的变化量就可以根据式（3-15）和式（3-16）计算出温度或应力的改变量。基于布里渊散射效应的分布式温度传感器的测量过程如图3-16（a）所示，被测光纤沿线的温度或应力如图3-16（b）所示。

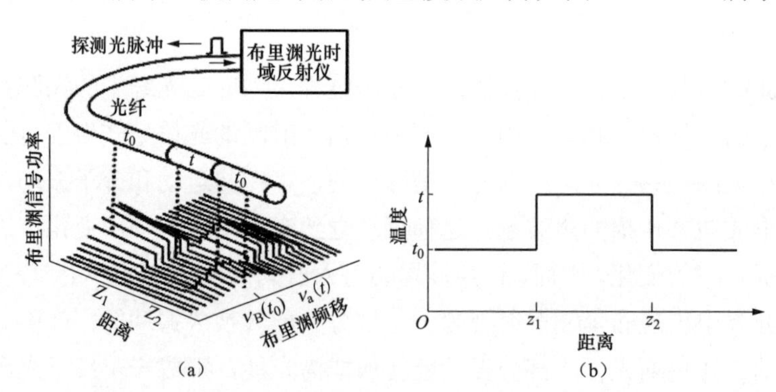

图3-16　基于布里渊散射效应的光纤传感系统的测量曲线

（a）光纤传感系统示意；（b）沿线温度测量结果

3.2.2　基于布里渊散射的分布式测温系统

3.2.2.1　分布式测温系统的典型结构

目前基于布里渊散射效应的分布式测温技术主要有以下三种实现方式。

（1）基于布里渊光时域反射（BOTDR）技术。基于 BOTDR 的分布式光纤测温系统在 1993 年由日本学者黑岛俊雄（Kurashima T.）等人提出，是目前采用较多的一种布里渊测温技术，它与在光纤测量中广泛应用的光时域反射计（OTDR）相似。使用 BOTDR 方式进行光纤测温，其信号检测主要可以分为直接检测和相干检测两种方法。由于自发布里渊散射信号十分微弱，直接检测方法的测量精度不高，多采用光相干检测法，该方法具有灵敏度高等优点。通过光耦合器输出参考光纤散射光和测量光纤散射光一起进入相干检测系统，将布里渊散射信号变换为电信号，用于布里渊强度和频移的同时测量。

采用相干检测技术的 BOTDR 测温系统原理框图如图 3-17 所示。激光器发出激光经耦合器分成两路：一路进入电光（强度）调制器被调制成光脉冲，再经环形器注入被测光纤，有时用掺饵放大器（EDFA）放大脉冲探针光；另一路直接接入 3dB 耦合器，用作本振光。光脉冲在被测光纤中的背向散射光信号经环形器后接入到耦合器的另一输入端。在耦合器中，散射光信号与本振光相干产生的差频包络由光电探测器（平衡光电二极管 PD）转换成相应的射频信号输出。由于布里渊散射（射频）信号为 11GHz 左右，且频谱范围一般在 300MHz 以上，因此需要通过微波扫频的方法，在宽频范围内逐点提取布里渊信号。微波源产生射频本振与布里渊信号在混频器混频，再通过低通滤波器（LPF）将该本振频带附近的信号功率滤出并由采集与处理板卡提取出来。通过微波源逐点扫描的方式最后得到如图 3-16（a）所示的三维布里渊谱。

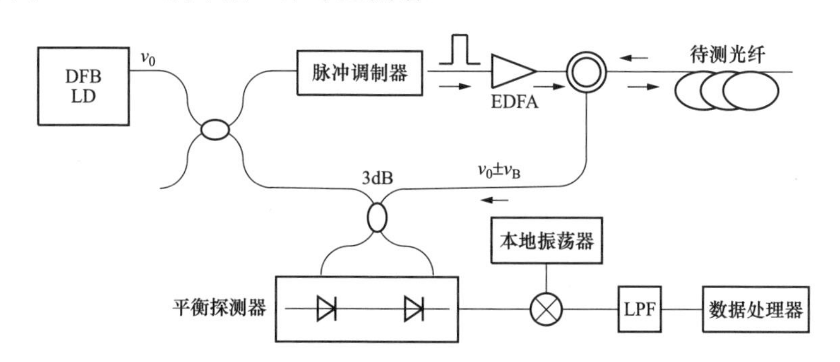

图 3-17　布里渊光时域反射仪典型的系统结构

布里渊光时域反射仪的另一种典型系统结构如图 3-18 所示，包括由半导体激光器、脉冲调制器、EDFA 放大器等组成的光源系统，由分光器、光耦合器、连接器与传感光纤组成的传输部分，相干检测系统，数据的采集处理模块。激光器发出的窄线宽激光经脉冲电光调制变成脉冲光，然后通过光纤放大器（EDFA）

放大得到有足够强度的出射光，然后被分光器分成两束激光。其中一束是泵浦光，从环形器注入传感光纤中，并在光纤上各点产生布里渊散射，输出的背向散射光里包含瑞利散射、布里渊散射和拉曼散射，但由于拉曼散射的强度相对太小，因此认为散射光中只包含瑞利和布里渊成分，它的主要特点是：与泵浦脉冲的重复周期相同，但是脉宽被展宽了；同时，由于传感光纤的温度变化，布里渊散射在频谱上发生了布里渊频移ν_{B1}。另一束是参考光，它从环形器注入参考光纤，在参考光纤中各点产生的背向布里渊散射的频移是恒定的，记为ν_{B0}，从两条光纤输出的散射光一同进入耦合器，被导入相干检测系统。由于ν_{B0}是个恒定值，而ν_{B1}则是一个会随着环境温度变化而不断变化的量，因此，通过在相干检测系统中对 2 个值的比较，即可实现对温度的检测。系统中用到两根长度、材质和其他各参数均相同的光纤来进行测量，其中一根作为传感测量光纤，另一根作为参考光纤。采用两根光纤进行传感，其优势主要体现在，避免了单光纤传感时对发射光波进行高频移实现上的困难，同时其中一根光纤用于定标，能获得相对稳定的温度基准。

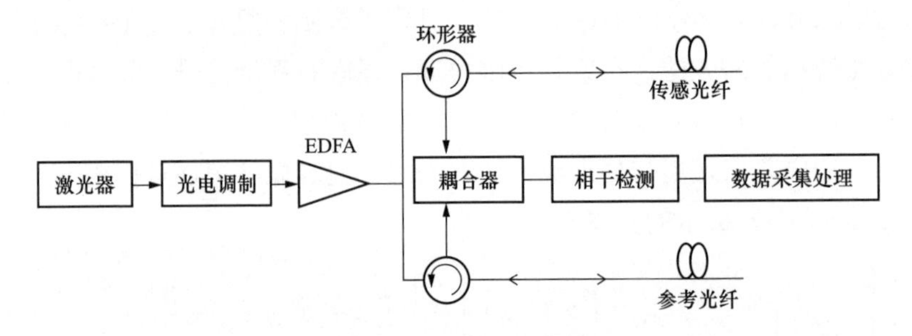

图 3-18　布里渊分布式光纤温度传感系统示意图

（2）基于受激布里渊光时域分析技术。基于 BOTDA 的分布式光纤传感技术利用受激布里渊放大效应，其原理框图如图 3-19 所示。2 个激光器分别置于传感光纤的两端，其中 1 个激光器在 0 端发射脉冲光，传播方向为+z 方向，另一个激光器在 z 端向$-z$ 方向发射连续光。BOTDA 可以工作于脉冲光作为布里渊放大的泵浦和连续光作为布里渊放大的泵浦两种方式。对于第一种情况，脉冲光在单模光纤中产生后向布里渊增益。布里渊增益谱的中心频率为斯托克斯频率$\nu_0-\nu_{B0}$，其中ν_0为入射脉冲光频率。当连续光频率等于斯托克斯光频率时，连续光通过与脉冲光的受激布里渊作用而得到放大。被放大了的连续光通过分束器并由光滤波器取出，再经光电检测器检测得到沿光纤各点的布里渊频谱分布，从而得到待测量的信息。对于第二种情况，连续光频率高于脉冲光频率，连续光的能量向脉冲光转移。由于这种方式不会出现因泵浦能量不断转移而出现的泵浦耗尽现象，所以传感距离比第一种方式大大增加。

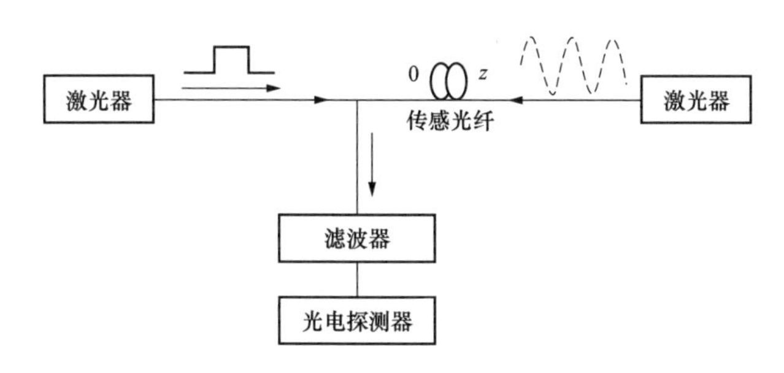

图 3-19　BOTDA 测温系统原理

（3）基于布里渊光频域分析（BOFDA）技术。不同于 OTDR 定位方法，BOFDA 是基于测量光纤的传输函数，实现对测量点定位的一种传感方法。这个传输函数把探测光和经过光纤传输的泵浦光的复振幅与光纤的几何长度相互关联起来，通过计算光纤的冲击响应函数确定沿光纤的应变和温度信息。BOFDA 传感系统如图 3-20 所示。一束窄线宽连续泵浦激光从一端入射进单模光纤，另一束窄线宽连续探测激光从光纤的另一端入射。探测光的频率被调节到比泵浦光频率低，而且频率差近似等于光纤的布里渊频移。对于标准单模通信光纤，当光波长为 1.3μm 时，光纤的布里渊频移为 13GHz 左右。探测光由一个频率可变的正弦信号进行幅度调制，对每一个确定的信号频率值，由光电探测器分别检测探测光和泵浦光的光强，光电探测器的输出信号输入到网络分析仪，由网络分析仪计算出光纤的基带传输函数。网络分析仪输出信号经 A/D 转换后进行快速傅里叶反变换，其输出信号 h（t）中即包含了沿光纤轴向的温度与应变分布信息。

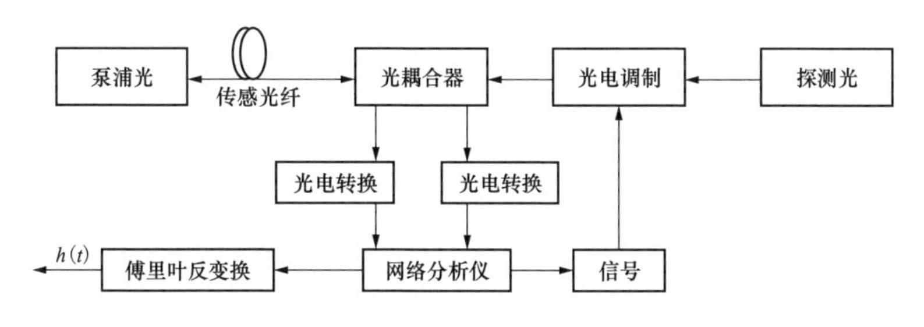

图 3-20　BOFDA 测温系统框图

3.2.2.2　分布式布里渊散射光纤测温系统的技术参数分析

布里渊光时域反射（BOTDR）系统的主要技术参数有信噪比、空间分辨率、温度分辨率、时间分辨率、输入光脉冲功率和测量距离等。

（1）系统的信噪比。对于基于布里渊散射的 BOTDR 系统，当接收系统的噪声主要来源于热噪声和散粒噪声时，相干接收系统的信噪比 *SNR* 表示为

$$SNR = \frac{2R_0^2 P_p P_s}{2eBR_0^2(P_p + P_s) + \sigma_t^2} \quad (3\text{-}18)$$

式中：σ_t^2 为热噪声；P_p 为泵浦光的功率；P_s 为布里渊散射光功率；B 为接受带宽；R_0 为探测器的响应频率。

（2）空间分辨率。对基于布里渊散射的 BOTDR 系统来说，系统空间分辨率是一个在实际应用中非常重要的参数，它能够具体反映一个系统的测量能力和性能指标。在 OTDR 技术中，系统的空间分辨率主要是由光脉冲宽度、光探测器的响应时间和 A/D 转换时间等几个参数和因素来决定的，而 BOTDR 技术是以 OTDR 技术为基础而发展出来并实现分布式测量的，因此也继承了 OTDR 的相似性质，也由上述的几个参数和因素来决定其空间分辨率。

（3）温度分辨率。温度分辨率是 BOTDR 分布式光纤温度传感系统中一个重要的系统参量。在给出的系统中，通过测量布里渊频移量的变化来对温度参数进行提取和解调，因此布里渊频移的分辨率将最终决定温度分辨率的大小。

（4）时间分辨率。系统时间分辨率指的是整个系统在给定的测量精度下以一定的空间分辨率对整个传感光纤完成一次测量所需要的最少时间，主要取决于信号积累平均时间 τ_1 和采样脉冲信号时间间隔 τ_2。系统的测量时间 τ 应该同时大于前面分析的两个值，即应满足 $\tau > \tau_1$，$\tau > \tau_2$。

在实际应用中，假设探测光脉冲以 f 的频率发射，需对被测信号进行 N 次数字平均之后才能达到规定的信噪比，那么达到规定的信噪比所需的信号积累平均时间为 $\tau_1 = N/f$。因此，通过把脉冲光的重复频率提高，可有效地缩短测量时间。前面提到了脉冲驱动电源频率是受限的，这就要求其他存储和处理的器件的性能应有相应的提高。

在长度较长的传感光纤中，两次后向布里渊散射光信号有可能因为时间间隔的关系而出现相混淆，为了避免这种情况的发生，要求两次采样脉冲信号时间间隔不能小于 $\tau_2 = 2L/V$，其中的 L 为传感光纤的长度，V 为光纤中的光速。

（5）输入光脉冲功率。输入光脉冲的功率大小直接影响到最终信号是否能被成功检测，因此是个不容忽视的问题。输入光功率一方面要达到能产生足够的散射光信号强度以保证系统能成功检测，并保证一定的信噪比；另一方面其功率值还必须大于受激布里渊散射的阈值，否则将无法激发受激布里渊散射现象。

（6）测量距离。由于传感光纤距离过短将会使受激布里渊散射的阈值过高，一般的光源将无法达到标准，而传感距离过长将导致光信号衰减过大，系统测量时间较长，同时对光源和系统稳定性要求较高。

3.2.2.3 分布式布里渊散射光纤测温技术特点

基于布里渊散射的分布式光纤测温技术除了拥有分布式测温技术的众多特点外，还有以下几个特点：

（1）利用布里渊散射强度和频移实现温度和应变的同时测量，是其优点但也是技术难点。对于所处环境复杂的测量设备，如何准确分辨布里渊频移是由应力还是温度引起的是现场应用的关键。

（2）对光脉冲要求较高。对常规基于脉冲的布里渊散射分布式光纤测温系统，若光脉冲宽度小于光纤中声子振动频率，则布里渊频谱展宽，很难精确测量布里渊频移，温度的测量误差就大。

（3）稳定性问题。在空间分辨率范围内应变或温度不均匀时，测得的布里渊谱展宽或出现多峰值现象的特性，测量稳定性易受影响。

（4）利用拉曼散射测量温度系统相对简单，但工作波长短，散射光信号微弱，其传感距离比较短。而布里渊散射测温光信号比较强，测温距离可以长达几十千米且精度高。

（5）布里渊测温系统制造复杂，价格昂贵，且极易受偏振和应力所影响，所以一般适用于重要对象且自然环境相对平稳的场合。

3.2.3 分布式布里渊散射光纤测温技术的应用

3.2.3.1 海底电缆温度监测

随着我国坚强智能电网建设的推进，海底电缆输电应用的越来越多。高压光纤复合海底电缆结构复杂、敷设环境特殊，日常巡检和状态检测实现难度大，利用分布式光纤应变和温度测量设备对其进行监测十分必要。

某海峡110kV光纤复合海底电缆采用布里渊频移的分布式温度—应力监测系统。该海缆为单芯导体结构，如图3-21所示，内含2根光单元，每个光单元中包含8根单模光纤。三相海缆间距60m，敷设于海床下2m的淤泥里，每相海缆长度约3.3km，如图3-22所示。在海峡两岸设有登陆站，将BOTDR设备安装于登陆站1所在海岛的值班室内。从登陆站1架设约1km的光纤复合架空地线，经普通光缆接入值班室内的BOTDR上。利用BOTDR实时测量海缆中复合光纤的布里渊散射频移，进行海缆温度和应变的分布式测量。

光单元中的测温光纤虽为同型号光纤，但由于受制作工艺误差、光纤材料物性系数误差等因素的影响，光纤布里渊频移的应变和温度系数以及初始频移可能会不同，为实现应变/温度的准确测量，必须对每一根光纤进行准确的标定。每相海缆中有 2 根相同的光单元，每根光单元中有 8 根同型号光纤，分别对它们逐一进行标定发现，8 根光纤频移—温度系数带来的温度测量误差约为 0.012℃，远远小于 BOTDR 的温度测量精度，因此，8 根光纤可以采用相同的频移—温度系数 1.05MHz/℃。但是，8 根光纤在 $(T_0,\varepsilon_0)=(0℃,0)$ 时初始频移的最大最小值差有 22MHz 之大，对应 22℃的测量误差，因此，8 根光纤不能使用相同的初始频移。

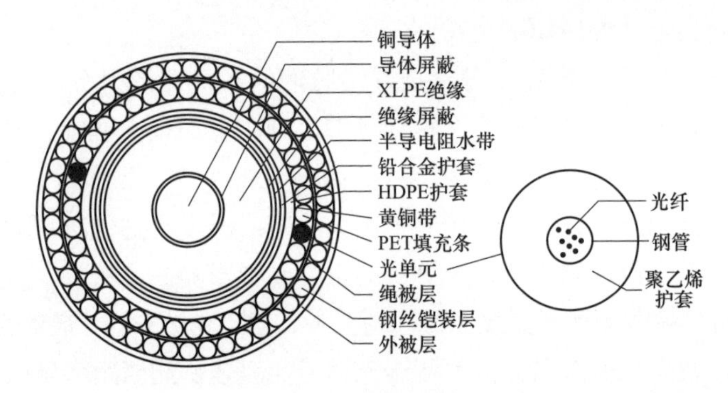

图 3-21　海缆剖面图

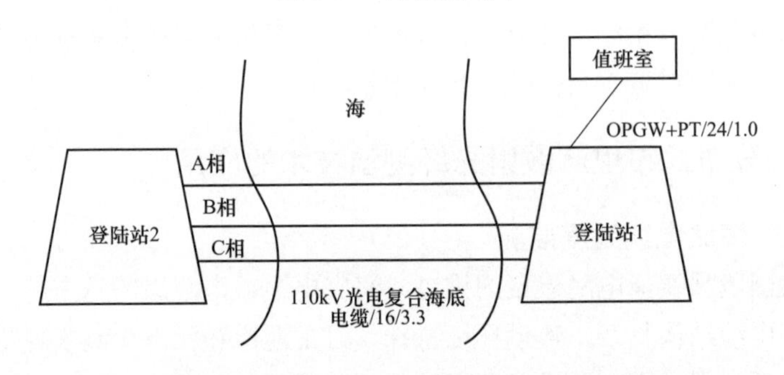

图 3-22　BOTDR 的海缆监测系统示意图

光缆标注—类型/芯数/长度（km）；PT—普通光缆；OPGW—光纤复合架空地线

利用 BOTDR 系统对海缆进行了长期的监测，测量 4 月和 5 月的布里渊频移曲线如图 3-23 所示。图中 1.3～3.9km 区域，5 月比 4 月的曲线整体有所上升，这主要是因为海水温度上升导致的。海拔-10m 以上区域的海缆处于潮间带和陆地上，受空气温度、日照、海缆自身散热等因素影响，整体温度上升幅度较大，因此，此区域内 5 月比 4 月的曲线有所上升。

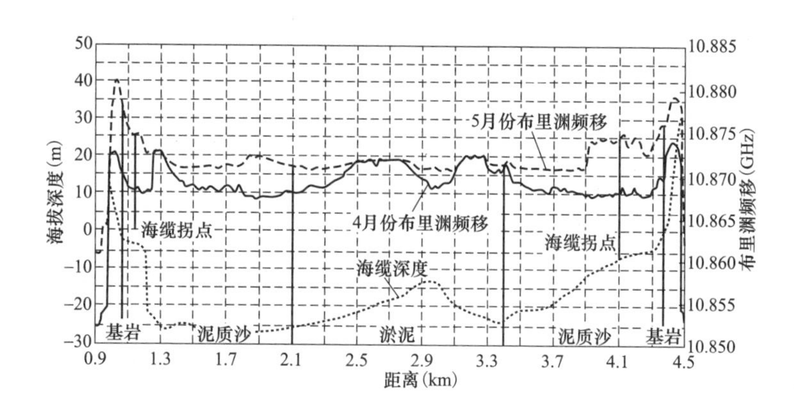

图 3-23　不同月份布里渊频移曲线

对 1.5～1.7km 泥质沙区域的光纤布里渊频移在空间上求平均，与变电站监测的小时负荷电流做对比，见图 3-24。1～24 时，海缆内导体电流呈近似“M”形变化，布里渊频移和电流具有近似相同的变化趋势。这是因为此区域地形平缓，受洋流、地形的影响较小，其光纤布里渊频移主要由温度决定，可按 1.05MHz/℃的标定系数折算温度计算温度分布。24h 内电流最大变化量约 200A，布里渊频移对应变化约 2MHz，对应温度变化约 2℃。因为海床下湿度大、热阻小，海缆散热快，且光纤离导体较远，因此较大电流变化带来的光纤温度变化并不大。

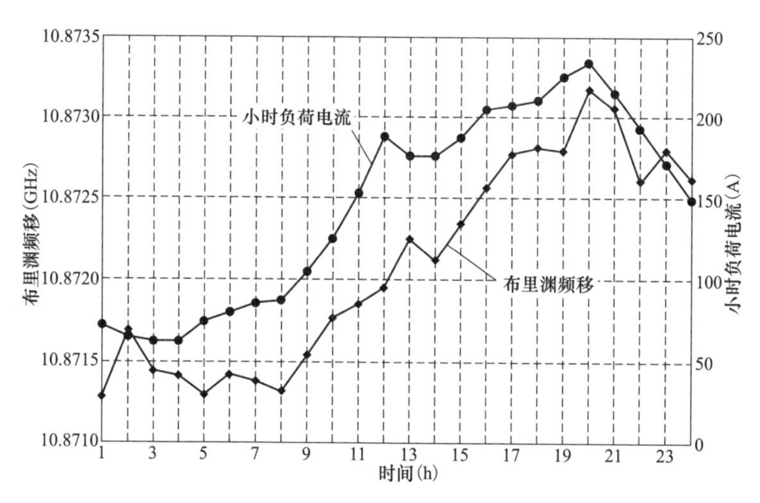

图 3-24　24h 布里渊频移与小时负荷电流曲线

从实际监测效果来看，东相海缆布里渊频移主要是由其温度和应变变化引起的。通常情况下，海缆应变变化非常缓慢，主要受环境温度变化和负载电流的影响。通过长期分析数据表明，海底电缆正常运行时，当次测量数据与前次测量数据类似，布里渊频移变化范围较小，一旦布里渊频移出现异常变化，就有可能是由海缆故障引起，通过设置合理的阈值，就可实现故障报警，从而实现海底电缆运行状态实时监测。

3.2.3.2 架空输电线路温度监测

华南理工大学阳林等人基于布里渊光时域反射计（BOTDR），研发了集监测、控制、显示为一体的分布式光纤传感系统，用于输电线路温度现场测试应用，在云南昭通市对光纤复合架空地线（Optical Power Ground Wire，OPGW）线路进行了 19h 现场温度监测，如图 3-25 所示。该系统主机安装及连接工作较为简单，功能上可监测整个传感光纤的温度和应变的空间信息分布。经试验测试，该传感系统最大传感距离为 30km，温度分辨率为±2℃，温度测量范围为–60～90℃，空间分辨率为 10m。

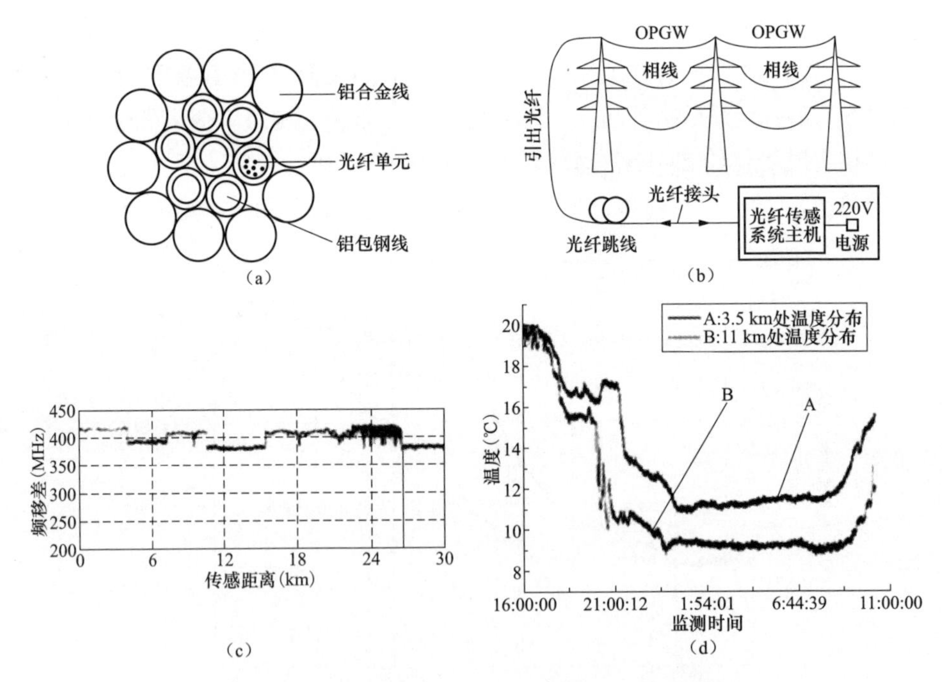

图 3-25　布里渊散射温度传感技术用于输电线路测温

（a）光纤复合架空地线结构；（b）分布式测温系统现场安装示意；

（c）各位置实测温度；（d）不同时间段实测温度

他们的研究结果表明，现场环境下，光纤系统可对 OPGW 光缆进行分布式温度检测，检测结果基本符合当地温度变化趋势，在 15.4km 位置点与光纤光栅传感器监测的温度曲线基本一致，最大差值仅为 1.8℃。但是光纤熔接会增加光纤损耗，受制于现场条件和施工工艺影响，损耗大小难以控制，接头多或损耗较大时，会使本来光强度不大的布里渊散射光更加微弱，导致布里渊散射光谱易受噪声影响，引起布里渊散射光谱远端出现负脉冲或不稳定现象。受光纤制作工艺和熔接点损耗等因素的影响，导致布里渊散射光谱出现分段现象和现场试验的最大传感距离仅为 16km。

3.3　基于光纤光栅的测温技术

光纤光栅的性质使传感器具有内建的自我参考能力，传感信号直接调制在波长信号上，数据与光功率无关。由于光纤布拉格光栅采用波长编码方法，所以可以利用波分、时分、空分等复用技术，把光纤布拉格光栅通过串联或并联方式组成传感网络，可以实现对物理量的准分布式测量，这是光纤布拉格光栅的一大主要优势。光纤光栅具有快速响应的动态传感能力和相当高的空间分辨率，甚至达到毫米量级。光纤光栅的反射光强可以远远大于拉曼散射和布里渊散射。光纤光栅传感系统已被广泛应用于各个领域。

3.3.1　基于光纤光栅的测温技术原理

外界温度的改变会导致光纤光栅布拉格波长的漂移，其本质原因主要有三点：光纤热膨胀效应、光纤热光效应以及光纤内部热应力引起的弹光效应。为了能够得到光纤光栅温度传感器更加详细的数学模型，必须对所研究的光纤光栅做如下假设：

（1）仅仅研究光纤自身各种热效应，忽略外包层以及被测物体由于热效应而引发的其他物理过程。这是因为热效应与材料本身密切相关，对于不同的外包层材料（例如弹性塑料包层、金属包层等）、不同的被测物体经历相同的温度变化将对光栅产生极为不同的影响，所以在此分离出光纤光栅自身进行研究，而将涉及涂敷材料以及被测物体的问题留到之后再来讨论。

（2）仅仅考虑光纤的线性热膨胀区，并且忽略温度对热膨胀系数的影响。由于石英材料的软化点在 2700℃左右，所以在常温范围完全可以忽略温度对热膨胀系数的影响，认为热膨胀系数在测量范围内始终保持常数。

（3）认为热光效应在所选用的 1300～1500nm 的波长范围内和所研究的温度

范围内保持一致，即认为光纤折射率温度系数保持为常数，这一点已经有文献给予试验证实。

（4）仅仅研究温度均匀分布的情况，忽略光纤光栅在不同位置之间的温差效应。因为一般光纤光栅的尺寸仅 10mm 左右，所以认为它处于均匀温场并不会引起较显著的误差，这样就可以忽略由于光栅不同位置之间的温差而产生的热应力影响。

基于以上这几点假设，我们可以得出单纯光纤光栅的温度传感模型。

从光栅布拉格方程 $\lambda_B = 2n_{eff}\Lambda$ 出发，波长漂移公式为

$$\Delta\lambda_B = 2\Delta n_{eff}\Lambda + 2n_{eff}\Delta\Lambda \tag{3-19}$$

式中：λ_B 为光栅中心波长；n_{eff} 为光纤有效折射率；Λ 为光栅周期。

当外界温度发生改变时，由热膨胀效应引起的光栅周期变化为

$$\Delta\Lambda = \alpha_\Lambda \bullet \Lambda \bullet \Delta T \tag{3-20}$$

$$\alpha_\Lambda = (1/\Lambda)\partial\Lambda/\partial T$$

式中：α_Λ 为光纤的线性热膨胀系数，T 是温度。

热光效应引起的有效折射率变化为

$$\Delta n_{eff} = \alpha_n \bullet n_{eff} \bullet \Delta T \tag{3-21}$$

$$\alpha_n = (1/n_{eff})\partial n_{eff}/\partial T$$

式中：α_n 为热光系数。

由此可以得到布拉格方程的变分形式，即

$$\Delta\lambda_B = 2\left[\frac{\partial n_{eff}}{\partial T}\Delta T + (\Delta n_{eff})_{ep} + \frac{\partial n_{eff}}{\partial d}\Delta d\right]\Lambda + 2n_{eff}\frac{\partial\Lambda}{\partial T}\Delta T \tag{3-22}$$

$$\frac{\Delta\lambda_B}{\lambda_B\Delta T} = \frac{1}{n_{eff}}\left[n_{eff}\alpha_n + (\Delta n_{eff})_{ep} + \frac{\partial n_{eff}}{\partial d}\frac{\Delta d}{\Delta T}\right] + \alpha_\Lambda \tag{3-23}$$

式中：$(\Delta n_{eff})_{ep}$ 为热膨胀引起的弹光效应；$\partial n_{eff}/\partial d$ 为由于膨胀导致光纤芯径变化而产生的波导效应。

考虑到温度引起的应变状态为

$$\begin{bmatrix}\varepsilon_{rr}\\ \varepsilon_{\theta\theta}\\ \varepsilon_{zz}\end{bmatrix} = \begin{bmatrix}\alpha_\Lambda\Delta T\\ \alpha_\Lambda\Delta T\\ \alpha_\Lambda\Delta T\end{bmatrix} \tag{3-24}$$

式中：ε_{rr}、$\varepsilon_{\theta\theta}$、$\varepsilon_{zz}$ 分别为光纤在径向、圆周方向和轴线的应变。

忽略温度变化引起的弹光效应和波导效应，可得光纤光栅温度灵敏度系数的

简化式为

$$S_{T}=\frac{\Delta\lambda_{B}}{\lambda_{B}\Delta T}\approx\alpha_{n}+\alpha_{\Lambda} \tag{3-25}$$

可以明显看出，当材料确定后，光纤光栅对温度的灵敏度系数基本上为一个与材料系数相关的常数，这就从理论上保证了采用光纤光栅作为温度传感器可以得到很好的输出线性。

对于熔融石英光纤，其热光系数 $\alpha_{n}=8.6\times10^{-6}/℃$，线性热膨胀系数 α_{Λ} =0.55×10^{-6}/℃。实验得到石英光纤谐振波长的温度灵敏度系数 $K_{T}=6.7\times10^{-6}/℃$。在 1550nm 波段，$\Delta\lambda_{B}/\Delta T\approx10\text{pm}/℃$。对于波导效应，它对温度灵敏度系数的影响极其微弱，因为线性热膨胀系数 α_{Λ} 相较折射率温度系数要小两个数量级，再加之波导效应本身对波长漂移的影响又比弹光效应小许多，因此在分析光纤光栅温度灵敏度系数时可以完全忽略波导效应产生的影响。综上所述，对于纯熔融石英光纤，当不考虑外界因素的影响时，其温度灵敏度系数基本上取决于材料的折射率温度系数，而弹光效应以及波导效应将不对光纤光栅的波长漂移造成显著影响，则式（3-25）可简化为

$$S_{T}\approx\alpha_{n}+\alpha_{\Lambda}\approx\alpha_{n} \tag{3-26}$$

石英光纤的有效弹光系数为–0.22，可以估算出在 1300nm 和 1550nm 波段的应变灵敏度 $\Delta\lambda_{B}/\varepsilon_{z}$ 分别为 1.0pm/με和 1.2pm/με。

某种聚合物光纤的热光系数为 $-1\times10^{-4}/℃$，弹光系数为 0.034，热膨胀系数为 $7\times10^{-5}/℃$，其温度灵敏度达到 152pm/℃，应变灵敏度在 1576.5nm 处达到了 1.618pm/με。

3.3.2 基于光纤光栅的测温系统

3.3.2.1 光纤光栅测温系统的典型结构

如图 3-26 所示，中心波长为 980nm 的钛宝石激光器作为泵浦光源将波分复用器和光纤布拉格光栅相连，波分复用器另一端是掺铒光纤，其输出端为镀银反射镜。当泵浦光输入时会形成激光振荡。由于光栅对反射光有选择性，而银反射镜为宽带反射镜，所以只能是波长为 λ_{B} 的光起振。当外界温度场作用于光栅时，λ_{B} 发生移位，从而使激光器输出波长改变，实现波长调制。因为光纤光栅是高反射率滤波器，所以检测反射光和透射光均可观察到波长移位。通过信号处理单元，可检测出激光器输出波长随温度的相对位移率 $\Delta\lambda_{B}/\lambda_{B}\sim y\Delta T$。

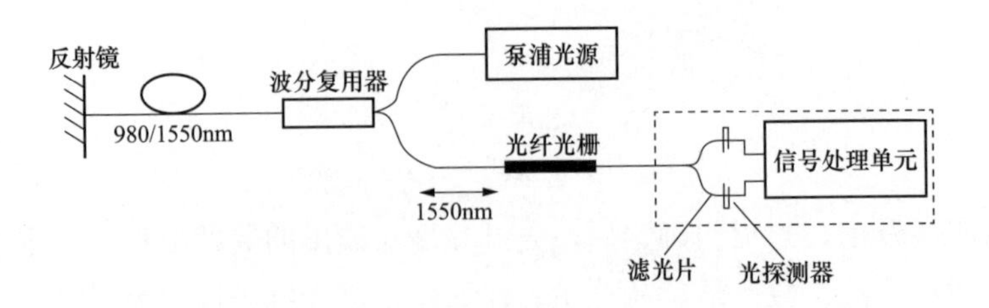

图 3-26　光纤光栅温度传感器

3.3.2.2　光纤光栅传感器的复用技术

分布式传感和传感器的复用是光纤传感器所独有的技术，它能实现沿光纤铺设路径上分布场的测量，显著降低系统成本，减少引线。光纤光栅通过波长编码易于实现复用，这种复用光纤光栅传感器已经得到了广泛的应用。

（1）光纤光栅波分复用。复用光纤光栅传感器的原理如图 3-27 所示。每个光纤光栅的工作波长互相分开，反射光经 3dB 耦合器后，再用波长探测解调技术测出每个光栅的波长（或波长移动），从而确定各光栅所在位置所受外界的扰动。所以，复用光纤光栅的关键技术就是多波长探测解调。

在波分复用中，由于多个光纤光栅共用一个光源，而且每个光栅的反射光波长在一定光谱范围内随温度（或应变）线性移动，每个光栅光谱空间必须互不重叠，且皆在光源的光谱范围内才能保证它们的测量互不干扰。因此单个光纤光栅温度传感器的光谱空间与光源的光谱范围决定了传感器复用的数目，一般的 LED 光源皆可容许复用 10 个光纤光栅以上。这样一套系统便可实现多个位置温度测量，大大降低了成本。

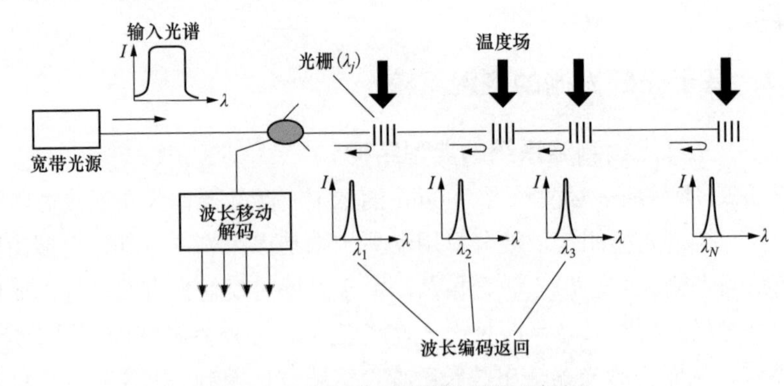

图 3-27　复用光纤光栅传感器的原理

如需进一步扩展光纤光栅的复用数目，可以将波分复用与时分复用相结合，沿光纤方向大区域用时分复用，每个区域的光栅用波分复用。还可以将波分复用与空分复用结合，甚至将波分复用与时分复用和空分复用结合起来，这样复用的光纤光栅的数目可以非常多。

（2）扫描光纤 F-P 滤波器法。一种寻址一串光纤光栅传感器的方法就是让 FFP 工作在波长扫描模式，如图 3-28 所示。选择光纤光栅的工作波长范围互不重合，且都在宽带光源范围内，反射光送入 FFP 中，控制电压来调节 F-P 腔长，以实现波长扫描。FFP 就像一个传统的光谱仪一样扫描光纤光栅的波长。波长移动量的分辨率由 FFP 的通带和光纤光栅线宽的卷积确定。

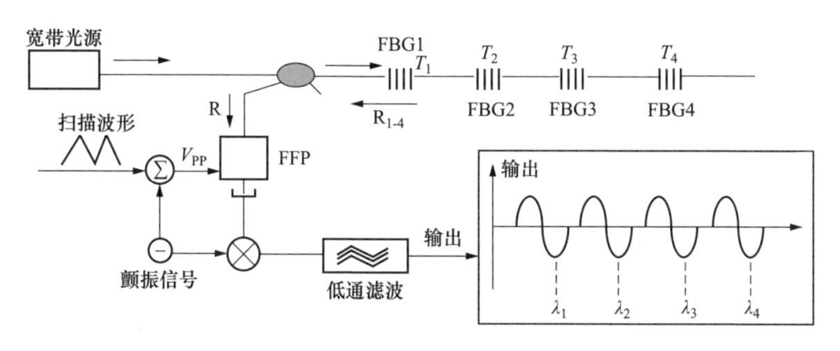

图 3-28　扫描光纤 F-P 滤波器法

（3）复用光纤光栅激光传感器阵列。光纤光栅激光传感器也可以复用，但不能简单地在一根光纤上连续制作多个 FBG，因为这样不能同时激发多个波长的激光。如图 3-29 所示，在各个 FBG 间插入一段掺铒光纤，可以得到多个谱线的激光，由于外界物理场的变化使各个光谱线移动，完成分布场的测量。

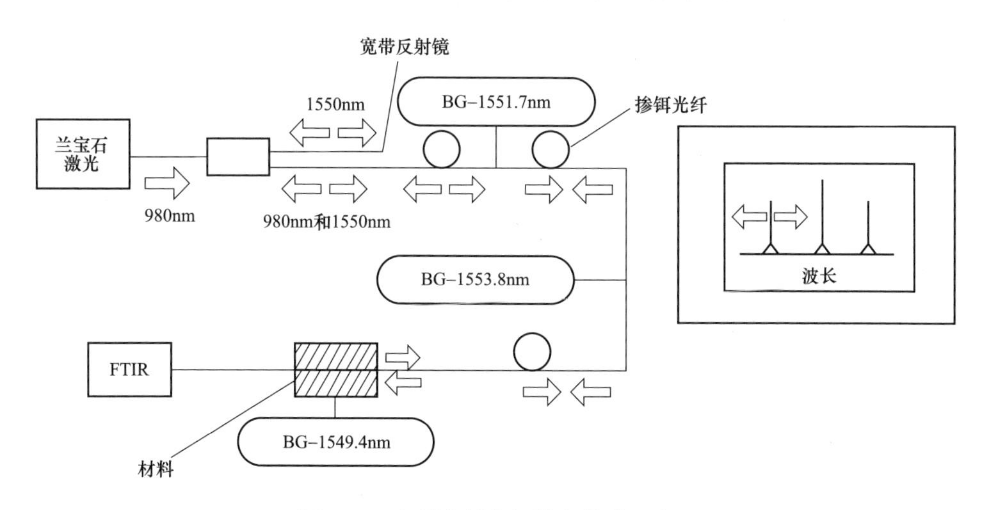

图 3-29　复用光纤光栅激光传感器阵列

在图 3-29 中，实际只能同时激发多根光谱线，而不能测得每根光谱线的波长或波长移动。另外一种基于环形反射器的光纤光栅激光传感器阵列就可以同时测得波长值，如图 3-30 所示。这是在环形光纤激光器中加入了可调谐的带通滤波器，如 FPP。掺铒环形反射器由于加入了光隔离器，只能沿一个方向工作。反射器由一串波长稍微不同的光纤光栅中的一只构成。光纤光栅也作为传感元件。光源、光栅波长都必须在掺铒光纤的增益带（一般为 1525～1560nm）。只有当滤波器的通带与某一只光栅波长一致时，该激光器才能产生激光。因此可以扫描滤波器来完成光纤光栅的波长测量，由于在某一波长上只是静态扫描，不能加颤振信号，所以测量分辨率有限。若用高分辨率干涉仪，可明显提高测量分辨率。

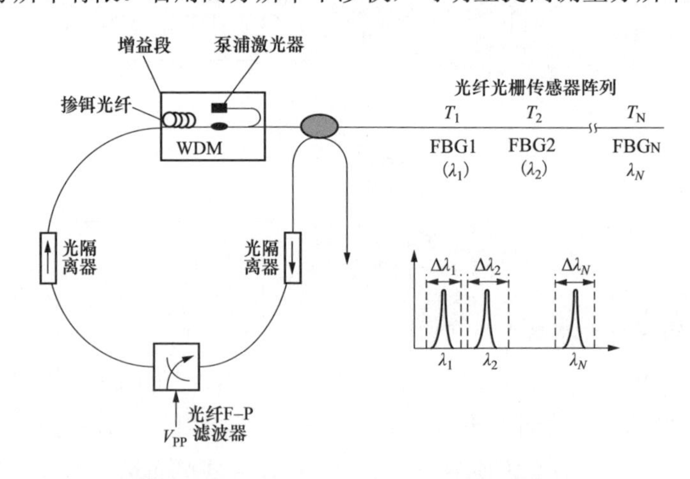

图 3-30　基于环形反射器的光纤光栅阵列

（4）匹配光纤光栅波分复用阵列。匹配光栅法也可以用于光纤光栅传感器阵列中解调波长，如图 3-31 所示。图中的接收光栅组中的光栅与传感光栅组中的光栅一一对应，且是采用前向传输形式，也可以采用后向反射形式。但接收光栅后向反射形式增加了光损耗，限制了测量分辨率。该方法原理简单，价格低廉，能够达到较高的测量分辨率。

（5）基于线阵列 CCD 探测的波分复用技术。基于线阵列 CCD 探测的波分复用技术如图 3-32 所示。光纤光栅的反射光经准直后照射在 1200 线/mm 的平面光栅上，经平面光栅色散后被同一透镜汇聚到紧挨着光纤出光端的线阵 CCD 上，每个光纤光栅对应线阵 CCD 上的一个亮斑，波长变化时，光斑中心发生移动。这一方案特别廉价，可以复用 20 只以上的光纤光栅，光能利用率高，可以用于反射率只有 1%～4%的光纤光栅阵列。CCD 每秒扫描 4000 次，因此既可以测量动态温度变化，也可以测量静态温度变化。由于 CCD 的相应波长低于 1100nm，因此只能用于 850nm 的光纤系统。这显然背离了目前光纤系统的发展趋势。若使用红外 CCD，又会大大增加系统成本。

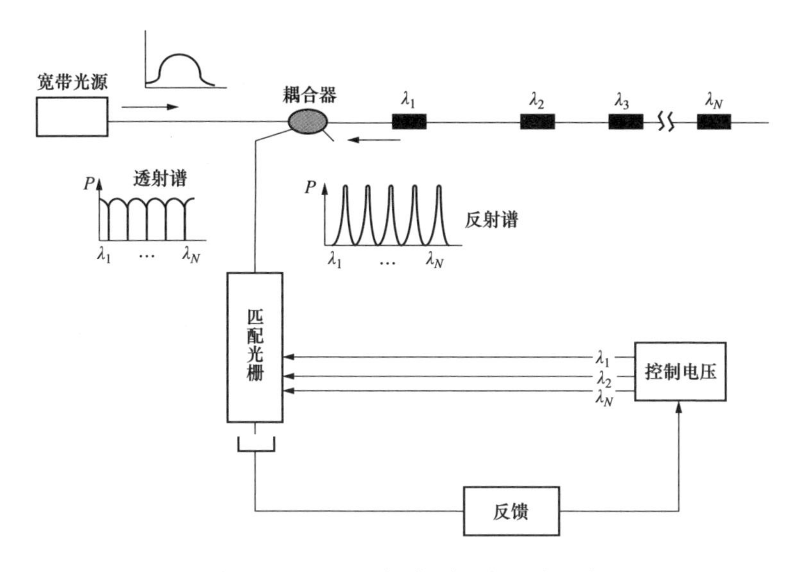

图 3-31　匹配光纤光栅波分复用阵列法

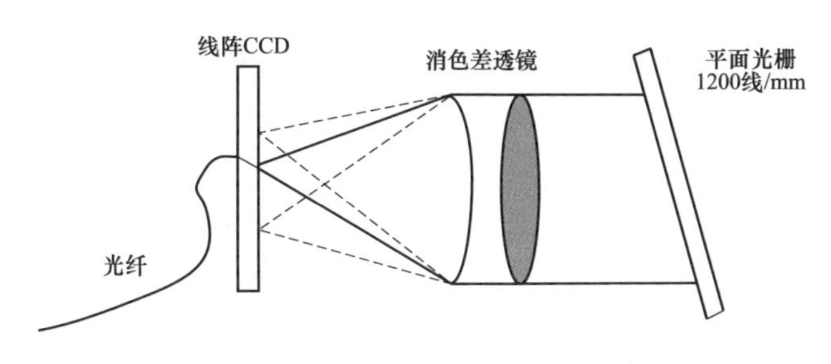

图 3-32　基于线阵列 CCD 探测的波分复用技术

（6）基于锁模激光的频分复用技术。频分复用寻址光纤光栅传感器的技术如图 3-33 所示。用多个光纤光栅和一个宽带反射器，相同增益介质构成了共轴激光腔，并在该腔中加入了锁模调制器，例如声光调制器。改变调制器的频率，可以将激光器锁定在不同的模式下，激光器因此输出不同谱线的激光，从而寻址不同的光纤光栅，测量出外界扰动引起的布拉格波长变化。

（7）时分复用与波分复用技术。基于光纤 M-Z 干涉探测法，可以用时分复用技术来复用多个光纤光栅，如图 3-34 所示。这一技术要求光源用宽带的脉冲光源，由于各个光栅位置有一定间隔，从每个光栅反射的时间也不一样，经 M-Z 干涉探测后，用门选通电路就可以把每个光栅反射的光分开。若不用高反射率的光纤光栅，在 $\lambda_1,\lambda_2,\cdots,\lambda_n$ 以后，经一段光纤延时线，可以再加入同样 $\lambda_1,\lambda_2,\cdots,\lambda_n$ 波长的光纤光栅，则可实现时分复用与波分复用光纤光栅，成倍地提高复用传感器的数目。

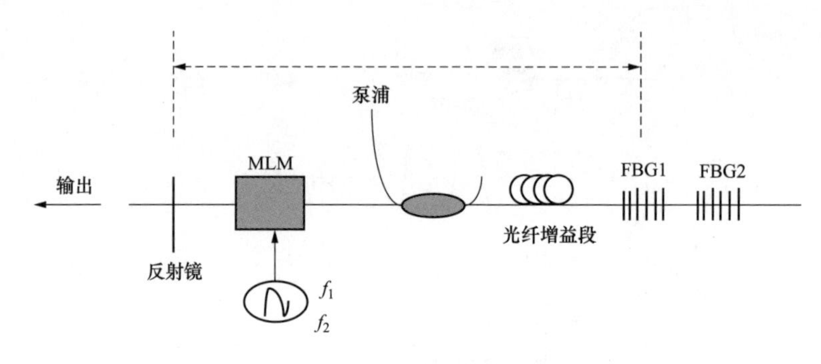

图 3-33　锁模探测技术

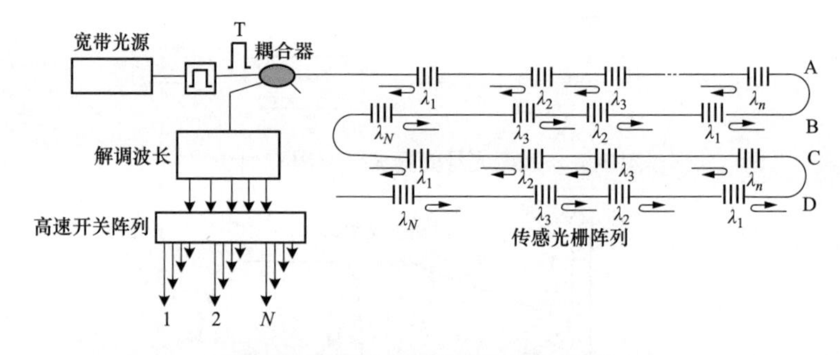

图 3-34　时分复用与波分复用网络

（8）空分复用、时分复用和波分复用光纤光栅传感器网络。空分复用光纤光栅的原理是将宽带光源的输出光分到多路光纤中，每一路由光纤光栅反射回来后接到探测器上。该方法可测量温度和准静态应变。将时分复用和波分复用与空分复用结合起来，可以成倍地扩大单台测量仪器查询光纤光栅的数量。结合多路光开关，目前最多复用传感器的数量可达上千只。

3.3.3　基于光纤光栅的测温技术应用

3.3.3.1　气体绝缘金属封闭开关外壳测温

气体绝缘金属封闭开关（Gas Insulated Switch-gear，GIS）被广泛应用于电力系统。它是将除电力变压器外的变电站一次设备封闭于充有一定压力 SF_6 气体的金属外壳内，形成组合电器。GIS 设备具有通流大、SF_6 密封严、结构紧凑等结构与工况特点，导致负荷电流下导体损耗发热严重。尤其当触头接触不良时，随着接触电阻变大，GIS 触头会出现温度过热现象。触头过热会加速绝缘老化甚至可能造成触头熔化变形，进而导致绝缘性能降低，引发短路等重大电网事故。因此，对 GIS 设备的触头温度进行监测，提前发现并消除触头接触故障，对 GIS 设备的安全稳定运行具有十分重要的意义。

光纤光栅传感器具有体积小、精度高、重量轻、以波长作为监测量、抗干扰能力强、可定点测温等优点，其在 GIS 母线温度监测中的应用逐渐受到人们关注。目前，将光纤光栅传感器用于 GIS 母线温度监测中存在直接测温和间接测温两种思路。

（1）直接测温。直接测温是指将光纤光栅温度传感器植入 GIS 内部，对温度直接测量。该方法优点是可对温度变化做出及时反应，监测结果准确度高；缺点是传感器安装困难，有可能降低设备绝缘水平。目前还没有相关成果报道。

（2）间接测温（外壳测温）。间接测温是指将光纤光栅传感器粘贴于 GIS 外壳等容易监测的位置，利用监测点与母线间温度关系，间接计算母线温度。间接测温优点是测温范围广，可不破坏设备绝缘水平及热平衡；缺点是该方法对传感器精度及响应时间要求高、测温结果容易受外界环境因素干扰。因此，需要对光纤光栅进行增敏处理，并且分析 GIS 外壳温度的影响因素。

由于裸光栅灵敏度较低，约为 10pm/℃，因此对于测温灵敏度要求较高的场合，通常将光纤光栅预拉伸后封装在具有更高热膨胀系数的基底材料中以达到增敏目的，依靠基底的拉伸作用使光纤光栅的中心波长在相同的温度变化条件下具有更高的波长变化量。GIS 母线外壳允许温度为 65～70℃，温度变化范围较小，在此温度范围内铝合金的热膨胀系数可视为常数，而且由于铝合金热稳定性较好并且容易加工，此处采用铝合金作为增敏材料，热膨胀系数为 23.2×10^{-6}/℃时，封装需要注意以下几个方面：

1）光纤光栅应具备足够的预拉伸量；

2）光纤光栅必须可靠固定在基底表面，光栅轴线与基底轴线重合；

3）封装完成后进行升降温实验消除残余应力。

由于目前常用的高分子材料黏合剂本身蠕变较大，而且长期使用后容易发生老化、脆化现象。因此，为了保证光纤光栅传感器的可靠性，武汉大学谢志杨等提出了一种改进型铝合金增敏方案。该方案采用铝合金材料作为基底，与传统铝合金增敏结构相比，采用刚性粘接方式，即采用金属焊接方式将光纤光栅固定在基底材料上。由于铝合金材料不易锡焊，所以在制作上需要对其进行电镀处理。

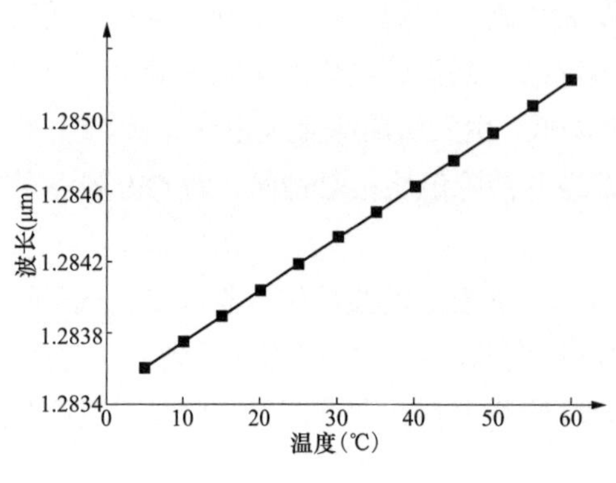

图 3-35　改进铝合金增敏光纤光栅波长—温度关系

该方案的测试结果如图 3-35 所示。由图 3-35 中可以看出，采用改进封装的铝合金增敏光纤光栅温度传感器灵敏度到达 30pm/℃，线性良好，迟滞低于 9pm。

使用该种增敏方案的 GIS 外壳温度检测系统经调试后于 2010 年 10 月安装至某 220kV 变电站内的 110kV 母线，自试运行以来，情况良好。根据监测系统运行结果，母线温度未发现异常情况，系统 1 个月内的运行结果如图 3-36 所示。

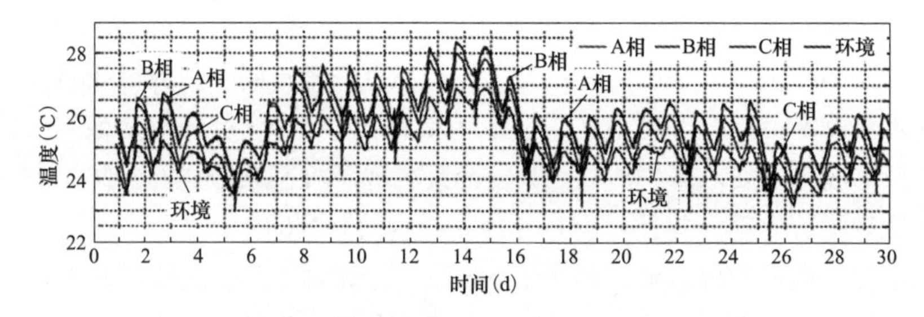

图 3-36　系统 1 个月内运行情况

可以看出，GIS 母线每天温度变化具有规律性，温度曲线呈抛物线状，上午 8 点左右温度最低，下午 5～6 点温度最高，之后温度逐渐回落。由于该 GIS 处于室内，通风条件相对较差，母线昼夜温差不超过 2℃，该温度变化特性主要是由日照强度、当地居民及工厂负荷特性造成的。三相母线中 B 相母线温度最高，A 相母线稍低，C 相母线温度最低，C 相与 A、B 两相最大温差为 0.5℃。这一现象表明，GIS 负荷电流并不完全对称，相间电流存在差异，该结论与变电站后台负荷监测系统显示结果吻合。

3.3.3.2　高压开关设备测温

有文献提出，开关柜的运行监测一直是变电站自动化系统安全运行课题，且大都侧重于对电压、电流、电功率等电量进行实时监测，但对电量的监测却不能完全反映开关柜是否处于正常工作状态，此时对触头温度等非电量的在线测量就成为有效的监测手段。由于我国的开关柜大多采取封闭式结构，散热条件较差，而且长期工作在高电压、大电流、强磁场的环境下，开关柜内就会产生温升，使触头的接触电阻增大。当温升过大，使接触电阻超过国家标准规定的接触电阻值，就会加速触头表面的氧化，而氧化又进一步导致接触电阻上升，并促使触头发热，温度上升，形成恶性循环。当触头的温度超过一定范围，就会导致其内部材料的机械强度下降，接触电阻增大，同时过热会引起绝缘材料的老化，其绝缘强度也会下降，甚至损坏。若不及时采取措施，就很可能引发事故。据电力部门统计，此类热故障占整个电气设备外部热故障的90%以上。从安全运行角度考虑，开关柜触头的最大发热温度不得超过最大允许发热温度，因此，对开关柜的触头温度进行在线监测，实时掌握开关柜的运行状态，是及时发现故障隐患并控制故障恶化、减少事故发生的有效手段，对于保证开关柜安全运行具有重要的工程意义。

（1）光纤光栅温度传感器的安装。高压开关柜的断路器分为移动小车和开关柜两部分，高压开关柜的触头共有六个，分别分布在上侧和下侧的 A、B、C 三相上，那么为了保证系统的可靠性，必须对六个触头的温度同时进行监测。由于光纤光栅传感器对温度、应变同时敏感，为了保证温度测量精度，必须屏蔽应变的交叉敏感影响，即断路器的分、合过程中产生的任何应变都不应传递给光纤光栅传感器。目前可以采用的方法是通过把光纤光栅温度传感器单端固定在静触头上，来屏蔽触头在碰撞过程中产生的应变。另外，为了保证光纤光栅温度传感器对触头各点温度测量的均匀性，系统充分利用静触头的中间空位，把温度传感器固定在静触头的中间位置，图 3-37 是传感器在单个静触头的安装示意图。当动触头与静触头在分、合时，在静触头的圆周位置产生应变，而在其中心不存在应变，那么应变也就传递不到光纤光栅传感器了。这种安装方案既保证了温度的测量精度又屏蔽了由于振动引起的应变交叉敏感影响。

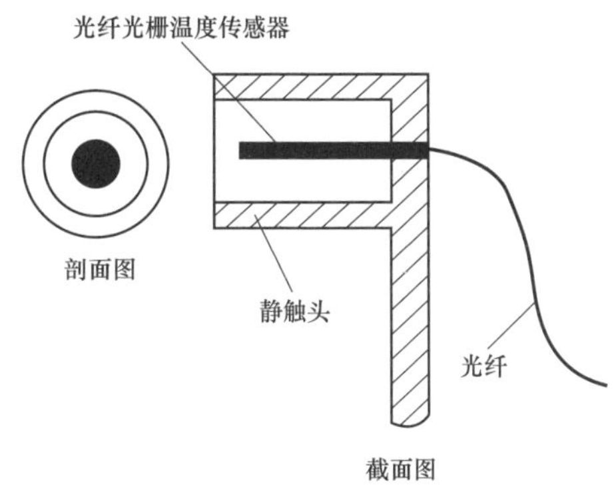

图 3-37　光纤光栅温度传感器的安装

（2）光路复用系统。由于高压开关柜必须对六个触头的温度同时进行监测，六个光纤光栅温度传感器的同时测量就涉及光路的复用问题。可以采用空分复用和波分复用方法。如图 3-38 所示，用 3dB 耦合器实现对传感器的空分复用，这样可以避免采用单一波分复用的弊端，即多个传感器串联在一根光纤上，在其中一个传感器损坏时会影响其他传感器信号的传输；同时在传感器工作波长的选择上又采用了波分复用方式，用来提高系统的测量速度，即在波长解调时采用一个扫描周期可以实现六个传感器的同时测量。

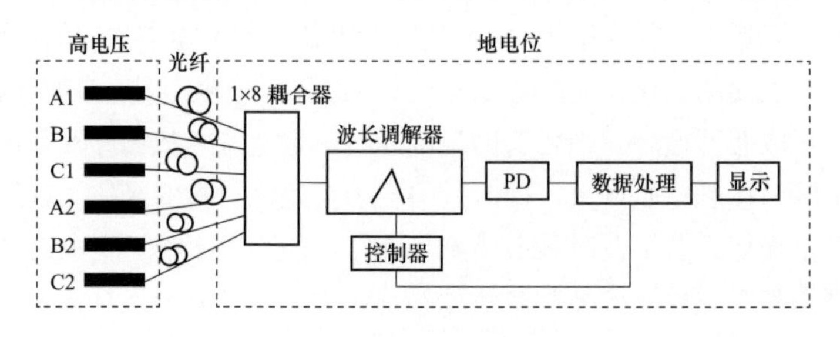

图 3-38　测量系统光路复用方案

在图 3-38 中，A、B、C 三相的六个光纤光栅温度传感器处于高电压侧，分别安装在静触头孔径内，而耦合器、波长解调器、控制器以及数据处理电路都处于地电位侧，安装在控制室内，采用长距离的光纤传输来实现高电压侧绝缘隔离。图中的 A1、B1、C1，A2、B2、C2 是光纤光栅温度传感器，分别分布在隔离触头的上侧和下侧 A、B、C 三相上，在常温下传感器的波长分别为 1548.5nm、1550.1nm、1551.6nm、1553.5nm、1555.5nm、1557.1nm，灵敏度为 0.011nm/℃、0.013nm/℃、0.011nm/℃、0.010nm/℃、0.011nm/℃、0.012nm/℃，测量范围为 0～110℃；耦合器为由 7 个 3dB 耦合器组合而成的 1×8 耦合器；波长解调器为采用压电陶瓷驱动标准具实现波长扫描，其工作波长范围为 1548～1558nm，覆盖 6 个传感器在 0～110℃温度变化时的所有波长带；控制器在数据处理器的控制下实现波长解调器的扫描。

（3）测量结果。高压开关柜在运行时，触头、母线、电流互感器、柜体等构成了多个热源，高压开关柜及内部各部件又构成了复杂的热阻网络。在此系统中，要通过理论推导出触头温升与光纤光栅传感器温升间的数学关系比较困难，北京科技大学的巩宪锋通过试验方法建立了它们之间的数学模型。

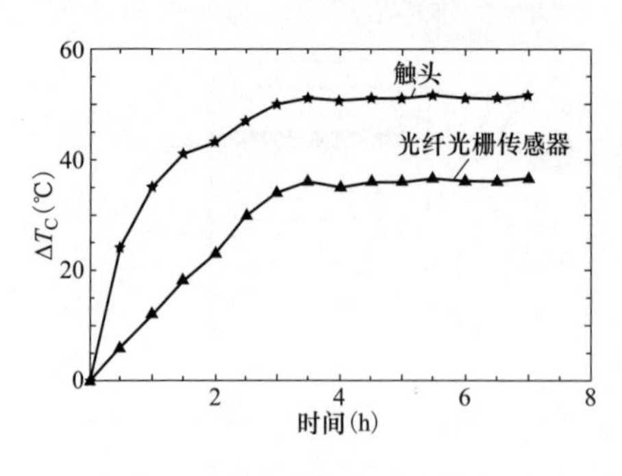

图 3-39　隔离触头温升过程

温升实验是在 10kV 高压开关柜上进行的，实验时三相触头接触正常，工作额定电流为 1kA，室温为 25℃。图 3-39 是隔离触头 B 相的温升过程曲线，可以看出光纤光栅传感器测量的温升变化要比触头的实际温升变化慢，但它们的变化趋势是相同的，大约在 3h 以后温度场变化趋于稳定。测量温度与实际温度间的差值是由于传感器采用非接触方式测量温度，它依靠静触头的辐射来传递热量。表 3-3 是其温升测量数据。

表 3-3　　触头和光纤光栅传感器的温升

触头位置	一次侧			二次侧		
	A	B	C	A	B	C
触头温升 ΔT_C（℃）	50.5	51.2	51.7	49.5	51.5	52.2
传感器温升 ΔT_S（℃）	35.5	36.5	34.8	34.5	36.5	36.0
$\Delta T_C/\Delta T_S$	1.42	1.40	1.48	1.43	1.41	1.45

可以看出在开关柜触头接触正常、温度变化稳定后，各个触头的实际温升值 ΔT_C 与对应的传感器温升值 ΔT_S 之间的比例关系都在 1.43 附近，取其平均值作为试验结果，可建立触头的实际温度与传感器的测量温度间的数学关系式为

$$T_C = K(T_S - T) + T \tag{3-27}$$

$$K = 1.43$$

式中：T_S 为光纤光栅温度传感器测量的温度值；T 为高压开关柜环境温度。

3.4　基于荧光光纤的测温技术

荧光光纤温度传感器是荧光测温技术与光纤技术相结合的产物，由于其具有可以排除光源强度波动影响、结构简单、成本较低的优点，引起了广泛关注。荧光物质的发光一般遵循斯托克斯定律，也就是荧光物质吸收波长较短的光，而释放出波长较长的光。一些荧光物质受红外、紫外光或某种形式的光激励后发出的荧光，其荧光强度或是荧光寿命显示了非常好的温度相关性，因而形成了荧光光纤测温技术。

3.4.1　基于荧光光纤的测温技术原理

当具有一定波长的入射光从侧面照射荧光光纤时，会穿过光纤的透明包层被纤芯中的荧光物质所吸收，吸收光后的荧光分子中的电子会从基态跃迁到激发态，而处于激发态的电子是不稳定的，当激发态的电子回到基态时，往往以光辐射（通称荧光）形式释放能量（光致发光）。荧光物质的发光一般遵循斯托克斯定律，是由能量高的光照射荧光物质，激发出比其能量低的荧光，也就是荧光物质吸收波长较短的光，而释放出波长较长的光。其发光现象可以用周围固体发光的能带理

论和发光中心来解释。荧光对应于其材料内部电子能级之间的许可跃迁，入射光激发电子而释放能量，电子由激发态返回基态，释放能量引起荧光材料的发光。当激励光停止对荧光材料的激励，荧光发光的持续时间取决于激发态的寿命。

荧光物质受到激发从而产生荧光，若其中某个参数受温度影响、调制并与温度成单值关系，那么便可以利用这种单调关系对温度进行测量。在荧光材料发光的过程中，还有许多其他合理有效的弛豫过程，这些过程都可能会缩短激发态的衰减时间。因此，在某一特定温度范围内，当荧光物质受激发后产生荧光，其荧光强度和荧光衰减时间都会表现出一定的温度相关性，荧光测温法的工作机理就表现在它的温度相关性上。一些荧光物质受红外、紫外光或某种形式的光激励后发出的荧光，其荧光强度或是荧光寿命显示了非常好的温度相关性，激发出的荧光强度随时间成指数规律衰减。因此，荧光寿命是温度参数的单值函数，温度升高，荧光寿命减小，通过测量荧光寿命可以得到温度值。例如，以硅酸钡镁（$Ba_3MgSi_2O_8$）为基质制备的荧光粉，在近紫外光波段激发条件下，占据$Ba_3MgSi_2O_8$晶格上Ba^{2+}格位的Mn^{2+}离子的3d5能级的4T1→6A1跃迁发射605nm红光。通过脉冲光源激发测试，该类荧光粉被激发后产生的余辉在25℃时衰减到最大值的20%所需要的时间约为5ms，随着温度的升高荧光余辉的衰减速率越快，在150℃时该时间参数约为3.5ms。

荧光强度与温度之间的关系为

$$I(T)=(B+BA\mathrm{e}^{-\Delta E/k_{\mathrm{B}}T})^{-1} \tag{3-28}$$

式中：A、B、ΔE为常量；T为荧光材料的温度；k_{B}为玻尔兹曼常量；I为荧光发射强度。I与T有唯一对应关系。

由自发迁跃所引起的处于激发态的粒子数变化是按照指数规律衰减的。因此，激发出的荧光强度随时间成指数规律衰减，即

$$I=I_0\mathrm{e}^{-\frac{t}{\tau}} \tag{3-29}$$

式中：I_0为t=0s时的荧光强度；τ为荧光寿命，即荧光强度从I_0减小到I_0/e的时间长度。荧光寿命，即荧光衰落时间，是按指数方式衰减的时间常数，它依赖于不同的荧光材料的特性，有几百纳秒，几个纳秒，甚至还有亚纳秒。

因此，荧光衰减时间与温度的关系为

$$\tau(T)=\frac{1+\mathrm{e}^{-\Delta E/k_{\mathrm{B}}T}}{R_{\mathrm{S}}+R_{\mathrm{T}}\mathrm{e}^{-\Delta E/k_{\mathrm{B}}T}} \tag{3-30}$$

式中：R_{S}、R_{T}、k_{B}、ΔE为常数；T为热力学温度。

根据式（3-30）可知，荧光寿命是温度参数的单值函数，温度升高，荧光寿命减小，通过测量荧光寿命可以得到温度值，因此，荧光寿命的求取成为关键问题。利用该方法测量的温度只取决于荧光寿命，而与其他参量无关。

荧光衰减曲线如图 3-40 所示。

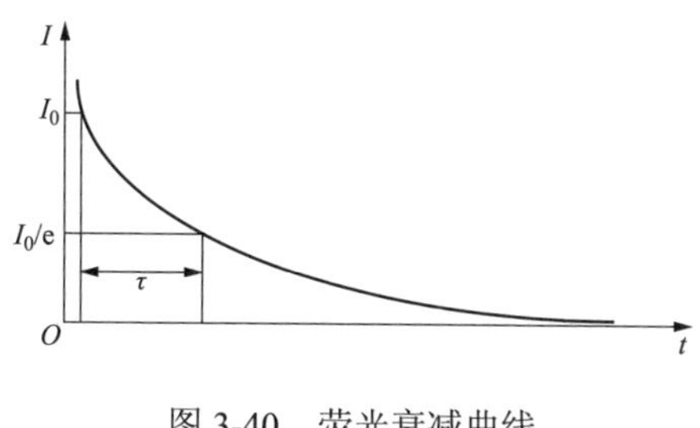

图 3-40　荧光衰减曲线

3.4.2　基于荧光光纤的测温系统

3.4.2.1　测温系统结构

基于荧光光纤的测温系统根据温度传感器的结构可以分为两大类：出现较早、应用较多的一类是温度传感器由荧光粉和光纤组成，光纤只有传输荧光的功能；出现较晚的一类是温度传感器，就是一段荧光光纤，荧光材料被融入光纤，光纤既有发光功能又有传光功能。

荧光光纤测温系统主要由五部分组成：激励光源部分（激发出激励光）、探测温度部分（荧光探头及光纤耦合）、荧光信号检测部分、数据采集部分以及通信、显示部分。图 3-41 所示为荧光光纤测温系统原理结构框图。激励光源受压控振荡器输出调制，激励光发出后经透镜组耦合入光纤，通过滤光片将一些杂散光消除，

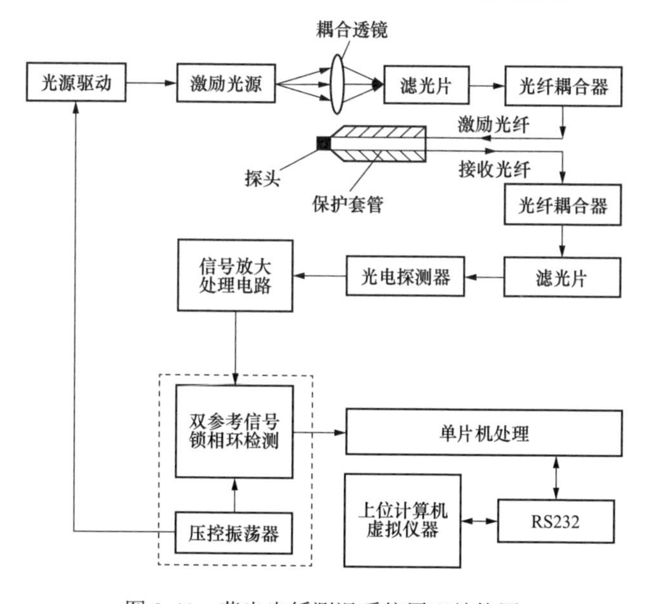

图 3-41　荧光光纤测温系统原理结构图

经光纤耦合器分成若干光纤并照射在探头上的荧光材料激发出荧光。荧光信号进入接收光纤，通过光纤耦合器及滤光片进入光电探测器，将荧光信号放大及滤波后送入脉冲调制的双参考信号锁相环检测电路中，单片机系统采集压控振荡器最后的稳定输出对数据进行处理，最后设计虚拟仪器并通过串口 RS232 与上位计算机通信显示。

（1）激发光源。用作敏感温度的光纤材料的种类很多，不同的荧光材料的荧光激发和发射波长都不相同，需要不同的激发光源。通常作为温度传感系统的激发光源有紫外汞灯、脉冲氙灯、半导体激光器（LD）和发光二极管（LED）等。

氙灯可以工作在连续波方式和脉冲方式。由于氙灯具有很高的发光强度，早期的荧光温度传感器系统多采用氙灯，但是其寿命、成本和体积都无法与 LED 相提并论。LED 具有体积小、重量轻、功耗低、输出特性线性好，使用寿命长，成本低等诸多优点，同时可以在很宽的光谱范围内根据材料特性对光源进行调制。

（2）荧光材料。荧光材料的选择决定了传感器的测温范围、灵敏度及稳定性。目前应用最多的是无机荧光材料。无机荧光材料分为晶体和粉末状化合物两类，其中，粉末状化合物多数是广泛用作电光源和荧光屏的稀土激活的化合物。根据荧光材料又将温度传感器分为晶体材料型和稀土材料型。稀土荧光材料有许多优点：吸收能量的能力强，转换效率高；发射光谱范围从紫外到红外，特别是在可见光区有很强的发射能力；荧光寿命从毫秒到纳秒，跨越 6 个数量级；理化特性稳定，可承受大功率电子束、高能射线和强紫外光作用，不易受环境的影响，非常适合作为敏感材料。已经报道的商业化系统中作为敏感材料的有 Y_2O_2S：$Eu+Fe_2O_3$ 等。报道的测温范围从室温到 450℃，分辨率为 0.5℃左右。

荧光材料作为光纤温度传感器感温部分，其被激发后辐射出的荧光余辉衰减特性直接影响了整个温度传感器的性能。荧光材料的选择是整个温度传感器的核心之一，目前市面上荧光粉样式种类繁多，通常在灯具及交通应用中居多。材料大多为卤磷酸盐类和稀土三基色荧光粉，这类荧光粉荧光余辉时间较长，同一温度下荧光余辉衰减曲线的一致性差，并不适用于温度传感使用。荧光材料的选择需要满足几个要点：①荧光物质能够被特定波长的光所激发，在实际应用中激发光与辐射的荧光波长不能太接近；②荧光材料的衰减时间一致性高，当激励光停止时，荧光材料就会立刻停止发光，当温度相同时，衰减时间常数也相同；③荧光余辉衰减的时间常数在温度变化时，时间常数稳定变化；④荧光材料化学性质稳定，在空气中长期暴露不氧化、耐腐蚀、高等级耐油性；在常温状态下，荧光材料余辉衰减时间在 3～5ms 内。

不同温度下荧光寿命随温度变化的速率是不同的，根据理论公式，荧光寿命随温度的下降而增长，在温度低于 100K 之后，荧光寿命将趋于一个稳定值，该稳定值即为激发态最低能态的寿命值。在不同温度下荧光寿命随温度变化速率是不一样的，在曲线的两端变化较缓慢而在曲线的中部变化较快。对于不同的荧光材料，变化较快的温度区间是不同的，这可以指导在设计荧光寿命式温度传感器的时候，应根据不同的测温区间选取最合适的荧光材料，提高温度测量的灵敏度和精确度。

（3）微弱荧光信号的检测。通过光纤传输的荧光信号由于光纤孔径的限制，非常微弱。为了提高系统的信噪比，必须采用微弱信号检测和处理技术。用于弱信号检测的光电技术主要有两类：高灵敏度的光电探测器与弱电流放大电路的有效结合，抑制噪声以提高信噪比；利用光源调制和锁相技术在噪声中提取有效被测信息。

3.4.2.2 基于荧光光纤的温度检测方法

荧光型光纤温度传感器根据检测方法主要分为荧光强度型、双波长强度比型和荧光寿命型三个大类。

（1）荧光强度型。荧光强度型光纤温度传感器是通过直接测量荧光发射强度随温度的变化实现测量。早期的大多数荧光测温系统是基于荧光强度传感技术，例如，1982 年商业化 Luxtron-1000，系统可以从测量两条线的强度比来得到温度。该方法也称为两点法，其基本原理是在激励脉冲作用之后，取荧光指数衰落曲线上两个特定的强度值，激励脉冲终止时间 t_1 ，衰落信号的强度值为 t_0 。当衰落信号达到第二个值 I_0/e 时，时间为 t_2 。 t_1 和 t_2 的间隔就是指数衰落信号的时间常数 τ，这里代替荧光寿命。

因为荧光信号的测量是在激励脉冲结束后进行的，所以对探测器的光学系统在防止激励光泄漏方面的设计要求不高。而缺点是由于只测量两个特定时刻的荧光衰减信号值，没有充分利用整个衰落过程所包含的全部信息，因而测量精度极为有限。

系统采用传统的光源，光学系统也十分复杂。强度型温度传感器最大的局限是为了补偿其他因素引起的温度变化和光源波动等，必须设计参考通道，因此导致成本过高、光学系统复杂。而荧光强度比和荧光寿命测量技术就是针对这些问题而开发的。

（2）荧光强度比型。荧光强度比型基于荧光材料两个相邻的激发态能级的相对密度——荧光强度比与温度相关（符合玻尔兹曼分布），且是温度的单调函数，实现对温度的测量。实现荧光强度比测量的一种方法是积分算法。当衰减荧光将低于某一设定值时，开始进行测量。该信号在两个固定延迟时间 T_1 和 T_2 内被积分，然后这两个积分值 A 和 B 被采样。当信号衰减到零时，积分器被复位并重新开始。积分噪声和直流偏移也以相同的固定间隔采样，用 C 和 D 表示，分别等价于 A 和 B 中的噪声和偏移。因此荧光寿命可以表示为

$$\frac{A-C}{B-D}=\frac{1-\mathrm{e}^{-T_1/\tau}}{1-\mathrm{e}^{-T_2/\tau}} \tag{3-31}$$

实现荧光强度比测量的另一种方法是平衡积分法，即积分面积比值法。在激励消失了 t_1 时间后开始积分，直至时间 t_2。再从时间 t_2 积分至时间 t_3，使得其积分面积等于 t_1 至 t_2 的积分面积。时间 t_3 与时间 t_2 之差 t_3-t_2，是荧光寿命的函数。由于没有考虑直流偏置信号的影响，对变化缓慢的背景信号很敏感，因此在进行平衡积分之前，应尽可能地消去信号中的直流分量。其动态范围要比相应的两点法测量系统窄得多。

据报道，铒掺杂的石英光纤在 299～333K 的温度范围内，温度分辨率为 0.06K。强度比方法的优点是其测量结果与激励光源的强度无关、数据分析简单、对弯曲损失不敏感；缺点是需要有光强参考通道，电路设计较为复杂。

（3）荧光寿命型。利用荧光寿命与温度的单调关系实现测温，不受其他外部条件，如光纤损耗、光源强度波动和光耦合程度的影响，因此比强度型和强度比型更有优势。荧光寿命的测量方法之一是数据拟合法，主要有莱文贝格-马夸特（Levenberg-Marquardt）方法、普罗尼（Prony）方法、对数拟合（log-fit）方法、快速傅里叶（FFT）拟合法和加权对数拟合法等。理论上荧光衰减曲线为单调的指数衰减函数，即

$$f(t)=A\exp(-t/\tau)+B+r_n(t) \tag{3-32}$$

式中：A 为荧光衰减的初始强度，与激励光强度有关；τ 表示信号衰减的快慢，称为荧光寿命；B 为信号的本底噪声，由黑体辐射及暗电流造成；$r_n(t)$ 为信号中的随机白噪声。

莱文贝格-马夸特方法、普罗尼方法和对数拟合三种方法的基本原理是对各个衰减曲线的选定部分数字化，校正所有的偏置之后，采用线性最小二乘曲线拟合法，得到最佳单调指数拟合曲线；然后，将数字信号值取对数，使指数衰减曲线变成直线，进行线性最小二乘拟合，所得拟合直线的斜率正比于时间常数 τ；最后，通过对照，可得所测得温度值。Levenberg-Marquardt 方法由于采用递归算法技术，虽精度高，但耗时长、稳定性差，不适合在实际系统中应用。FFT 拟合法

是根据荧光信号可近似看成是单点指数衰减信号的特点，首先对信号进行傅里叶变换，然后从变换后的非零次频谱项中计算出荧光寿命。加权对数拟合法的出现是为了解决普通对数拟合法由于取对数对整个函数区间内的均匀噪声影响不等权的问题。采用加权对数拟合，其偏差与 Levenberg-Marquardt 方法接近，但简明有效、程序简单、精度高，而且弥补了 Levenberg-Marquardt 方法耗时长而且由于数据偶然误差造成的不收敛现象。

荧光寿命的另一种常用测量方法是频域法（相位锁定法）。频域法对激励光进行正弦调制，因此荧光信号也呈正弦变化，但是在相位上滞后于激励信号。所以，只要设法使荧光滞后相位 φ 保持为常数，即锁定相位，通过测量调制信号的周期或者频率，荧光寿命便可由相位 φ 的测量求出。频域法将荧光寿命直接转换为信号周期，可以在很宽的、连续变化的荧光寿命测量范围内，保持高分辨率。图 3-42 为一个单参考正弦波信号的荧光寿命锁相检测结构示意图。

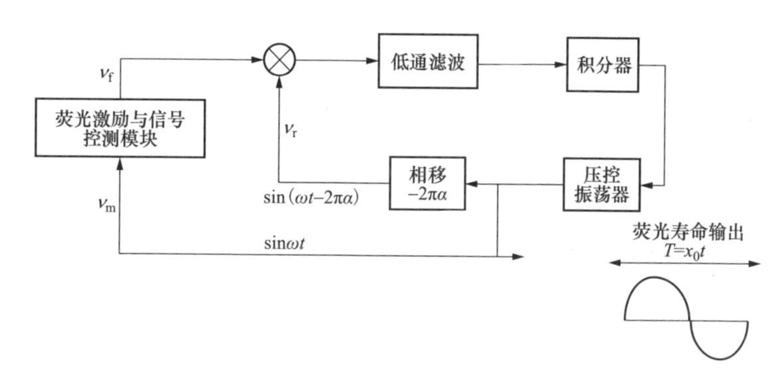

图 3-42　单参考正弦波信号的荧光寿命锁相检测

相对于正弦波信号，方波信号具有正弦信号无法比拟的优点。首先，方波信号比正弦信号携带更多的激励光功率，因而输入信噪比得到提高；其次，方波信号调制激励光源方案简单，比正弦调制更容易实现——普通的压控振荡器即可产生理想的方波信号。相位锁定法的荧光测量和激发几乎同时开始，因此需要阻止激发光的泄漏干扰。近年来提出采用两个来自压控振荡器（VCO）输出的参考信号与连续的荧光信号混合，并从混合信号的最后积分中消除激励光泄漏成分的解决方案。理论和实验都证明该方案本征地对激励光的泄漏作用不敏感。另外，采用希尔伯特变换的相敏检测方法，不需要低通滤波器即可消除二次谐波，同时对激励光的泄漏起到一定的抑制作用。

目前用于荧光寿命型测温的荧光材料有：晶体材料（如红宝石用于高温）、掺稀土粉末、磷光体纳米颗粒等。高温传感器的测量温度可达 773K 以上；磷光体纳米颗粒的荧光衰减寿命大约在 20ms 左右。从荧光温度传感器的发展来看，荧光寿命型传感器不受光源和探测器老化以及光纤弯曲的影响，已成为该类型温度测量的主要方法之一。

（4）几种检测方法的对比。荧光光纤温度传感器的信号检测及计算是从荧光强度型时期的两点法发展到荧光强度比型时期的积分法、平衡计分法，最后过渡到基于荧光寿命型的各类数据拟合法和频域测量法。表 3-4 对几种检测方法特点和适用场合进行了总结。

表 3-4　荧光温度检测方法对比

检测指标	两点法	积分面积比值法	数据拟合法	频域法
精度	低	高	Levenberg-Marquardt 仅作为对比方法 Prony 适合双指数模型	与积分方法结合 可获得高精度
测温范围	大	小	较大	大
系统稳定性	好	较差	好	好
耗时	短	长	Levenberg-Marquardt 最长，FFT 最短	短

目前，光纤荧光温度传感器技术已经商业化，但仍然存在几大工程应用问题：延缓荧光材料的老化、提高荧光的激励和采集效率，以及提高系统信噪比。

3.4.3　基于荧光光纤的测温技术的应用

3.4.3.1　荧光光纤温度检测技术在电力变压器中的应用

由于荧光光纤温度传感器拥有体积小、耐高温、耐超高压、抗腐蚀、绝缘性能好、性价比高、不受应力振动干扰等诸多优势，能够突破其他光纤测温技术的局限，可在高电压、强磁场和微波场中使用，所以非常适合油浸式变压器内部绕组热点温度的测量，还可以测量变压器油道、结构件和铁心温度。

经过 20 多年的研究，光纤绕组测温技术已发展成为一种较好的测量技术。美国某公司生产的基于 FOT 技术的光纤测温仪已成为智能主变压器绕组热点直接测量的有力工具，其光纤安装成功率高达 99%，采用了 200μM 特种石英光纤，双层特氟纶 PFATEFLON 及开夫拉尔 KEVLAR 护套的光缆，强度高，柔韧性好；光纤外套采用螺旋式，能保证光纤很好地泡在油里，并且通过了绝缘、耐油型式试验，因此，适于在高电压、强磁场下使用。

我国的变压器正在向超大容量、特高压、智能化发展，保证变压器安全运行已成为重要的课题，利用光纤测温系统监测变压器绕组的热点温度可保证变压器的安全运行。同时，调整变压器的负载可以达到最经济运行，因此在超特高压、大容量、智能主变压器中安装光纤测温系统具有重要意义。目前，绕组光纤测温系统在国内 500kV 变压器产品上已使用过，印度在 750kV 电力变压器中已有运行经验，国内在 750kV 及以上的电力变压器产品中尚未应用，但 2011 年沈阳变压器厂和西安变压器厂在 1000kV 主变压器样机中安装了基于磷光技术的光纤绕组测温系统，开始了特高压系统主变压器绕组温度直接测量的试用研究。

3.4.3.2　应用案例

【案例 1】　500kV 以上超高电压等级油浸式变压器荧光光纤温度监测系统

（1）系统构成。2018 年，北京东方锐择科技有限公司的王晨等人对 500kV 以上超高电压等级油浸式变压器荧光光纤温度监测系统进行了研究，该案例中采用的温度传感器为第一类荧光光纤温度传感器，荧光粉存储在光纤端部的玻璃泡中。光纤温度传感器被放置在变压器绕组绝缘垫块上专门刻制的小槽中，如图 3-43 所示。

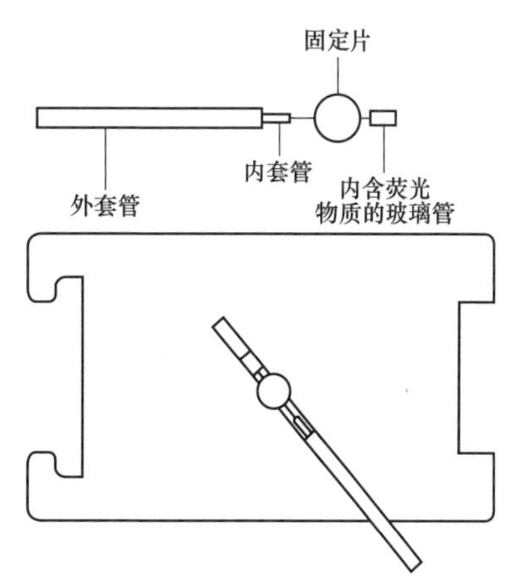

图 3-43　荧光光纤温度传感器安装

荧光光纤温度监测系统主要由荧光光纤温度传感器、贯通器、光纤跳线、荧光解调主机、监控软件组成。荧光光纤温度传感器是该系统中的感温部分，也是唯一安装在变压器内部的部件。贯通器被安装在变压器壁上，用于连接内部荧光光纤温度传感器和外部光纤跳线，起到光学联通并能够达到隔油密封的作用，能够承受的压力约 7MPa。荧光解调主机通过解调荧光光纤温度传感器传送出来的光学信号解析出温度。温度信号再通过 485 总线方式输出至上位机监控软件，实时读出、保存、分析温度数据。

（2）精度验证。为了验证传感器解析得出温度值的准确性，北京市计量检测科学研究院对传感器进行过校准认证实验。实验通过–50～240℃区间进行升温过程，再选取 12 个温度点让荧光光纤传感器得出的温度值与标准油槽温度值进行对比。根据测量验证报告，该荧光光纤温度传感器温度测量精度能够达到±0.3℃，该精度能够满足电力系统中的测温要求。温度范围涵盖变压器内部温度变化区间，荧光光纤温度传感器解析的温度准确性完全能够满足变压器内部温度的检测。

（3）工频耐压及雷电冲击试验验证。变压器内部电场环境复杂，传感器需要安装在变压器内部，其本身所用的材料的安全性显得尤为重要。为了验证荧光光纤温度传感器的绝缘性能，西安高压研究院对荧光光纤温度传感器进行了工频耐压和雷电冲击测试。

对于工频耐压试验，将电极间距设定为 25mm，荧光光纤温度传感器穿过测试工装中左边部分的通孔，荧光光纤温度传感器探头与右边电极接触。工装整体放置在充满变压器油的容器中，工装两端分别接高压导线和接地线。在试区大气 *P*=96.5kPa、*T*=29.4℃、*RH*=33%的条件下，采用逐步加压方式，直至样品达到加压设备的极限或被击穿（极限加压电压为 200kV）。起始工频耐受电压为 80.2kV 之后不经降压而直接逐步升高耐受电压。试验数据如表 3-5 所示。结果表明，该荧光光纤温度传感器的工频耐压参数能够安全可靠地被安装在油浸式变压器内部。

表 3-5　　　　工频耐压试验数据表

样品	耐受电压（kV）	耐压强度（kV/mm）
光纤探头 1	164.1	6.56
光纤探头 2	160.1	6.40
光纤探头 3	165.6	6.62
光纤探头 4	195.2	7.81
特氟龙保护套 1	159.2	6.37
特氟龙保护套 2	141.2	5.65
特氟龙保护套 3	150.1	6.01
特氟龙保护套 4	150.7	6.02

雷电冲击试验所用的试验工装及安装方式与工频耐压试验一样。试区大气 *P*=96.4kPa，*T*=30.6℃，*RH*=46%，起始加压为 350kV，同一电压区间加压三次后再提高施加电压。电压频率为 50Hz，脉冲波为 1.2/50μs，间隔电压为 50kV，加压保持 20s。最少达到第二级加压未出现击穿，算为有效测试，高于二级加压或目标值出现击穿为有效测试电压值。试验数据如表 3-6 所示。结果表明，该荧光光纤温度传感器能够耐受的电压冲击。

表 3-6　　　　冲击试验数据表

样品	耐受电压（kV）	耐压强度（kV/mm）	备注
光纤探头 1	501.2	20.05	12 次无击穿

续表

样品	耐受电压（kV）	耐压强度（kV/mm）	备注
光纤探头 2	502.3	20.09	12 次无击穿
光纤探头 3	500.3	20.01	12 次无击穿
光纤探头 4	502.2	20.08	12 次无击穿
特氟龙保护套 1	500.8	20.03	12 次无击穿
特氟龙保护套 2	500.0	20.00	12 次无击穿
特氟龙保护套 3	501.3	20.05	12 次无击穿
特氟龙保护套 4	501.8	20.07	12 次无击穿

（4）检测结果。荧光光纤温度传感器在 2016 年 5 月份应用于一台 500kV 油浸式变压器内部温度监测中，主要监测变压器内部绕组线圈、拉板、压钉、油口等 32 个位置的热力分布情况。油浸式变压器在出厂前需要进行一系列的出厂检验试验，其中变压器的温升试验是用来验证变压器在工作时内部线圈及相关热点温度是否在其正常工作范围内的重要手段。荧光光纤温度传感器在整个温升过程中实时监测并记录温度数据，每 40s 记录一个温度值，整个温升试验 16h 共记录 1500 个数据。温度曲线如图 3-44 所示，其中安装在高压线圈第 30 饼的位置荧光光纤温度传感器采集温度曲线为 L1，安装在中压线圈第 30 饼的位置荧光光纤温度传感器采集温度曲线为 L2，安装在低压线圈第 30 饼的位置荧光光纤温度传感器采集温度曲线为 L3。

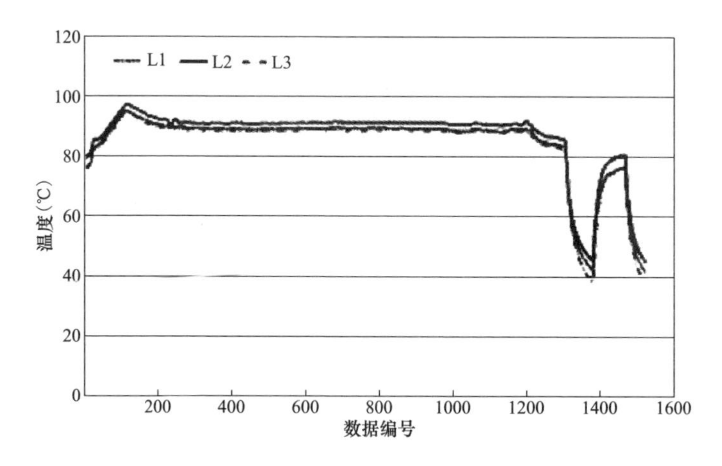

图 3-44　线圈位置温度变化过程曲线

【案例 2】 基于荧光光纤传感的油浸式变压器绕组测温研究

2018 年，西安文理学院的王红英对基于荧光光纤传感的油浸式变压器绕组测温进行了研究，对一台 220kV 变压器进行测温试验。该变压器额定容量为 240/240/120MVA，额定电压为 230±8×1.5%/121/38.5kV，额定电流为 602.5/1145.2/1799.5A，冷却方式为 ONAN。试验中采用西安和其光电科技有限公司研制的荧光光纤测温器。测试现场如图 3-45 所示。

图 3-45 测试现场

光纤探头埋置位置为：三相绕组的高、中压绕组分别埋置 1 个，油顶部 1 个，油中间 1 个，共 8 个点。三相绕组的高、中压绕组温度由荧光光纤传感器直接测得。测试结果如图 3-46 所示。图 3-47 所示为荧光光纤测温器测得的变压器顶层油温及底层油温。实验中还采用了 PT100 热电偶测试变压器的油温随时间变化情况。测试结果显示了顶层油温、中部油温、底层油温随时间的变化，比较图 3-47 和图 3-48 发现，两种方法测试油温随时间变化趋势基本一致，对于同一位置的温升而言，荧光测温测出的温升值较大。

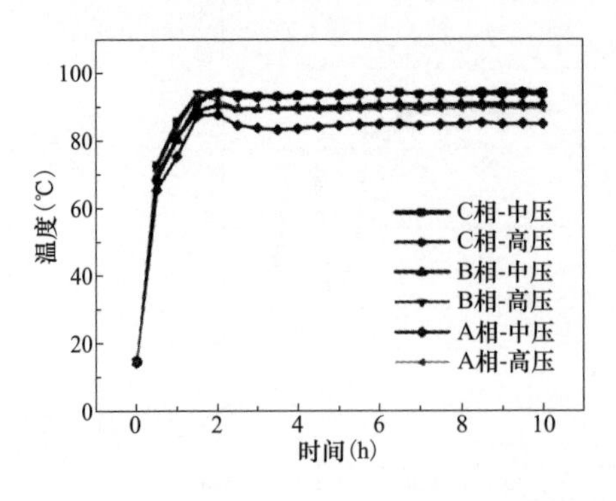

图 3-46 三相绕组的高、中压绕组温升测试

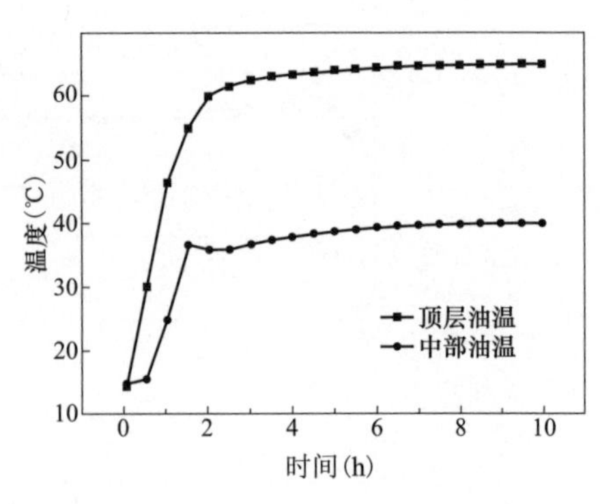

图 3-47 顶层油温、底层油温的荧光光纤传感器实时测试值

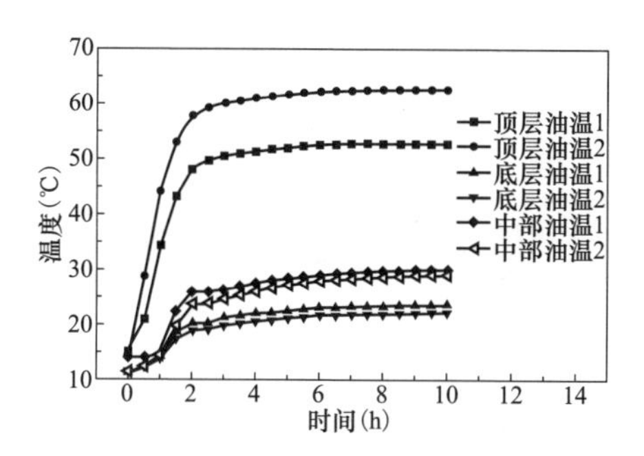

图 3-48　PT100 测得的顶层油温、中部油温及底部油温

4 光纤应变检测技术

电力工业中的设备大多数处于强电磁场环境中，使用传统的电信号传感器进行测量时需要解决电磁兼容问题。同时，很多测量需要在高压环境中完成，例如在高压开关、高压变压器绕组、发电机定子等地方的机械应变和位移测量，这些地方的测量需要传感器具有良好的绝缘性能、较小的体积以及无源特性，光纤传感器是这些测量的最佳选择。

本章主要介绍光纤光栅、光纤瑞利散射和光纤 F-P 腔在电力工业中测量应变和机械振动的具体应用。

4.1 基于光纤光栅的应变检测技术

光纤布拉格光栅传感器是基于光纤布拉格光栅元件的传感机理制作而成的，它是以波长进行编码的，这使其克服了强度调制传感器必须补偿光纤连接器和耦合器损耗以及光源输出功率起伏的弱点。光纤布拉格光栅是性能优良的敏感元件，其峰值波长随着温度、应力等物理量的变化而变化，通过设计敏感结构进行非光学物理量的转换，还可以实现非光学量的光学测量，能够直接通过解调光纤布拉格光栅的波长信号来进行外界参量传感，如压力、温度、气象风力、风向、温度传感、微振动、声音传感、磁场、电压、电流传感、折射率、液体浓度、气体浓度传感等。

4.1.1 光纤光栅测量应变的原理

当对光纤布拉格光栅（Fiber Bragg Grating，FBG）施加压力或轴向应力后，由于光栅周期的伸缩以及弹光效应，引起光栅的布拉格波长发生漂移，如图 4-1 所示。

FBG 的反射谱中心波长与栅距之间的关系为

$$\lambda_{B}=2n_{eff}\Lambda \tag{4-1}$$

$$\Delta\lambda_{B}=2\Delta n_{eff}\Lambda+2n_{eff}\Delta\Lambda \tag{4-2}$$

式中：λ_B 为 FBG 的布拉格波长；n_{eff} 为 FBG 的有效折射率；Λ 为 FBG 的栅格周期，$\Delta\lambda_B$ 为 FBG 的布拉格波长变化量；Δn_{eff} 为 FBG 的有效折射率变化量；$\Delta\Lambda$ 为 FBG 的栅格周期变化量。

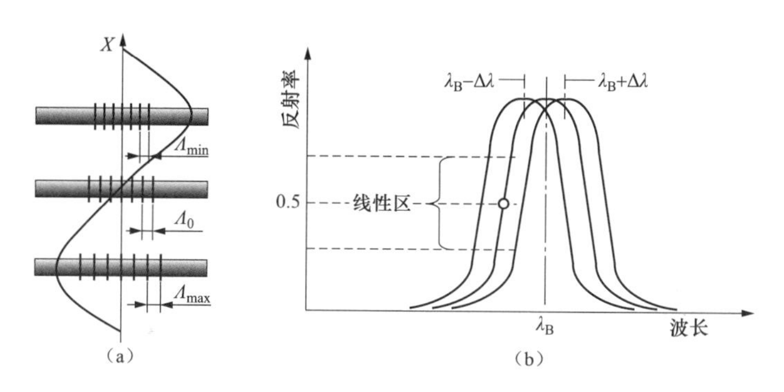

图 4-1　轴向应力对光栅反射谱的影响

（a）栅距的变化；（b）光栅反射谱的变化

设光栅仅受轴向应力作用，温度场和应力场保持均匀和恒定。轴向应变会引起光栅栅距的变化，即

$$\Delta\Lambda = \Lambda \cdot \varepsilon_z \tag{4-3}$$

有效折射率的变化可以由弹光系数矩阵 P_{ij} 和应变张量矩阵 ε_j 表示为

$$\Delta(1/n_e)_i^2 = \sum_{j=1}^{6} P_{ij}\varepsilon_j \tag{4-4}$$

式中：$i=1, 2, 3$，分别代表 x、y、z 方向；n_e 为光纤有效折射率。

由于剪切应变为零，即 $\varepsilon_4 = \varepsilon_5 = \varepsilon_6 = 0$，应变张量矩阵 ε_j 可用轴向应变表示为

$$\varepsilon_j = [-\sigma\varepsilon_z \quad -\sigma\varepsilon_z \quad \varepsilon_z \quad 0 \quad 0 \quad 0]^T \tag{4-5}$$

弹光矩阵为

$$P_{ij} = \begin{bmatrix} P_{11} & P_{12} & P_{12} & 0 & 0 & 0 \\ P_{12} & P_{11} & P_{12} & 0 & 0 & 0 \\ P_{12} & P_{12} & P_{11} & 0 & 0 & 0 \\ 0 & 0 & 0 & P_{44} & 0 & 0 \\ 0 & 0 & 0 & 0 & P_{44} & 0 \\ 0 & 0 & 0 & 0 & 0 & P_{44} \end{bmatrix} \tag{4-6}$$

式中：P_{11}、P_{12}、P_{44} 是弹光系数；σ 是纤芯材料的泊松比。

对各向同性材料，$P_{44} = (P_{11} - P_{12})/2$。由于剪切应变 $\varepsilon_4 = \varepsilon_5 = \varepsilon_6 = 0$，故只需

考虑弹光张量中 $i, j=1, 2, 3$ 的矩阵元，此时弹光张量可简化为

$$P_{ij}=\begin{bmatrix} P_{11} & P_{12} & P_{12} \\ P_{12} & P_{11} & P_{12} \\ P_{12} & P_{12} & P_{11} \end{bmatrix} \tag{4-7}$$

则式（4-4）简化为

$$\Delta(1/n_{\mathrm{e}}^2)_{x,y,z}=\begin{Bmatrix} [P_{12}-\sigma(P_{11}+P_{12})]\cdot\varepsilon_z \\ [P_{12}-\sigma(P_{11}+P_{12})]\cdot\varepsilon_z \\ (P_{11}-2\sigma P_{12})\cdot\varepsilon_z \end{Bmatrix} \tag{4-8}$$

单模光纤传输的光波基本上为横波，因此有效折射率的变化近似等于 Δn_x 或者 Δn_y，沿 z 轴方向传播的光波所感受到的折射率变化为

$$\Delta n_{\mathrm{e}}=-\frac{1}{2}n_{\mathrm{e}}^3\Delta\left(\frac{1}{n_{\mathrm{e}}^2}\right)_{x,y}=-\frac{1}{2}n_{\mathrm{e}}^3[P_{12}-\sigma(P_{11}+P_{12})]\varepsilon_z \tag{4-9}$$

定义有效弹光系数为

$$P_{\mathrm{e}}=\frac{1}{2}n_{\mathrm{e}}^2[P_{12}-\sigma(P_{11}+P_{12})] \tag{4-10}$$

应变响应灵敏度为

$$S_{\varepsilon}=\frac{\Delta\lambda_{\mathrm{B}}}{\varepsilon_z}\bigg/\lambda_{\mathrm{B}}=1-P_{\varepsilon} \tag{4-11}$$

FBG 的二阶应变响应灵敏度系数为

$$S_{\varepsilon^2}=\frac{\Delta^2\lambda_{\mathrm{B}}}{\varepsilon_z^2}\bigg/\lambda_{\mathrm{B}}=(1-P_{\mathrm{e}})^2+2P_{\mathrm{e}}^2 \tag{4-12}$$

对掺锗石英光纤，$P_{11}=0.121$，$P_{12}=0.270$，$\sigma=0.17$，因此 $P_{\mathrm{e}}=0.22$，$S_{\varepsilon}=0.78$，$S_{\varepsilon^2}=0.70$。含有光栅的光纤所允许施加张力的典型值达到 1%应变，此时忽略光栅的二阶应变灵敏度所引起的误差（不超过 0.5%），因此光纤光栅的 Bragg 波长与所受的应变有较好的线性关系，实际应用中可以不考虑二阶应变响应灵敏度的影响。

沿光纤轴向施加拉力 F，根据胡克定律，光纤产生的轴向应力为

$$\varepsilon_z=\frac{1}{Y}\cdot\frac{F}{S} \tag{4-13}$$

式中：Y 为光纤的杨氏模量，S 为光纤的横截面积。拉力 F 所引起的 Bragg 波长变化为

$$\Delta\lambda_{\mathrm{B}}=\frac{1}{Y}\cdot\frac{F}{S}(1-P_e)\lambda_{\mathrm{B}} \tag{4-14}$$

4.1.2 光纤光栅交叉敏感特性

光纤布拉格光栅的 Bragg 波长对温度和应变都是敏感的，若待测环境中同时存在温度和应变变化，根据单一的波长变化无法区分其中那一部分是由温度引起的，哪一部分是由应变引起的，这就是 FBG 检测存在的温度、应变交叉敏感问题。

4.1.2.1 光纤光栅交叉敏感特性分析

光纤光栅的 Bragg 波长对温度和应变都是敏感的，若待测环境中同时存在温度和应变变化，根据单一的波长变化无法区分其中哪一部分是由温度引起的，哪一部分是由应变引起的，这就是 FBG 检测存在的温度、应变交叉敏感问题。设温度变化范围不大，即在温度变化范围内材料的弹光系数和泊松比是常数，可以得到温度—应变交叉灵敏度系数为

$$S_{\mathrm{T}\varepsilon}=\frac{\Delta^{2}\lambda_{\mathrm{B}}}{\Delta T\varepsilon_{z}^{2}}=\frac{\Delta[(1-P_{\mathrm{e}})\lambda_{\mathrm{B}}]}{\Delta T}=(1-P_{\mathrm{e}})\frac{\Delta\lambda_{\mathrm{B}}}{\Delta T}+\lambda_{\mathrm{B}}\frac{\Delta(1-P_{\mathrm{e}})}{\Delta T} \tag{4-15}$$

将式（3-23）和式（4-10）代入式（4-15），得到

$$S_{\mathrm{T}\varepsilon}=[(\alpha_{\mathrm{n}}+\alpha_{\Lambda})(1-P_{\mathrm{e}})-2P_{\mathrm{e}}\alpha_{\mathrm{n}}]\lambda_{\mathrm{B}} \tag{4-16}$$

对于单模掺锗石英光纤光栅，在 0～100℃和 0～1%的应变测量范围内，通过实验分析，温度的相对误差为 0.77%。可以得到以下结论：

（1）忽略光纤光栅的温度—应变交叉灵敏度对测量结果影响不大；

（2）测量范围越小，忽略交叉灵敏度所引起的温度和应变误差越小；

（3）相对于温度误差，忽略交叉灵敏度所引起的应变误差是很小的。

综上所述，如果忽略交叉灵敏度的响应，应变和温度同时影响光纤光栅的中心波长漂移，而且与中心波长的漂移量呈线性关系，所以可以得到光纤光栅在温度和应变同时作用下的中心波长相对漂移量，即

$$\Delta\lambda_{\mathrm{B}}/\lambda_{\mathrm{B}}=S_{\varepsilon}\varepsilon_{z}+S_{\mathrm{T}}\Delta T \tag{4-17}$$

由式（4-17）可知，光纤光栅对温度和应变同时敏感。当光纤光栅用于测量时，解调仪无法区分温度和应力各自引起的波长变化，因而无法获得待测环境的温度或应力大小。这便是长期制约光纤传感技术发展的温度应力交叉敏感问题。因此在设计传感器时必须采取措施将这些参量在测量时加以区分。

4.1.2.2 光纤光栅交叉敏感问题解决方案

国内外学者提出了很多解决交叉敏感问题的方案，以下是其中一些方案的简介。

（1）双波长矩阵法。在光纤同一位置写入两个不同周期的 FBG，由于光栅周

期不同，这两个光栅具有不同的温度和应力灵敏度。通过标定这两个光纤光栅响应灵敏度矩阵中的系数，便可进行温度和应力的测量。双波长矩阵法是最容易想到的方法，也是最早发明的方法，如双光栅、温度（应力）参考光栅等。以双光栅为例进行说明，利用相位掩模技术在一根光纤的同一位置上，重叠地将反射中心波长不同的布拉格光栅分别地写入。当此光栅受到来自温度与应变场的同时作用时，不同的布拉格光栅具有不同的反射中心波长，它们的偏移量也不同。其主要利用的原理是不同中心波长的光纤光栅在测量温度和应变时，它们的灵敏度不同，在实验中，分别采用中心波长为 850nm 和 1300nm 带宽的光源射入光纤内，布拉格光栅的反射波长分别为 848nm 和 1298nm，如图 4-2 所示。

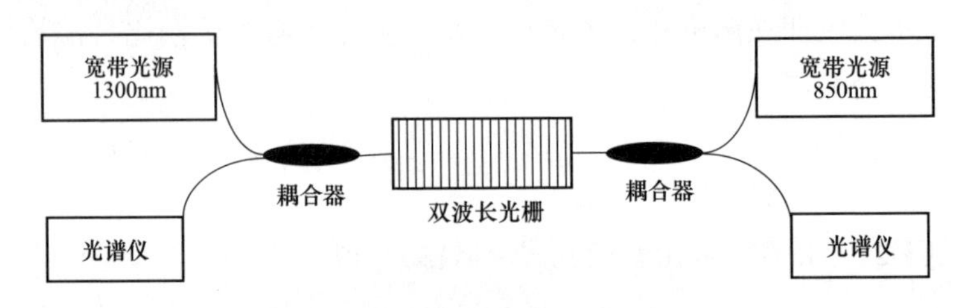

图 4-2　双波长检测技术原理图

利用两个不同参数的光纤光栅传感器得到两个相对应的波长 λ_1 和 λ_2，通过联立方程组来确定温度和应力的大小，即

$$\begin{bmatrix} \Delta\lambda_1 \\ \Delta\lambda_2 \end{bmatrix} = \begin{bmatrix} S'_{\varepsilon 1} & S'_{T1} \\ S'_{\varepsilon 2} & S'_{T2} \end{bmatrix} \begin{bmatrix} \Delta\varepsilon \\ \Delta T \end{bmatrix} \tag{4-18}$$

式中：$S'_{\varepsilon 1}$ 和 $S'_{\varepsilon 2}$ 为光纤光栅应力传感系数；S'_{T1} 和 S'_{T2} 为光纤光栅温度传感系数。

但这一方法要求 $\begin{vmatrix} S'_{\varepsilon 1} & S'_{T1} \\ S'_{\varepsilon 2} & S'_{T2} \end{vmatrix} \neq 0$，即 $S'_{\varepsilon 1}/S'_{\varepsilon 2} \neq S'_{T1}/S'_{T2}$，相当于要求两个光栅的特性不同。显然，不能简单地在一根光纤上使用两个不同周期的光栅区分温度和应力引起的波长漂移，可以使用两个写在同一根光纤上但周期不同的光栅，安装时使两个光栅相距较近，可以认为处于相同的温度场中，但其中一个光栅不受应力影响，而处于自然状态，即 $S'_{\varepsilon 2} = 0$。当前用于制作光纤光栅的工艺以及技术都已很成熟，将两种光栅周期不同的光栅重叠地刻写在同一位置，这一要求已经不是问题，但是整个实验中，采用两个光纤光栅进行测量的不足之处是要达到一定精度和灵敏度，需要两个波长差别较大，因此需要两个光源和波长监测光路，增加了成本。

（2）不同包层直径光栅组合法。不同包层直径光栅组合法主要是设计了具有特殊结构的光栅组合体。首先制备出两段包层半径不同而纤芯相同的光纤，再通过相位掩膜版将中心反射波长相近的光栅写入光纤，通过光纤熔接机将这两段光纤按照图 4-3 熔接在一起，从而组成这种特殊结构的光栅组合体。

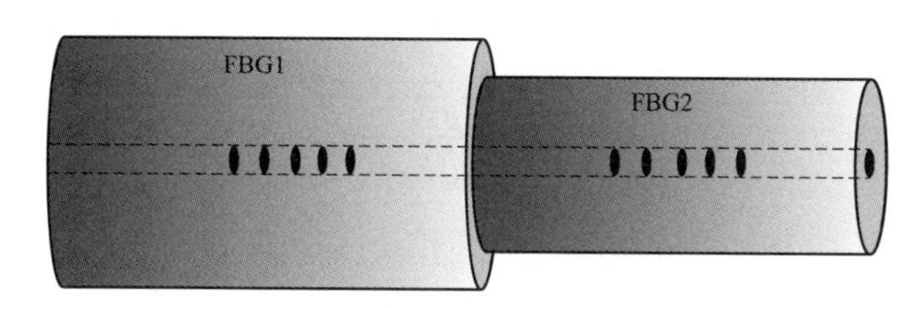

图 4-3　不同包径组合法

由材料力学，物体所受的形变与受力的大小成正比，与物体受力面积成反比。当光纤光栅所受的温度和应力同时变化时，由于光纤为同一种材料，热膨胀系数相同，所以由温度引起的两部分光栅波长漂移相同，由于光纤光栅的包层直径不同，两部分光栅产生的应变不同，因此光栅出现两个反射峰，两个峰值波长之差对应所受应变的大小。利用这个特性，就可以通过观察反射谱的变化来解决温度与应力之间交叉敏感问题。

1996 年，英国克兰菲尔德大学的詹姆斯（James）等人就是采用这种方法进行实验，他们将包层直径分别为 80μm 和 120μm 的光纤布拉格光栅经过熔接机拼接在一起，通过测量两个反射中心波长的相对偏移量对应变进行测量，假如考虑到反射波长的绝对偏移量，温度也可以同时被测量。在整个实验中，应变的变化范围为 0～2500με，温度为 0～120℃，光栅组合体的测量精度为 17με 和 1℃。

对于线性锥形光纤光栅，也可将其看作是由直径逐渐减小且连接在一起的不同光栅的组合体，沿着光轴方向观察，锥形光纤光栅的光纤直径是变化的，因此锥形光纤光栅可看作是不同包层直径光栅组合的实现。更有利的是，锥形光纤光栅是一个整体器件，比起不同包层直径光栅实现组合的方案而言更简单，可避免耦合损耗及耦合工艺问题。

（3）长周期光栅与 FBG 组合方法。长周期光纤光栅的温度响应灵敏度大约为 FBG 的 10 倍左右，而应变响应灵敏度则小于 FBG，但长周期光栅只有透射波而无反射波。因此有人提出用一个长周期和两个布拉格光栅组合方法区分测量。

长周期光栅和布拉格光栅组合法的工作原理是将两个布拉格光栅和一个长周期光纤光栅串联地刻写在同一条光纤上，以光源为起点，长周期光栅离光源最近，然后再逐次写入布拉格光栅，通过长周期光栅透射光谱的特性对两个布拉格光栅的反射光强进行调制，而且长周期光栅的温度灵敏度相较于布拉格光栅更大，但是应变灵敏度就更小，所以这两个布拉格光栅的光强差对温度更为敏感，反射中心波长恰恰相反。因此，定义布拉格光栅基于长周期光栅透射率的归一化反射光强差为

$$F(R_1,R_2)=\frac{\sqrt{R_1}-\sqrt{R_2}}{\sqrt{R_1}+\sqrt{R_2}} \tag{4-19}$$

式中：R_1和R_2分别为布拉格光栅 1 和布拉格光栅 2 的反射率。通过测量两个布拉格光栅的反射率就可以计算出F（R_1，R_2）的数值。可得光栅组合体的矩阵方程为

$$\begin{bmatrix} F(R_1,R_2) \\ \Delta\lambda_{B2} \end{bmatrix}=\begin{bmatrix} S'_{\varepsilon 1} & S'_{T1} \\ S'_{\varepsilon 2} & S'_{T2} \end{bmatrix}\begin{bmatrix} \Delta\varepsilon \\ \Delta T \end{bmatrix}+\begin{bmatrix} \delta_F \\ \delta_{B2} \end{bmatrix} \tag{4-20}$$

式（4-20）中，δ_F、δ_{B2}分别为修正量，系数矩阵和修正矩阵可由实验数据获得。实验原理如图 4-4 所示，图中λ_{LP}、λ_{B1}、λ_{B2}分别是长周期光栅 LPG、FBG1、FBG2 的布拉格波长，R是光栅反射率。

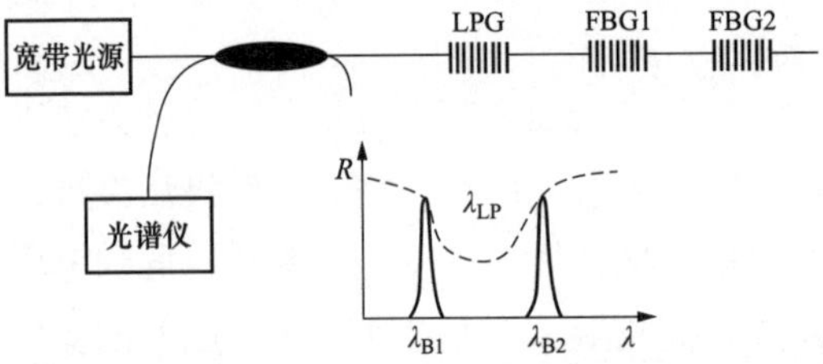

图 4-4　长周期光栅和 FBG 组合法

该方法的基本思想和双波长光纤光栅矩阵法基本相同，主要的不同之处是双波长矩阵法利用两个布拉格光栅波长作为测量参数，而这种方法采用其他参数作为参照量来对温度和压力进行同时的测量。基于这种思想的解决方案还有超结构光栅法、GFBG 法和 LPG/FBG 法等。但这种方法也有其缺点，即不具有波长调制的优点，容易受到光源波动等其他因素的影响，因此在实际的应用中有一定的局限性。

（4）采用掺杂不同的 FBG 组合法。其原理是将不同掺杂或掺杂浓度的光纤熔接后写入光栅，光纤的温度响应灵敏度与所掺材料种类以及掺杂材料的浓度有关。温度与应变同时存在时，由于应变导致的两部分光纤光栅中心波长漂移相等，但两部分光栅的温度灵敏度不同，相同的温度变化会引起两部分光栅不同的中心波长漂移，所以可以根据光栅两个反射峰温度与应力变化不同构造出灵敏度矩阵，同时测得温度和应变。

（5）保偏光纤光栅法。保偏光纤中快轴和慢轴方向上有两个不同的传播常数，

致使在光纤内产生双折射效应，当将布拉格光栅写入保偏光纤内时，会出现两个反射中心波长。而且这两个反射波长的温度和应力敏感度不同，当受到温度和应力同时作用时，会表现出来不同的偏移量，利用这种现象可以很好地解决温度与应力的交叉敏感问题。例如 1997 年，日本横滨生物材料研究所的松岛（Sudo）等人就利用熊猫型保偏光纤光栅可以将温度与应力同时测量，在保偏光纤光栅实验中，双折射的两种反射中心波长分别为 1535.32nm 和 1535.78nm，通过实验得到快、慢轴的应变灵敏度分别为 1.342pm/με 和 1.334pm/με，而温度的灵敏度为 9.5pm/℃和 10.1pm/℃。

（6）温度补偿法。温度补偿法是目前广泛采用的方法，原理是通过某种方法将温度对反射波长造成的影响剔除掉，只留下应力的变化。可以利用负温度膨胀系数材料对光纤光栅进行封装，或采用光纤光栅和长周期光栅结合的方法，温度补偿法主要是依据光纤介质材料性质差异，对光纤的封装技术要求比较高。

长春理工大学刘智超等人研制了一种新颖的 FBG 探头结构，通过不同反射光频特性实现了双参量的同时获取，并且具有很好的稳定性。该 FBG 结构如图 4-5 所示，其中 d 和 D 分别是光纤纤芯和包层的直径。FBG 外壳结构设计主要针对应变与温度的区分问题。在相同温度条件下，外缘设置了一层应变敏感结构，由圆锥段和圆柱段共同构成，最大尺寸为 h，在 L 段上 FBG 的厚度线性改变。由此可见当应变存在时，不同未知的应变量响应不同但温度响应一致，从而其反射光谱的分布就会不同且可识别。

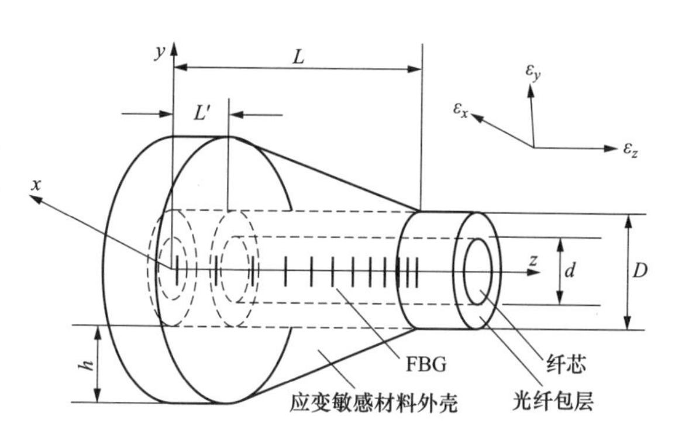

图 4-5　新颖 FBG 结构图

（7）应变消除法。与温度补偿法相反，如果设计特殊的 FBG 封装结构，尽量消除应变的影响，则能够获得温度单独影响下 FBG 波长的变化值。进而在常规封装设计的 FBG 传感器波长变化值中减去温度的影响，剩余量就是应变引起的波长变化量。日本国家先进工业科学技术研究所的李荣瑞（Jung-Ryul Lee）和津田弘史（Hiroshi Tsuda）于 2006 年提出一种胶囊式单端 FBG 封装结构，如图 4-6 所示。FBG 被封装在钢管中，而且单端悬空，因而基本不受外界应力应变的影响。

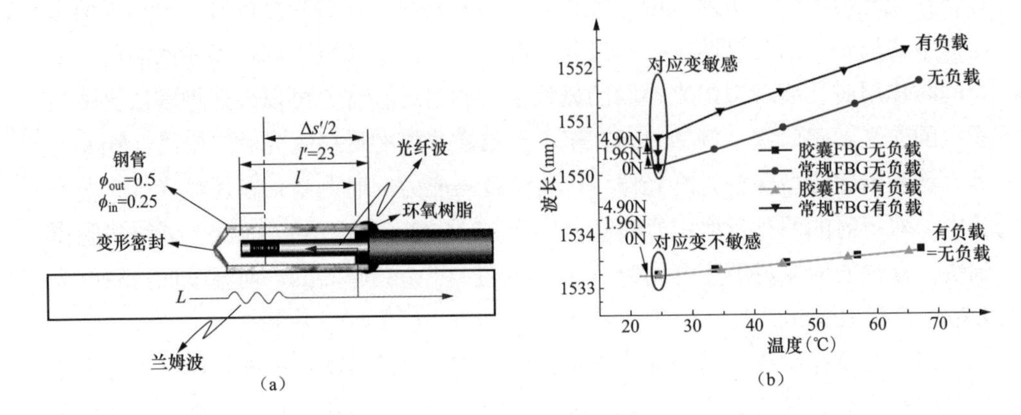

图 4-6　胶囊式单端 FBG 温度传感器

（a）结构示意图；（b）与常规 FBG 的温度、应变特性对比

4.1.3　光纤光栅的应变测量技术应用

基于光纤布拉格光栅的应变测量技术在众多场合得到广泛应用，包括输电线路覆冰、风荷和舞动监测、电力变压器振动监测、发电机振动监测等。

4.1.3.1　输电线路覆冰监测系统

（1）监测原理。输电线路大多架设在野外，沿途经过大量的局部恶劣气候环境区域，受自然灾害影响范围较大、程度较深。输电线路覆冰是雾凇和雨凇凝结在导线上形成的导线冰棍。当气温低于 0℃，遇浓雾、降雨等情况，空气湿度超过 85%时，便容易在输电线缆上形成覆冰。架空输电线路覆冰会造成导线断线、杆塔倒塌、绝缘子闪络等事故，给社会造成巨大的经济损失。

在直线塔处，利用 FBG 传感器测量导线覆冰前后的拉力变化，之后结合倾角、风速等信息就能够得到导线的覆冰情况。传感器安装在直线塔 A 上，其左右挡距内的线长分别为 S_1 和 S_2（见图 4-7），未覆冰时，悬挂点力学平衡方程为

$$T_V = q_0\left(\frac{S_1 + S_2}{2}\right) \tag{4-21}$$

式中：q_0 为无覆冰时的导线荷载；S_1 为直线塔左侧导线长度；S_2 为直线塔右侧导线长度；T_V 为直线塔垂直方向上的拉力分量。

当导线覆冰时，假设输电线路覆冰均匀，力学平衡方程为

$$T'_V = (q_{ice} + q_{wind} + q_0)\left(\frac{S_1 + S_2}{2}\right) \tag{4-22}$$

式中：q_{ice} 表示覆冰时的冰荷载；q_{wind} 表示覆冰时的风荷载。

综合式（4-21）和式（4-22），可得

$$\Delta(T\cos\theta)=(q_{ice}+q_{wind})\left(\frac{S_1+S_2}{2}\right) \tag{4-23}$$

拉力 T 即为光纤布拉格光栅所测量到的纵向应变 ε。通过覆冰的质量与拉力的关系式，得

$$\Delta m=\Delta\varepsilon/g \tag{4-24}$$

式中：Δm 为导线上的覆冰质量；g 为重力加速度，取 9.8N/kg。

（2）应用情况。1997 年，日本学者小川（Ogawa）等人提出使用 FBG 拉力传感器进行输电线路的覆冰测量，该传感器安装在杆塔与绝缘子的连接处，通过测量导线覆冰后的受力情况，计算导线的覆冰量。

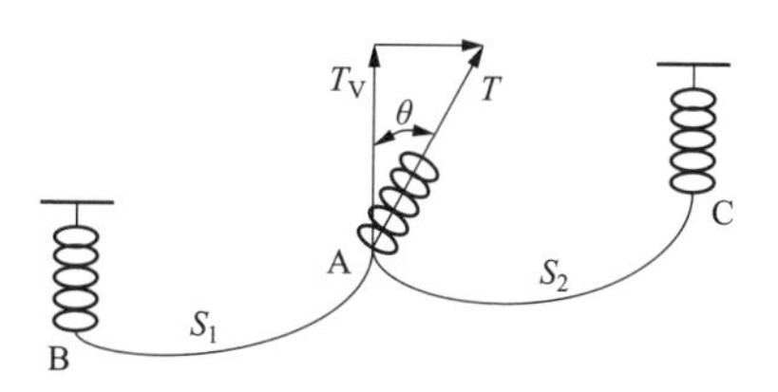

图 4-7　导线受力分析

2000 年，挪威科学家莱夫 • 比尔坎（Leif Bjerkan）将 3 个 FBG 传感器直接布置在 160m 档距 60kV 输电线路表面，其中 1 个用于校准温度的影响，其余 2 个用于测量导线形变，监测导线覆冰舞动等影响，测量结果与理论预测和实际观测十分吻合。

2009 年底，华北电力大学马国明、李成榕等人利用现有 OPGW 中光缆的传输功能，提出了基于光纤光栅传感技术的输电线路覆冰在线监测系统，利用光纤光栅传感器测量应力应变和挠度的原理，研制了光纤光栅拉力传感器和倾角传感器，开发出了光纤光栅覆冰监测系统。光纤光栅拉力倾角传感器安装在输电线路直线塔上，测量导线悬挂点处的拉力和倾角；OPGW 将拉力倾角传感器与变电站内的光纤光栅解调仪连接起来，实现两者之间的光信号连接；光纤光栅解调仪实时解调传感光纤布拉格光栅的反射中心波长，然后将解调出的中心波长值发送给监控计算机；应用专家软件中的称重法计算覆冰荷载。整体系统构成如图 4-8 所示，光纤光栅传感器如图 4-9 所示。通过光纤光栅准分布式布置，系统可实现 100km 输电线路覆冰监测，而用于覆冰测量的光纤光栅拉力传感器，测量灵敏度为 0.0413pm/N，分辨率为 24.21N；倾角测量的灵敏度为 16.17pm/（°），分辨率为 0.0619°；在−10～50℃范围内，温度造成的拉力误差小于±0.1%，倾角误差小于±0.67%。同时，试验测试表明，光栅拉力、倾角传感器光纤应变量与被测量有着良好的线性关系，如图 4-10 所示。

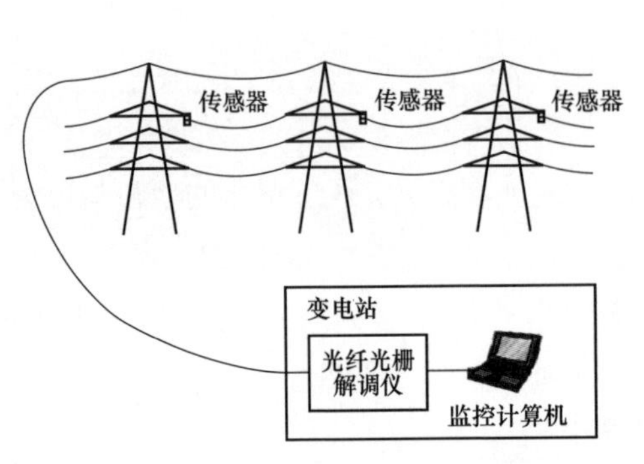

图 4-8　光纤光栅覆冰监测系统

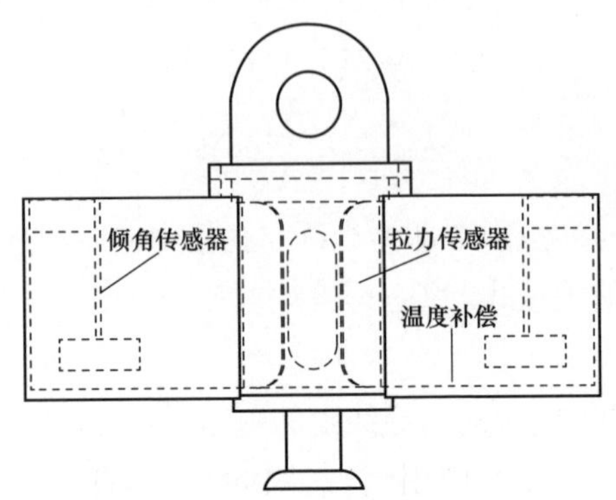

图 4-9　光纤光栅拉力和倾角传感器

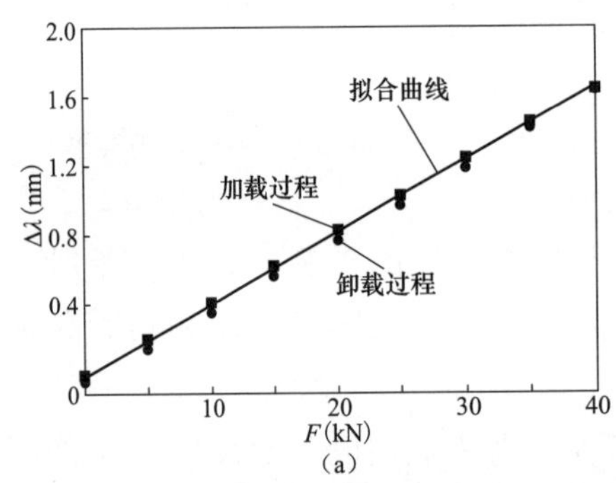

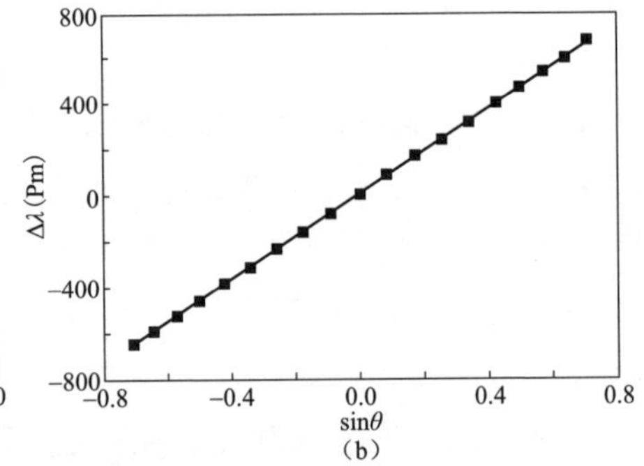

图 4-10　传感器光栅波长与被测物理量之间的关系曲线

（a）拉力传感器；（b）倾角传感器

4.1.3.2　输电线路风荷监测系统

在输电线路状态监测中，常常要监测风力在导线上造成的载荷，进而准确测算导线上的冰荷或者导线风偏。华北电力大学马国明等人基于光纤光栅测量等悬臂梁应变的原理，开发了风速传感器。其原理如图 4-11（a）所示，当风吹到圆板迎风面时，圆板迎风面所受压强大于大气压，背风面所受压强小于大气压，因此圆板受到风产生的压力，使得等悬臂梁发生弯曲变形。紧贴在等悬臂梁正两面的 FBG 发生相应的应变，从而通过 FBG 的波长变化反映风力的变化。

在等强度梁上下表面的中轴线上分别粘贴 1 支裸光纤光栅，在等强度梁受力后，其上表面上粘贴的光纤光栅 FBG1 受到拉应变的影响，布拉格波长 λ_1 增大，相对的下表面光纤光栅 FBG2 布拉格波长 λ_2 减小。由于等强度梁上下表面应变大小相同、方向相反，而且选取的 2 支光纤光栅布拉格波长十分接近，因此上下表面光纤光栅布拉格波长变化量之差与等悬臂梁的应变和风速 V_r 的关系为

$$\Delta\lambda = 2\lambda_1(1-p_e)\Delta\varepsilon = k_{wind}V_r^2 \quad (4\text{-}25)$$

式中：p_e 为光纤泊松比；$\Delta\varepsilon$ 为应变量；k_{wind} 为系数。

将制作完成的光纤光栅风速传感器置于圆形风洞的正中央，管道中的风速通过变频器调节，风速均匀稳定。光纤光栅传感器的输出接到光纤光栅解调仪上，在调节风速的同时记录光纤光栅风速传感器的波长变化。风洞风速由低到高逐渐增大，所加风速最高为 15m/s。待风流稳定在测点规定的风速后，记录光纤光栅风速传感器的波长变化，试验结果如图 4-11（b）所示。

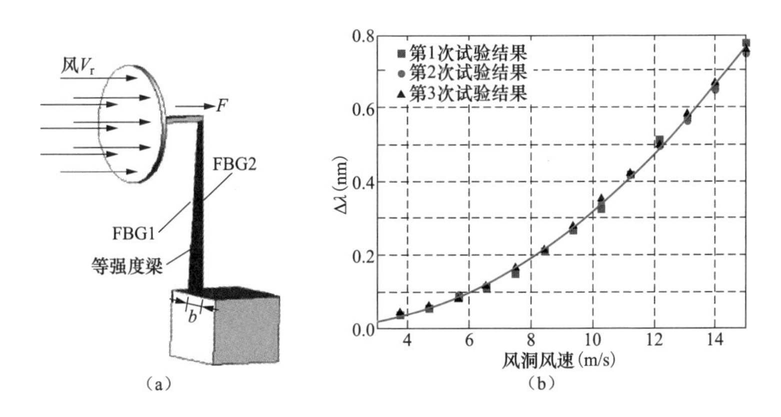

图 4-11　光纤光栅风速传感器

（a）风速传感器原理；（b）传感器特性

F—风施加在等强度梁末端的力；*b*—等强度梁底端宽度（FBG1 和 FBG2 分别粘贴在等强度梁的两面）

4.1.3.3　输电线路导线舞动监测系统

高压架空输电线路的导线舞动是一种频率低（频率为 0.1～3Hz）、摆幅大（摆幅为输电线缆直径的 5～300 倍）、风激励产生的负载导线摆动现象。导线舞动多发生在冬季覆冰的导线上，由于振动幅值通常可达到 10 多米，以致容易引起相间闪络、金具损坏，造成线路跳闸停电或引起烧伤导线、杆塔倒塌、导线折断等严重事故，造成重大经济损失，因此成为输电线路，尤其是超高压、大跨越线路的重大灾害之一。导线舞动的形成取决于三方面的因素：覆冰、导线的结构参数以及风激励。导线的舞动是在风的激励下产生的，若输入的能量小于导线本身耗散的能量，则可以视为一个负反馈的系统；若一定条件下，导线获得的能量大于导线可以消耗的能量，系统失稳产生振动，若导线获得的能量进一步增加，导线的

振幅将不断增加。在导线覆冰的情况下，当风速为 4～20m/s，且风向与线路走向的夹角为 45°～90°时，导线易于舞动。不规则的导线结构参数容易引起导线舞动是由于不规则导线扭转刚度大。

FBG 传感器对光纤舞动的监测主要是通过直接测量输电线缆自身由于舞动引起的快速应变变化实现的。2000 年，挪威科学家莱夫·比尔坎使用光纤布拉格光栅进行了导线舞动测量的研究，该研究将 FBG 直接粘贴在导线表面，通过对导线应变变化频率的监测，获得了导线的舞动频率。但是由于该传感器直接安装在导线上，处于高电位区域，而解调仪通常安装在杆塔或地面等地电位区域，两者之间存在电位差，在雨雪天气中可能导致导线对地短路，因此这种测量方法很难被电力运行管理公司接受。2011 年，国内有学者设计了一种二自由度加速度传感器（如图 4-12 所示），通过检测 FBG 波长的偏移量来测量相应的加速度变化。将加速度传感器固定在缆线上，当缆线舞动时，二自由度加速度传感器将随缆线产生同步运动，进而产生波长变化，实现对缆线舞动的两个方向加速度测量，如图 4-13 所示。

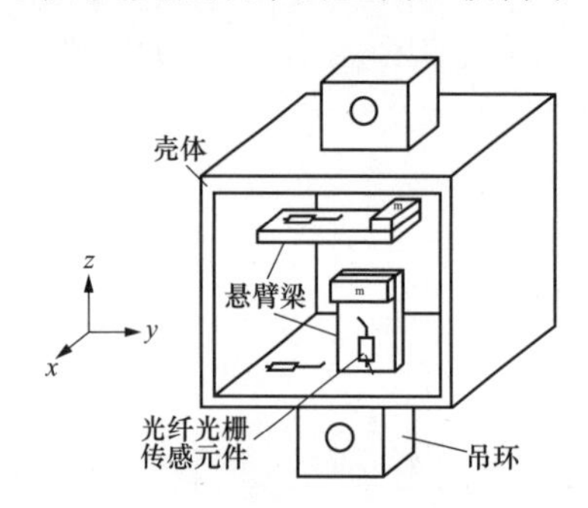

图 4-12　光纤光栅二维加速度传感器

在该加速度传感器的外壳内壁左侧有外伸弹性悬臂梁，梁右端有质量块；同样，内壁底部也有外伸弹性悬臂梁，端部有质量块。在两个梁的固定端沿伸展方向各附有一个光纤光栅应力敏感元件。在内部底部附有一个光纤光栅温度敏感元件。当导线舞动时，质量块的惯性作用使得悬臂梁产生弯曲变形，进而带动光纤光栅应力敏感元件产生应变，使得光栅的布拉格波长发生变化，最终反映导线的舞动加速度。

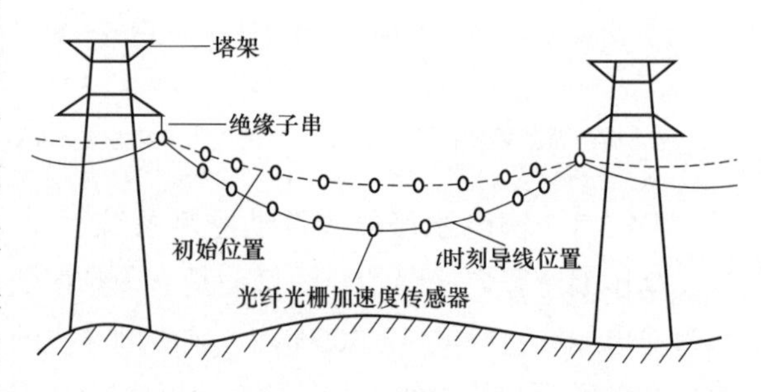

图 4-13　导线加速度传感器安装示意图

4.1.3.4　电力变压器振动监测系统

（1）变压器振动信号特征。在变压器中，绝缘线老化、水分含量变化等因素可能引起绕组松动，外部短路冲击导致绕组变形，都会在变压器的振动特性上有所反映。运行中的变压器振动主要包括变压器本体振动（铁芯振动和绕组振动）、冷却系统振动等。其中，铁芯振动由硅钢片的磁滞伸缩效应引起，若不计磁滞回环效应，可认为铁芯所受电磁力与变压器励磁电压的平方成正比，即

$$F_c \propto U^2 \tag{4-26}$$

式中：F_c 为铁芯所受电磁力；U 为励磁电压。

绕组振动由流经绕组的负载电流产生的电磁力引起，通常认为其与绕组电流的平方成正比，即

$$F_w \propto I^2 \tag{4-27}$$

式中：F_w 为绕组电动力；I 为绕组电流。

由式（4-26）和式（4-27）可见，绕组振动和铁芯振动均是以两倍电源频率（即 100Hz）分量为主要频谱分量。

变压器冷却系统振动信号的频谱分量主要集中分布于 100Hz 以下，与铁芯振动和绕组振动的信号频谱分布区分明显，可轻易识别并进行滤波处理。变压器本体振动通过液体（绝缘油）及固体（结构件）等途径传递至油箱壁表面。因此，可通过放置于变压器油箱表面的振动传感器获取振动信号，进而借助于相关信号分析方法，分析评估变压器绕组的运行状态。

（2）FBG 振动传感器。针对变压器工作在高压、强磁场环境下的环境特性，选择 FBG 振动传感器对其进行监测，可以有效抗干扰，提高监测信号的信噪比。FBG 振动传感器结构示意图如图 4-14 所示。

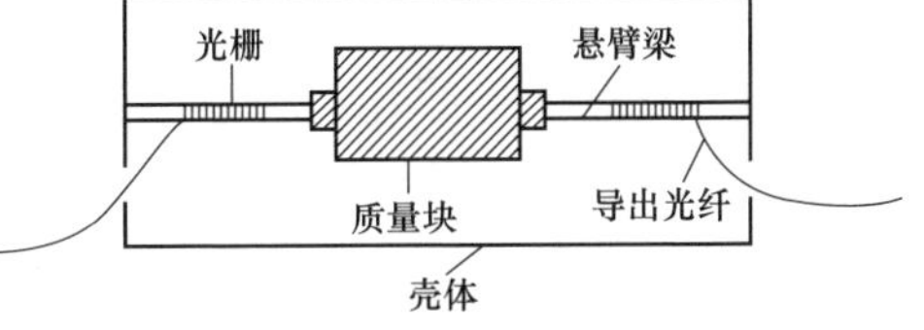

图 4-14　FBG 振动传感器结构示意图

当把传感器固定在待测物体上并随物体一起振动时，质量块、钢管、弹性钢片组成的弹性系统做受迫振动，结果质量块带动钢管、弹性钢片作相应应变变化，使得粘贴在弹性钢片上的两个光纤光栅和弹性钢片一起作应变变化，将导致光纤光栅的中心波长产生相应的变化。

弹性系统中加速度与应变的关系为

$$a = \frac{F}{m} = \frac{Y}{m}\left[\frac{\pi(d_2^2 - d_1^2)}{4} + 2s\right] \cdot \varepsilon \tag{4-28}$$

式中：F 为质量块受到钢管和弹性钢片作用的弹力和；Y 为钢管和弹性钢片的弹性模量；d_1 和 d_2 为钢管的内径和外径；s 为弹性钢片的横切面积。

结合式（4-14）与式（4-28）可得

$$\frac{\Delta\lambda_B}{\lambda_B}=\frac{(1-P_e)ma}{Y[\pi(d_2^2-d_1^2)/4+2s]} \tag{4-29}$$

式（4-29）给出了光纤光栅波长与加速度的线性变化关系，通过检测波长的变化即可实现加速度的测量。

（3）应用情况。昆明理工大学高立慧等人以型号为 S13-12500/35 型的油浸式无励磁调压 35kV 电力变压器为试验对象，将 FBG 传感器安装于铁芯—绕组的测点位置，对变压器的振动信号进行检测与分析。传感系统拓扑图如图 4-15 所示，FBG 振动传感器在变压器中安装后的现场照片如图 4-16 所示。

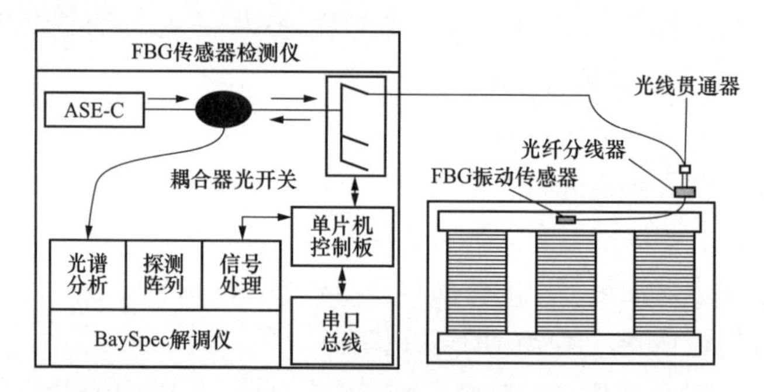

图 4-15　传感系统拓扑图

图 4-16　现场安装图

通过改变变压器的负载，得到不同负载下变压器的振动信号。传感系统监测变压器振动信号的时域及对应的频域图如图 4-17 所示。可以得出，变压器振动信号频率集中在 100Hz 及其倍频处，出现这种情况主要是由于变压器供电采用标准 50Hz 交流电，磁致伸缩的周期恰好是工频电源周期的一半，所以磁致伸缩引起的变压器本体振动及对应的噪声信号以两倍电源频率，即 100Hz 为其基频，通过改变变压器的负载，得到不同负载下变压器的振动信号。在 80%、90%、100%负载下幅频信号中 100Hz 处幅值呈逐渐增大趋势，表明随着变压器负载的增大变压器的振动幅值也在不断增大。

4.1.3.5　发电机振动监测系统

（1）发电机振动信号特征。发电机的振动主要由定子铁芯、定子绕组、机座和转子等以其固有频率自由振动而合成，转子绕组要受到很大的机械应力和电应力作用。因此，转子绕组发生绝缘损坏的概率很大，常导致转子绕组的一点或两

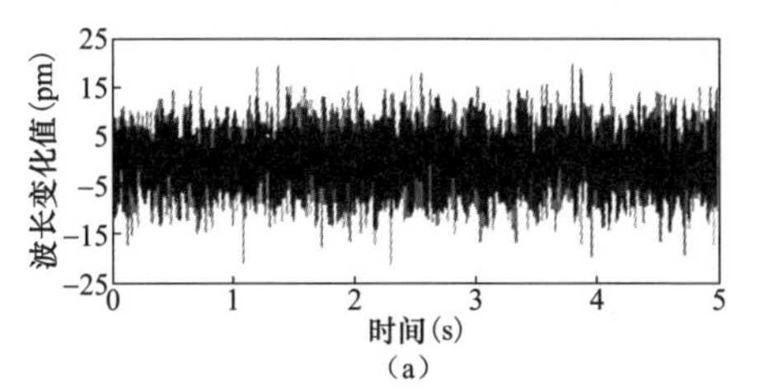

(a)

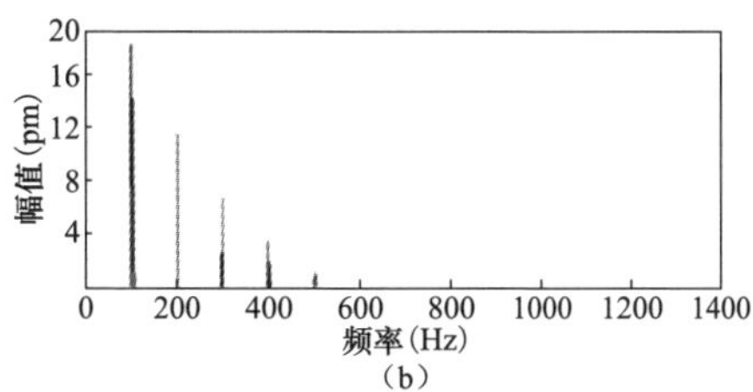

(b)

图 4-17　100%负载下振动信号时频图

（a）时域波形；（b）频域谱图

点接地故障，所以需要对电机振动情况进行监测，以保证电力系统正常运行。

发电机转子的机械频率和电频率相同，为 50Hz。发生故障后，发电机的固有频率会发生变化，产生不同于正常运行时的电磁力，这不仅会影响发电机的运行性能，还会激起发电机转子径向振动，改变发电机的振动特性。因此，选用光纤布拉格光栅振动传感器进行发电机振动状态检测。

（2）应用情况。国电聊城发电厂进行发电机端部检查时经常发现因发电机振动出现端部螺栓脱落及端部黄色粉末现象。为实时监控发电机内部振动情况，确保发电机安全稳定运行，发电厂分别在 2007 年 12 月与 2008 年 4 月在 1 号、2 号发电机安装了发电机定子绕组端部光纤振动在线监测的功能，该系统同时具备发电机定子绝缘局部放电在线监测的功能。发电机定子绕组端部光纤振动在线监测系统由安装于机内的光纤振动加速度传感器、信号调理单元模块和数据采集分析系统组成。机内光纤振动加速度传感器用于线棒的振动信号获取。信号转换单元负责把机内的振动加速度信号转换为数据采集分析系统能够接受的电压信号，信号调理单元模块的作用是把来自绕组端部安装的传感器上采集到的光学编码振动信号进行处理，提取出振动和系统状态信息，振动信息被处理并经由电路传输到主机中用数字显示。数据采集分析系统用于线棒振动信号的采集、数据分析、存储和报警等功能。由信号转换单元进行电荷—电压转化后的振动响应需进行后处理，再由模拟信号转化为计算机能够分析的数字信号。

光纤振动加速度传感器安装在发电机的励侧和汽侧端部线圈的径向方向。根据发电机实际振动情况，在发电机的励侧和汽侧各安装 6 个光纤加速度传感器，共 12 个。其编号及检测结果如表 4-1 所示，A1 对应发电机励侧 28 槽上层线棒，A2 对应发电机励侧 33 槽上层线棒；B1 对应发电机励侧 16 槽下层线棒（端部引线 W1），B2 对应发电机励侧 5 点处支架；C1 对应发电机励侧 37 槽下层线棒，C2 对应发电机励侧 12 槽上层线棒；D1 对应发电机汽侧 33 槽上层线棒，D2 对应发电机汽侧 28 槽上层线棒；E1 对应发电机汽侧 22 槽上层线棒，E2 对应发电机汽侧 16 槽上层线棒；F1 对应发电机汽侧 12 槽上层线棒，F2 对应发电机汽侧 2 槽上层线棒。

表 4-1　　1 号、2 号机组各测点值　　（μm）

1 号机组		2 号机组	
测点编号	振动值	测点编号	振动值
A1	79	A1	65
A2	101	A2	67
B1	145	B1	59
B2	49	B2	42
C1	63	C1	58
C2	82	C2	94
D1	132	D1	76
D2	86	D2	87
E1	118	E1	62
E2	79	E2	76
F1	78	F1	114
F2	79	F2	87

由表 4-1 对 1 号、2 号发电机运行中定子绕组端部光纤振动值相同位置比较发现，1 号发电机励侧 16 槽下层线棒（B1），汽侧 33 槽上层线棒（D1）比 2 号发电机振动值明显增大，而且 1 号发电机励侧 16 槽下层线棒端部正是之前烧损的位置。通过对发电机运行中定子绕组端部光纤振动值观察比较，发电机运行中定子绕组端部光纤振动值未发现有明显增大的趋势；利用 1 号、2 号发电机大小修机会，通过对 1 号、2 号发电机端部检查，未发现发电机出现端部螺栓脱落及端部黄色粉末现象，说明发电机定子绕组端部光纤振动在线监测系统确实反映了发电机实际运行情况，对发电机安全运行及状态检修具有重要的指导意义。

4.2　基于瑞利散射的振动检测技术

4.2.1　基于瑞利散射的振动检测技术原理

基于瑞利散射的分布式光纤振动检测技术是利用相敏光时域反射计 Φ-OTDR

的干涉机理测试外界扰动。分布式光纤振动检测系统采用普通通信光缆中的一根空闲纤芯作为传感单位，进行分布式光纤传感器多点振动测量。其基本原理是，当外界的振动作用于通信光缆时，引起光缆中纤芯发生形变，使纤芯长度和折射率发生变化，导致光缆中光的相位发生变化。当光在光缆中传输时，由于光子与纤芯晶格发生作用，不断向后传输瑞利散射光。当外界有振动发生时，背向瑞利散射光的相位随之发生变化，这些携带外界振动信息的信号光，返回系统主机后，经光学系统处理，将微弱的相位变化转换为光强变化，再经光电转换和信号处理后，进入计算机进行数据分析，确定振动幅值和发生位置。基于瑞利散射的分布式光纤振动检测系统结构与基于瑞利散射的分布式光纤温度检测系统类似。

该系统的定位精度 Δl 与注入光纤的光脉冲宽度 τ 有关，其关系可表示为

$$\Delta l = \frac{c\tau}{2n} \tag{4-30}$$

式中：c 为真空中的光速；n 为传输介质折射率。

试验中系统采用的光脉冲宽度 τ 为 250ns，对应理论定位精度为 25m，实测定位精度优于 30m。

由于分布式光纤振动检测系统采用的 Φ-OTDR 技术是基于光时域反射技术（OTDR）和光纤干涉技术发展而成的先进的光纤传感技术，它同时具有光时域反射技术定位精度高和光纤干涉技术灵敏度高的特点，特别适合于通信光缆防破坏监测的应用领域。

4.2.2 基于瑞利散射的振动检测技术应用

4.2.2.1 电力电缆故障定位

电力电缆是电力传输的重要载体。但是人为因素（如施工挖破皮等）和自然灾害（如滑坡、塌方、地基沉降、腐蚀、老鼠破坏等）会造成电缆线路故障。对电力电缆故障进行检测和定位十分必要。2013 年，上海理工大学周正仙等人基于分布式光纤振动传感原理搭建了一套电缆故障定位系统，如图 4-18 所示，并对其能否探测到电缆的故障信号并准确定位故障信号的位置进行了测试。该系统基于瑞利散射原理，通过分布式光纤振动传感系统监测来自高压电缆上方的振动信号，通过振动信号来判断故障点位置。当高压电缆放电试验系统对高压电缆发出高压脉冲信号时，同时会向分布式光纤振动传感系统发出一个上升沿或者下降沿信号，已做标记信号。分布式光纤振动传感系统实时监测高压电缆在高压脉冲信号作用下的振动情况，综合分析确定放电点的位置。

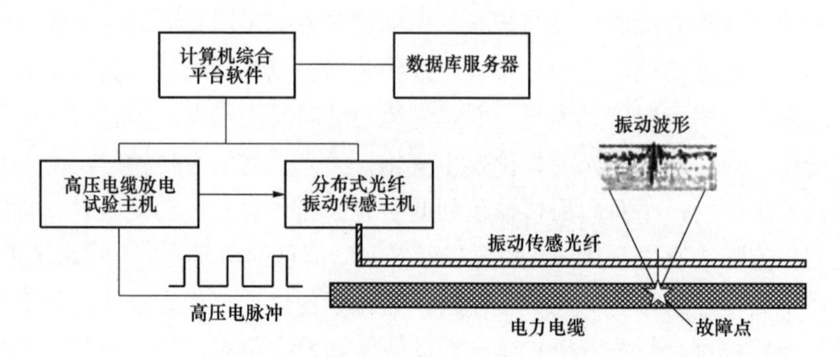

图 4-18　分布式光纤电缆故障定位系统

测试选取 110kV 电缆 300m，在电缆上 100m、200m 和 300m 位置分布模拟放电信号。图 4-19 为系统在电缆上 100m 和 200m 探测到的振动信号。从图中分析得出系统能准确探测到电缆故障放电时产生的振动信号，并能准确定位故障信号发生的位置。

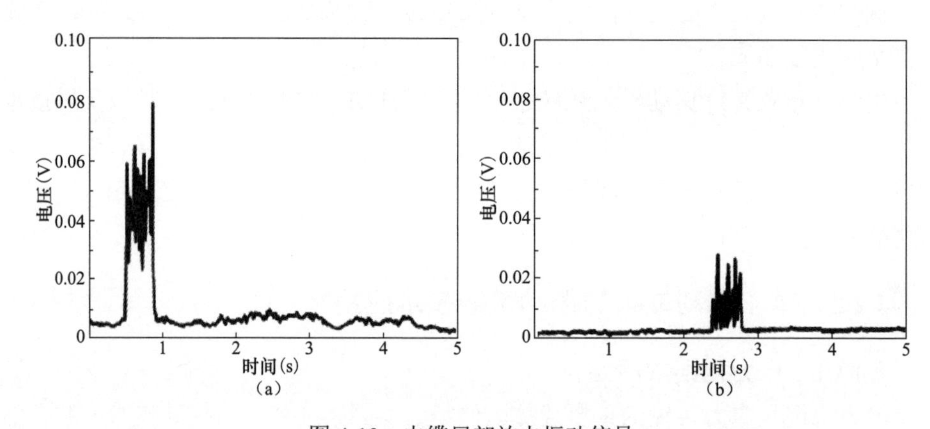

图 4-19　电缆局部放电振动信号

（a）100m 处放电；（b）200m 处放电

4.2.2.2　输电线路导线舞动监测

输电线路上任意一段的受力可表示为图 4-20。导线的受力可分为：导线自重力 G，导线受到的张力 T，风负载 P，电动力 L，导线的阻尼力 f，导线舞动的攻角 φ 为覆冰层与相对风速的夹角。

每段导线的风负载又可分为升动力、阻力和力矩，可由下式求得：

$$f_D = \frac{1}{2} d \rho_{\text{air}} V_r^2 C_D(\varphi) \tag{4-31}$$

$$f_L = \frac{1}{2} d \rho_{\text{air}} V_r^2 C_L(\varphi) \tag{4-32}$$

$$M_W = \frac{1}{2} d^2 \rho_{\text{air}} V_r^2 C_M(\varphi) \tag{4-33}$$

式中：d 为导线直径，ρ_{air} 为空气密度，V_r 为相对风速。

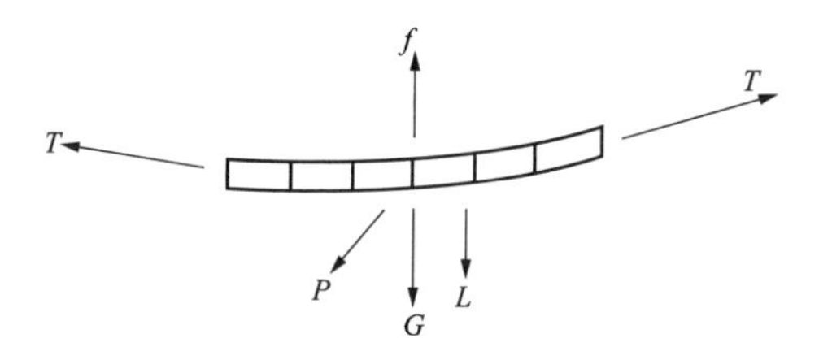

图 4-20　导线分段受力

C_D、C_L、C_M 可表示为

$$C_i = \sum_{j=0}^{25} A_j \cos\{j\cos(\varphi) + B_j \sin[j(\varphi)]\},\ i = D, L, M \tag{4-34}$$

式中：A_j 和 B_j 为系数，可查表获得。

由于线路自重力是已知的，风速可由传感器测量得到，因此，测量导线张力的大小和变化，可以推导出线路的状态。

导线的张力大小体现在导线的应变上。导线的应变与集成在导线中的光缆的应变基本一致。2016 年，电子科技大学的吴慧娟等人建立了基于 POTDR 的输电线缆舞动在线监测系统，在 13km 长的线路上实现了对多个位置线缆舞动的测量。其监测系统结构如图 4-21 所示。POTDR 对光纤舞动的监测主要是通过测量集成在输电线缆中的通信光纤中光波偏振态的变化实现的。当有强风使得输电线缆发生舞动时，舞动区域光纤中光波的偏振态会受到导线应变的调制，偏振态的变化与舞动的大小呈正比。POTDR 通过测量偏振态的变化就可以定量地测得线缆舞动的频率和相对幅度。

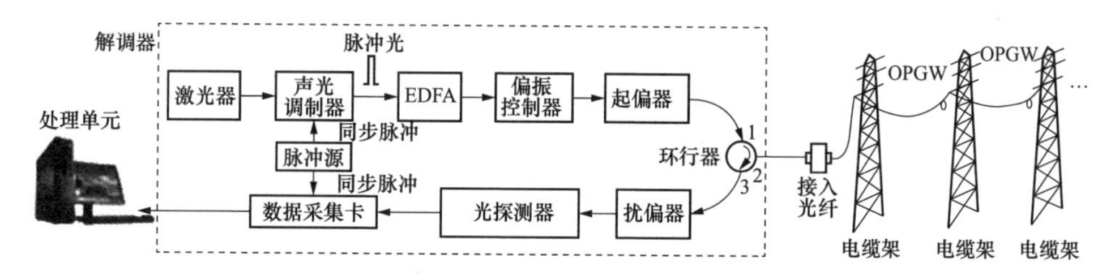

图 4-21　检测系统结构图

光纤复合架空地线（OPGW）电缆通常与高压架空输电线路组合在一起并随之舞动，故可以利用 P-OTDK 监测设备对架空输电线缆的 OPGW 光缆进行在线舞动监测。2017 年南方电网信通分公司陆飙等人同样用 POTDR 实现了 OPGW 输电线缆的舞动分布式在线监测，并在 48km 的实际线路上定量测得了线缆多个位置的舞动状况。监测现场如图 4-22 所示，实际监测的是山西忻风线 500kV 高压架空线缆，全长 48km，在 13km 和 33km 处为山口，容易受风舞影响，为整条线缆重点监测区域。

图 4-22　架空输电线路风舞测试现场图片

图 4-23 为整个风舞监测系统结构，测试光信号解调主机与中央处理设备置于监控中心机房，测试光缆即为室外架空输电线缆的 OPGW 光缆，通过法兰盘接入光信号解调主机进行风舞传感信号的解调、A/D 转换，由中央处理设备上的监测系统软件对风舞传感信号进行处理并进行报警、定位提示，以及频率、幅度等信息的量化测量。在一段时间内，系统监测到电缆上先后发生 4 次风舞事件，不同时刻风舞信号频谱分布如图 4-24 所示。

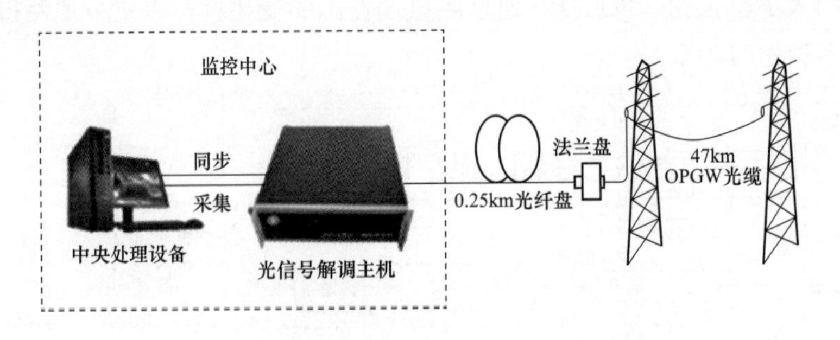

图 4-23　输电线路风舞在线监测系统结构图

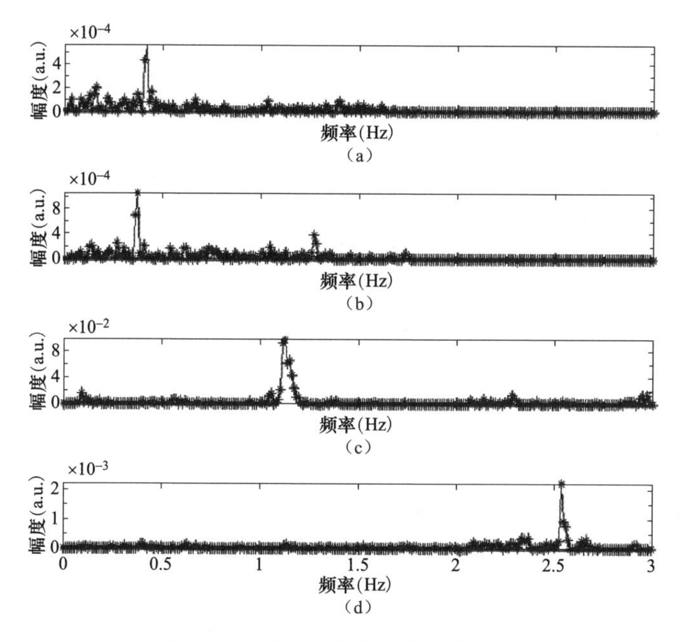

图 4-24　实际风舞信号的频谱分布

（a）在 33km 处发生舞动，频率为 0.42Hz；（b）在 13km 处发生舞动，频率为 0.38Hz；（c）在 13km 处发生舞动，频率为 1.13Hz；（d）在 33km 处发生舞动，频率为 2.54Hz

4.3　基于光纤法布里–珀罗腔的振动检测技术

除了常用的光纤光栅传感技术，利用非本征光纤法布里-珀罗（F-P）结构进行振动或应力传感也很普遍，因为其测量范围大、测量精度高以及成本低，光纤F-P 腔的传感结构会越来越广泛地应用于电力系统中。

4.3.1　基于光纤 F-P 腔的振动检测技术原理

一般常见的光纤 F-P 传感结构如图 4-25 所示。光从发射光纤中发出，由于被测量物体的反射而进入另外的接收光纤中。通过改变被测物体的物理量如位移等，能够使接收光纤所接收到的光强度发生改变，如果被测物体的位移是有规律的，如振动或应力，那么其位移的规律就会被接收到的光强信息所调

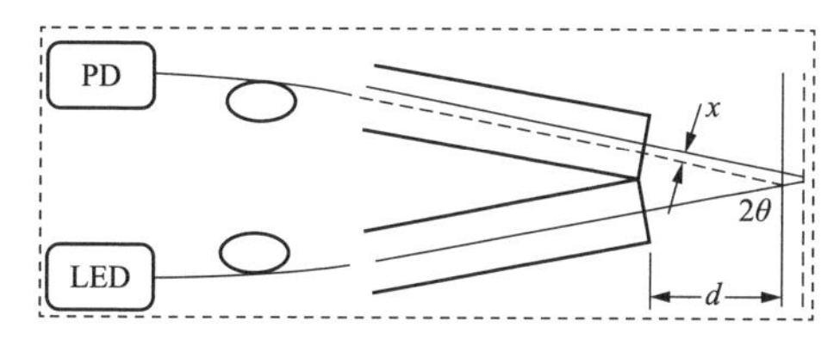

图 4-25　光纤 F-P 腔位移传感示意图

制，通过光电探测装置就能获得被测量的传感信息。为了增大灵敏度，两束光倾斜成一定角度。从几何关系可以退出，物体的位移Δd与光束的横向位移Δx之间满足$\Delta x = \Delta d \sin\theta$，表明较大的倾角有利于获得较高的灵敏度，而较近的工作距离d可以提高光纤端面之间的耦合系数。

除了上述类型的结构外，还有一种常见的能够测量振动的光纤 F-P 腔，其结构如图 4-26 所示。在振动的过程中，光纤感受的结构是整体发生位移，而毛细管内部，裸露的剥除涂覆层的光纤由于振动加速度的不同而滞后摆动。在毛细管中，右侧的光纤仅一小部分裸露出来与左侧悬臂构成 F-P 腔的两个端面，因为右侧的光纤非常短，所以随着结构的整体上下摆动，短光纤被认为是跟随整体仪器运动。然而，在毛细管中，左侧光纤由于长距离悬浮于毛细管，在光纤传感器的整体位移中，外界振动的频率被调制在长光纤的摆动上，而不是与毛细管一致运动，所以由于振动产生的相对角度使得接收到的干涉光强发生周期性的增大或减小，转换为光谱信息即干涉谱的漂移，通过一定的解调仪器或相关运算后，就能得到振动源的振动频率。

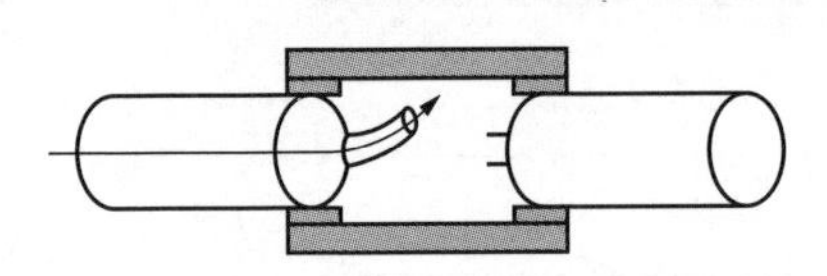

图 4-26　光纤 F-P 腔振动传感结构示意图

图 4-27 展示了一种鼓膜式声波传感器。声波带动鼓膜振动，鼓膜带动 F-P 腔的反射镜振动，从而造成光纤中反射光强、相位的变化。膜片的形状除了圆形之外，也可以设计成正方形等其他形状。膜片中心的振动幅度正比于外部压力，但是其比例系数是振动频率的函数。符合条件时，可以发生共振。传感器膜片内外压力差会影响灵敏度和频响特性，咽鼓管有助于消除这一影响。图 4-28 展示了一种杠杆式声波传感器。该传感器使用一个汇聚声波能量的喇叭形声腔。F-P 腔由两个光纤端面构成，一个连接尾纤，一个是传感光纤段。后者受到声波振动的推

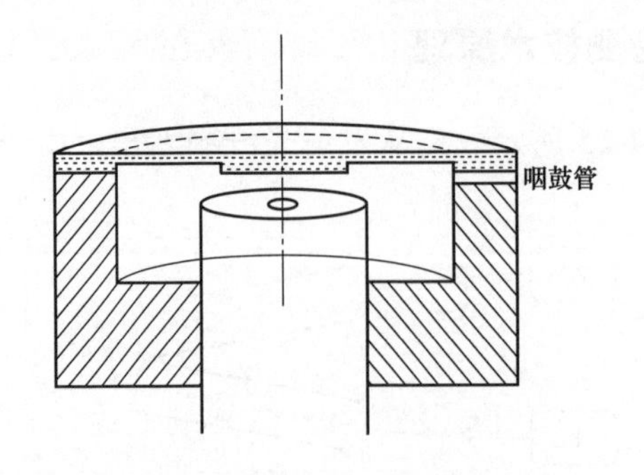

图 4-27　含有鼓膜和咽鼓管的声波传感器

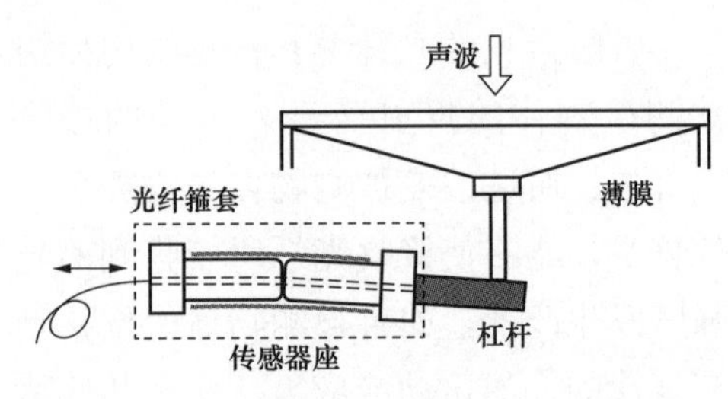

图 4-28　声波诱导光纤偏转的声波传感器

动发生纵向移动，相应地导致光纤段及其端面偏转，最终导致反射光强和相位发生变化。

4.3.2 基于光纤 F-P 腔的振动检测技术应用

光纤 F-P 腔型传感器的优点是成本比较低而且便于制作。特别是非接触式光纤传感器能够被运用于非常复杂无法接触的传感环境中，这刚好适用于高压强磁的电力系统中。并且其测量范围可以从几十赫兹到几十千赫兹，精度甚至可以达到 0.1Hz。这将使光纤 F-P 腔在电力系统中拥有非常广阔的应用前景。

重庆大学罗惠引利用光纤 F-P 传感器对变压器铁芯进行监测，系统结构图如图 4-29 所示，为了避免供电部分对被测变压器的振动信号产生电磁干扰，特意将变压器以及负载连至很远，图中并未体现。

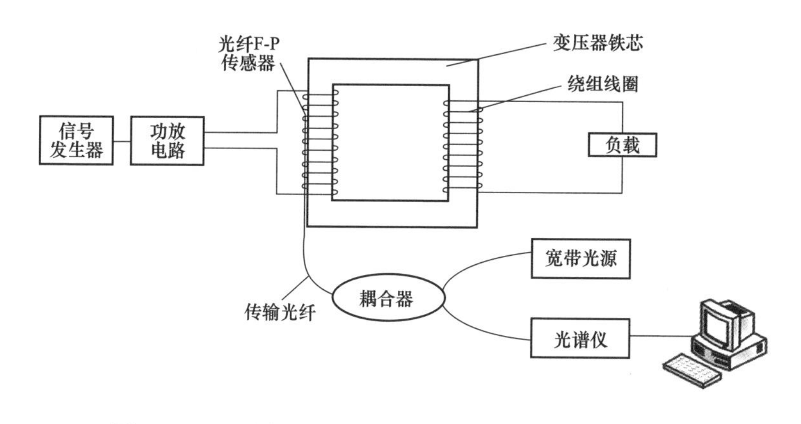

图 4-29 用光纤 F-P 传感器测量铁芯信号系统结构示意图

使用该测试系统，对变压器在两种不同负载条件下的振动进行了测试。变压器初级线圈接功率放大电路输出，其电压有效值为 10V，次级为 220V 输出，分别对变压器在 40Hz、50Hz、60Hz 电源输入，接空载、接线性负载及非线性负载时的加速度振动信号经计算机处理后如图 4-30 所示。

试验结果表明：

（1）铁芯振动信号基频应该为交流励磁电压（或电流）基频的两倍。

（2）在时域上铁芯振动信号表现出明显的周期性，且由频谱图可知，其高次谐波成分主要分布于 1000Hz 以内，集中在铁芯振动的基频以及固有频率 66Hz 周围，1000Hz 以上的频率分量相当小。

（3）三种不同情况下变压器的铁芯振动信号均满足以上两点，但是接不同负载铁芯振动信号能量在频谱分布上有一定的变化，说明随着负载条件的变化会使铁芯的振动有所不同。

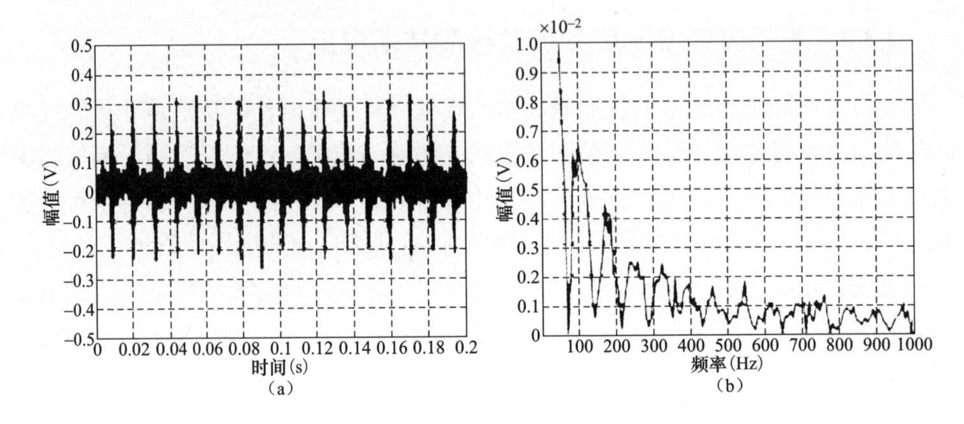

图 4-30　50Hz 时非线性负载时铁芯加速度振动信号

（a）时域图；（b）频谱图

5 光纤局部放电检测技术

利用光纤检测局部放电信号分为检测局部放电引发的超声波信号和检测局部放电引发的发光信号两大类。光纤测量局部放电超声波信号的原理与检测振动、应变类似，但是由于局部放电现象是一种持续时间很短的暂态过程，因而对测量系统的暂态响应速度有较高要求。本章主要介绍光纤光栅、熔锥耦合型光纤、迈克尔逊干涉、非本征光纤 F-P 腔和荧光光纤在电力工业中测量局部放电的具体应用。

5.1 局部放电的声发射简介

5.1.1 局部放电产生超声波的机理

局部放电（Partial discharge，PD）现象是发生在电气绝缘介质中的局部电击穿现象，通常伴随发光、发热、辐射电磁波、辐射超声波等现象。澳大利亚伊迪丝考恩大学的格雷厄姆（Graham Wild）和史蒂文（Steven Hinckley）于 2008 年从能量的角度总结阐述了局部放电现象中超声的产生机理。声发射（Acoustic Emission，AE）是固体中能量突然释放所产生的弹性波。例如，裂纹扩展所释放的能量以弹性波的形式扩散。弹性波描述应力或应变波，通过弹性介质传播。弹性介质通常是固体。一般来说，相对于其他形式的能量，作为弹性波所释放的能量取决于源的初始条件。即能量释放时所涉及的区域大小，以及它发生的时间长度。也就是说，能量的快速局部释放产生频率在超声波范围内的弹性波。例如，材料降解—缺陷生长、裂纹扩展、塑性变形、夹杂物或沉淀断裂、表面降解（包括涂层的腐蚀和剥离）等。

有两个因素在局部放电产生超声波这一过程中起到了决定性的作用：一是在电压比较高的情况下放电之后，气泡由于电弧产生的高温引起膨大而产生的压力；二是在较低电压下放电时的电场力，由于脉冲电场力的作用，气泡在周部区域内将产生振荡衰减过程，在气泡振动的作用下，周围的介质中将产生疏密波，即声波。当置于高电场环境的变压器油中的气泡被击穿放电时，会出现很多宽度大约在几微米的不均匀火花放电通道。当气隙内部的这些火花放电通道周围的气体被局部的强烈电离和电弧产生的高温加热，被高温加热后的气体引起放电通道的迅速膨大，其膨大速度非常快，通常可以接近声波的速度，放电通道横截面积在几微秒后将达到它的最大值。随着电场的能量逐渐转化为热能、声能等其他形式的能量，气隙内的电场强度逐渐减弱，直至电弧熄灭放电停止。当下一次气泡内的电场能量积累到一定程度后，第二次放电便会发生，然后重复相同的过程。不过在真正的局部放电过程中，常常是由于以上两种因素的同时作用从而产生了超声波。

德国联邦材料研究与试验研究所的菲利普（Philipp Rohwetter）和沃尔夫冈（Wolfgang Habel）等人对直流电场线局部放电的声发射现象进行了研究，给出了在极不均匀直流电场作用下硅橡胶超声波发射的实验结果。实验结果表明它与众所周知的局部放电热声发射不同，可能是由空间电荷注入驱动的耦合非线性机电动力学和电荷载流子迁移率的非线性场依赖性引起的。

5.1.2 局部放电产生超声波的幅值

一般认为，对固体材料中局部放电的声发射是一个热声现象。超声脉冲是在已存在的空腔或者放电发展过程中产生的空腔里出现等离子体的结果。电场能通过电子崩的发展，转化成分子激励、化学键断裂和电离（通过自由电子碰撞或者被抬高到导带里然后被加速的电子的碰撞）。虽然材料的破坏过程非常复杂，但是结果是将所提取的能量部分转化为等离子体中重粒子的热能，导致局部温度迅速升高，从而产生作用于空腔壁上的压力。晶格被电子和重离子非弹性碰撞后的发热，以及部分的离子复合能量原则上可能是声发射的来源。利用均匀各向同性介质中深球形腔的简化假设，得到的声脉冲以输出球形波包的形式发射。利用辐射声能 W_a 可以估算出离腔中心 r 处的声压峰值 p_a，即

$$p_a = \sqrt{\frac{W_a \rho V_a}{2\pi r^2 \tau}} \tag{5-1}$$

式中：ρ和 V_a 分别为声学介质的质量密度和压缩波速度；τ 为压力脉冲的持续时间。W_a 可以表示为 $W_a = \alpha_{ae} W_e$，其中，W_e 是消耗掉的电场能，系数 α_{ae} 代表电能转换为超声能的效率，对于压缩绝缘介质中的空穴，$2\times10^{-5} \leqslant \alpha_{ae} \leqslant 1\times10^{-4}$。即，只有非常微小的一部分能量作为声波辐射出去。固体中亚毫米空穴中放电产生的超声脉冲的典型持续时间大约是 1μs。式（5-1）中没有考虑绝缘介质中声波的衰减（在有机硅弹性体中，并且在声波传感器的频率范围内，衰减率大约是 40dB/m）。考虑到内部放电事件仅使试样电极之间的电压 U 降低了一小部分（试样的总电容远

远大于放电空穴的总电容），则消耗的电能可以估计为

$$W_{\mathrm{e}} = UQ_{\mathrm{app}} \tag{5-2}$$

式中：Q_{app} 为局部放电的视在放电量。

但是，在局部放电中，声发射常被观测到与表观电荷近似成平方根比例关系，目前还没有数学上的解释。

对于不同情况的放电，例如电子雪崩还没有完全展开，或者电能转换的主要过程不是碰撞加热而是电子附着和分子的非辐射弛豫，就会出现不同的有效的转换效率 α_{ae} 数值，甚至不同的有效持续时间 τ。

5.1.3 局部放电产生超声波的频率

式（5-1）预示局部放电产生的声发射脉冲的频率与脉冲尺寸时间 τ 相关，对于 $f=\tau^{-1}$，声压 $p_a \propto f^{1/2}$。目前，在不同的内部放电条件下，聚合物介质中 PD 的声谱密度尚未得到详细的测定。在一项关于 XLPE 中局部放电和电树的研究中，使用相应的声发射传感器测量了 1MHz 带宽下的声发射。在该研究中获得的声频谱中，大部分的声能量位于 800kHz 以下，这可能主要是由于材料的衰减和换能器对 1MHz 的灵敏度下降造成的。众所周知，至少在 600kHz 以下，硅弹性体衰减系数低于交联聚乙烯（XLPE）。但医学应用领域表明，室温固化硅橡胶具有类似声速、声阻抗，而对更高频率的超声波，在室温下有大约 0.5dB/（mm·MHz）的衰减。

澳大利亚莫纳什大学的塔德乌斯（Tadeusz Czaszejko）等人于 2014 年仿真了电缆终端绝缘材料中小气泡中超声波的频率。声源是一个高斯脉冲型点源。假设声压场 p_{a}（x，t）（Pa）在密度为ρ（kg/m^3）的材料中以声速 V_{a}（m/s）传播。可建立声波方程为

$$\frac{1}{\rho V_{\mathrm{a}}^2}\frac{\partial^2 p_{\mathrm{a}}}{\partial^2 t} - \nabla \cdot \left(\frac{1}{\rho}\nabla p_{\mathrm{a}}\right) = S(x,t) \tag{5-3}$$

声波激励点源为

$$S(x,t) = \frac{\mathrm{d}g}{\mathrm{d}t}(t)\delta^{(2)}(x-x_0) \tag{5-4}$$

其中，$g(t)$是高斯脉冲，可表示为

$$g(t) = \begin{cases} A\mathrm{e}^{-\pi^2 f_0^2 (t-\tau)2}, & 0<t<2\tau \\ 0, & \text{其他} \end{cases} \tag{5-5}$$

$$\tau = 1/f_0 \tag{5-6}$$

式中：τ 为脉冲的时间宽度；f_0 为脉冲的频带宽度。

仿真模型中，考虑了两种缺陷类型：直径 d 为 0.1～1mm 的球形孔洞和宽度 w 为 1～30mm、厚度 t 为 0.1～0.3mm 的裂隙。缺陷位于聚乙烯和三元乙丙橡胶这两种固体介质的交界面处。局部放电源位于缺陷的中心。仿真结果表明，观察到信号频率和缺陷尺寸之间的关系非常明确，即缺陷越大，频率越低。对于裂缝缺陷，这适用于它的厚度 t 和宽度 w。这些关系用式（5-7）和式（5-8）来描述，它们服从逆幂律，即

$$f \propto 1/d,\quad 0.1\text{mm} \leqslant d \leqslant 1\text{mm} \tag{5-7}$$

$$f \propto \frac{1}{w^{0.48}t^{0.45}},\ \begin{cases} 0.1\text{mm} \leqslant t \leqslant 0.3\text{mm} \\ 1\text{mm} \leqslant w \leqslant 30\text{mm} \end{cases} \tag{5-8}$$

关于水中气泡中声发射的研究，得到式（5-9）所示的环境压力 p_a、水的密度ρ、气泡直径 d 和绝热指数 K_{is}（K_{is}=1.4）之间的关系式。该关系式对于研究绝缘液体中气泡内部局部放电的声发射具有借鉴意义，并且与澳大利亚莫纳什大学的塔德乌斯（Tadeusz Czaszejko）提出的式（5-7）类似。

$$f = \frac{1}{\pi d}\sqrt{\frac{3K_{is}p_a}{\rho}} \tag{5-9}$$

目前，对于局部放电声发射的检测频带，没有统一规定。德国学者菲利普（Philipp Rohwetter）等人使用的光纤超声传感器 A-FOS 的测量频带为 40kHz＜f＜340kHz，压电陶瓷超声传感器的测量频带为 50kHz＜f＜200kHz。河北科技大学高源在交联聚乙烯材料中，通过对比分析局部放电的声谱，发现超声波的衰减和频率是正相关关系，即能量主要聚集在 28～280kHz 的低频段。哈尔滨理工大学杜锦阳等人测量充油电缆终端局部放电超声波信号，测到的针板放电模型的频率峰值主要集中在 150～170kHz，气隙放电模型的频率峰值主要集中在 160～170kHz 和 240～270kHz，悬浮电极放电模型的频率峰值主要集中在 50～100kHz 和 150～200kHz，沿面放电的频率峰值主要集中在 50～300kHz，滑闪放电的频率峰值主要集中在 50～80kHz。

5.2 基于光纤光栅的局部放电超声检测技术

Webb 等人与 1996 年开始研究利用 FBG 测量超声波信号。Coppola、Fomitchov 和 Krishnaswamy 等人采用了可调谐激光器，将工作点调整到 FBG 的反射谱上，

测反射光强，报道了 FBG 在 10kHz～5MHz 范围内的灵敏度。Wierzba 和 Karioja 等人还提出了一种主动 FBG 传感器，栅区被写在稀土掺杂光纤上，因而光纤成为光泵浦分布式反馈激光器，并提出了一些 FBG 超声传感器的有效检测条件。Cusano、Minardo 和 Italia 等人还研究了 FBG 用于测量动态应变，频率达到 50kHz。他们的共同结论是，FBG 用于检测高频超声冲击波时，将受益于声波在光栅中的时间延迟。此后，光纤光栅被应用于电力设备局部放电超声波检测，并得到了大量研究。

5.2.1 光纤光栅超声检测技术原理

5.2.1.1 光纤光栅检测超声波的机理

利用 FBG 测量超声波与利用 FBG 测量应变，最大的区别在于超声波的波长与 FBG 的栅长关系。对于前文所述的利用 FBG 测量应变和振动，偏向于认为超声波的波长远大于 FBG 的栅长，从而 FBG 中的应变沿光纤轴向是均匀的。理论和实验研究表明，当超声波长大于光栅长度时，FBG 传感器能够检测出超声波场，而且可以避免在传感器上产生动态的超声啁啾。而在超声波检测中，声波的频率很高，波长可能接近 FBG 的栅长，从而使得 FBG 中各处的应变不同。

均匀布拉格光栅由基导模沿光纤轴 z 的有效折射率调制来描述，即

$$n_e(z) = n_0 - \Delta n \sin^2(\pi z/\Lambda_0), \quad z \in [0, L] \tag{5-10}$$

式中：n_0 为未受超声波扰动时的有效折射率；Δn 为最大折射率增量；Λ_0 为栅的周期。

则布拉格波长可简单表示为

$$\lambda_{B0} = 2n_0\Lambda_0 \tag{5-11}$$

声场与均匀 FBG 的相互作用可以分成两部分：①机械效应，即光栅间距被压力波所调制，也可称之为“直接”或“几何”效应；②压力波通过弹光效应造成的折射率变化。假设超声波垂直入射到光纤光栅时，超声波沿光纤轴线产生纵向声场，即应变场及其超声波场可以由沿光纤轴纵向传播的应变来表示，如图 5-1 所示。并且假设超声波场随时间变化规律符合正弦函数关系。

$$\varepsilon(z,t) = \varepsilon_m \cos(k_a z - \omega_a t) \tag{5-12}$$

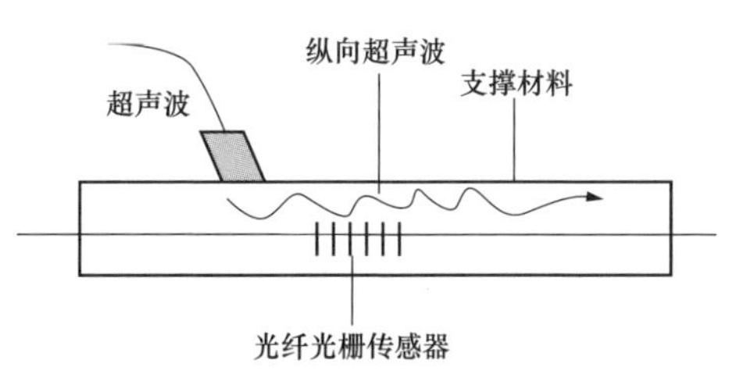

图 5-1 超声波沿光纤传播的示意图

$$k_{\mathrm{a}} = 2\pi/\lambda_{\mathrm{a}} \tag{5-13}$$

式中：ε_{m} 是超声波位移归一化数值；k_{a} 是超声波的波数；λ_{a} 是超声波的波长，ω_{a} 是超声波的角频率。

当超声波沿光纤传播时，由于机械应变，轴线上的 z 点位移到了 z' 点，表示为

$$\begin{aligned} z' &= f(z,t) = z + \int_0^z \varepsilon(\xi)\mathrm{d}\xi \\ &= z + \varepsilon_{\mathrm{m}}\sin(k_{\mathrm{a}}z - \omega_{\mathrm{a}}t)/k_{\mathrm{a}} + \varepsilon_{\mathrm{m}}\sin(\omega_{\mathrm{a}}t)/k_{\mathrm{a}} \end{aligned} \quad ,z \in [0,L] \tag{5-14}$$

则沿光纤轴向应变，因机械变形而对光栅折射率造成的影响为

$$n'_{\mathrm{e}}(z',t) = n_{\mathrm{e0}} - \Delta n \sin^2\left[\frac{\pi}{\Lambda_0} f^{-1}(z',t)\right] \tag{5-15}$$

再考虑弹光效应所造成的光纤折射率的变化，即

$$\Delta n'(z',t) = -\frac{n_{\mathrm{e0}}^3}{2}[P_{12} - \nu(P_{11} + P_{12})] \bullet \varepsilon_{\mathrm{m}}\cos(k_{\mathrm{a}}z' - \omega_{\mathrm{a}}t) \tag{5-16}$$

则超声波作用下折射率的总变化是机械效应和弹光效应两者之和，即

$$\begin{aligned} n'_{\mathrm{e}}(z',t) = n_{\mathrm{e0}} - \Delta n \sin^2\left[\frac{\pi}{\Lambda_0} f^{-1}(z',t)\right] \\ -\frac{n_{\mathrm{e0}}^3}{2}[P_{12} - \sigma(P_{11} + P_{12})] \bullet \varepsilon_{\mathrm{m}}\cos(k_{\mathrm{a}}z' - \omega_{\mathrm{a}}t) \end{aligned} \tag{5-17}$$

如果超声波的波长 λ_{a} 远大于光栅的栅区长度 L，则式（5-17）可以简化为

$$\begin{aligned} n'_{\mathrm{e}}(z',t) = n_{\mathrm{e0}} - \Delta n \sin^2\left\{\frac{\pi z'}{\Lambda_0[1 + \varepsilon_{\mathrm{m}}\cos(\omega_{\mathrm{a}}t)]}\right\} \\ -\frac{n_{\mathrm{e0}}^3}{2}[P_{12} - \sigma(P_{11} + P_{12})] \bullet \varepsilon_{\mathrm{m}}\cos(\omega_{\mathrm{a}}t) \end{aligned} \tag{5-18}$$

令

$$n'_{\mathrm{e}}(t) = n_{\mathrm{e0}} - \frac{n_{\mathrm{e0}}^3}{2}[P_{12} - \sigma(P_{11} + P_{12})] \bullet \varepsilon_{\mathrm{m}}\cos(\omega_{\mathrm{a}}t) \tag{5-19}$$

$$\Lambda'_0(t) = \Lambda_0[1 + \varepsilon_{\mathrm{m}}\cos(\omega_{\mathrm{a}}t)] \tag{5-20}$$

则

$$n'_{\mathrm{e}}(z',t) = n'_{\mathrm{e0}}(t) - \Delta n \sin^2\left[\frac{\pi z'}{\Lambda'_0(t)}\right] \tag{5-21}$$

则超声波作用下光栅的布拉格波长变为

$$\lambda_{B}(t)=\lambda_{B0}+\Delta\lambda_{0}\cos(\omega_{a}t) \tag{5-22}$$

$$\Delta\lambda_{0}=\lambda_{B0}\varepsilon_{m}\left\{1-\frac{n_{e0}^{2}}{2}[P_{12}-\sigma(P_{11}+P_{12})]\right\} \tag{5-23}$$

式中：$\Delta\lambda_0$ 为超声波造成的布拉格波长变化量的幅值。

5.2.1.2　光纤光栅反射谱的边沿解调

光纤超声传感器作为光纤传感器的一种，其传感机理主要是通过检测光纤内传输光的强度、波长、相位、偏振态等参数感知超声波的相关信息（幅频特性、发射源位置等）。与传统的常规压电型超声换能器相比较，光纤超声传感器充分发挥了光纤传感器的优势，特别是在宽频带响应及信号长距离传输保真等方面尤为突出。光纤光栅是利用在光纤内掺杂粒子的工艺使纤芯折射率在纤芯方向上发生了周期性变化，而外界超声场的作用会引起光纤轴向应变，进而使光栅栅距发生改变，使光栅输出的中心波长发生偏移，因此也被称作波长调制类传感器。

单个局部放电现象持续的时间很短，由其产生的超声波显现振荡脉冲形式，持续时间在微秒量级。因此，前文提到的基于调谐的光纤光栅波长解调技术的响应速度难以满足要求。图 5-2 显示了一种基于边沿检测的光栅波长解调技术，响应速度很高。其原理如图 5-2 所示，实现方式有图 5-3 所示两种方式。在图 5-3（a）所示的方式中，窄带激光器输出激光的波长 λ_L 位于 FBG 反射谱的边沿，并且保持激光波长和强度不变。当发生局部放电时，超声信号使得 FBG 反射谱发生左右偏移，进而引起反射光的强度变化，这种变化反映在光电探测器上即为其输出电压信号的幅值波动。即边沿解调法将声信号产生的 FBG 中心波长的变化转化为反射光的强度变化。在图 5-3（b）所示的方式中，采用了两个 FBG，激光器输出宽带光源，但是匹配 FBG 的反射谱与传感 FBG 的反射谱在边沿处有交集。保持匹配 FBG 的反射谱固定不变，而传感 FBG 的反射谱在外界因素作用下发生偏移，则探测器输出的光强将随之变化。

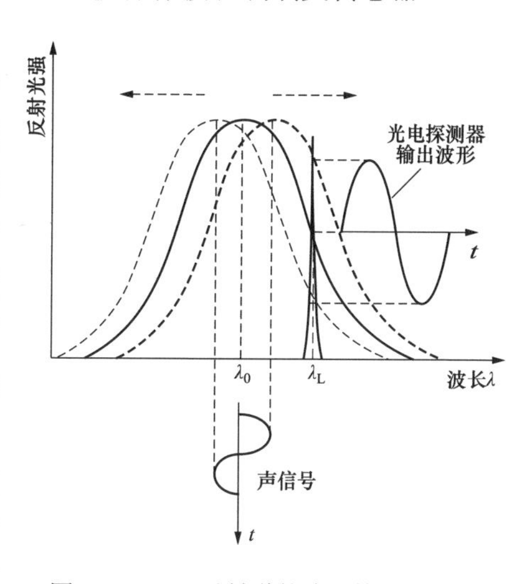

图 5-2　FBG 反射谱的边沿检测原理图

5.2.1.3　光纤光栅的反射谱对边沿检测灵敏度的影响

根据上述光纤光栅检测声发射信号的原理可知，光栅反射谱的反射率越大、

边沿斜率越大，其检测灵敏度就越大。对于均匀光栅，峰值反射率为

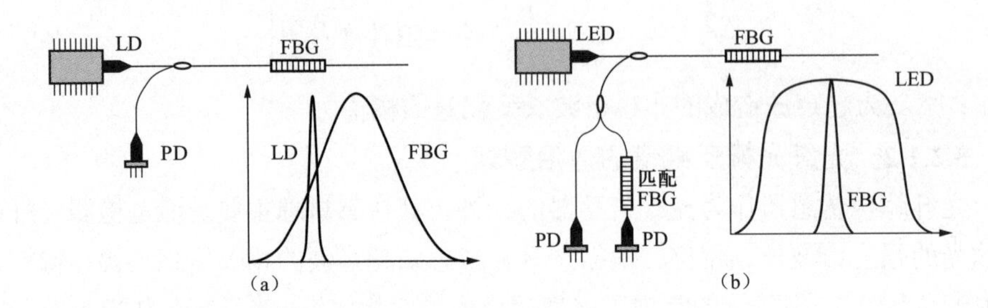

图 5-3　基于边沿解调的 FBG 测量系统

（a）采用窄带光源；（b）采用宽带光源

$$R_{\mathrm{p}} = \tan h^2(\kappa L) \tag{5-24}$$

$$\kappa \approx \tilde{n}_1 k_0 / 2 \tag{5-25}$$

式中：κ 为光栅的耦合系数。

峰值处的曲率 C 为

$$C = \frac{\sqrt{[\kappa L - \tan h(\kappa L)]\tan h(\kappa L)}}{\kappa L \cos h(\kappa L)} \tag{5-26}$$

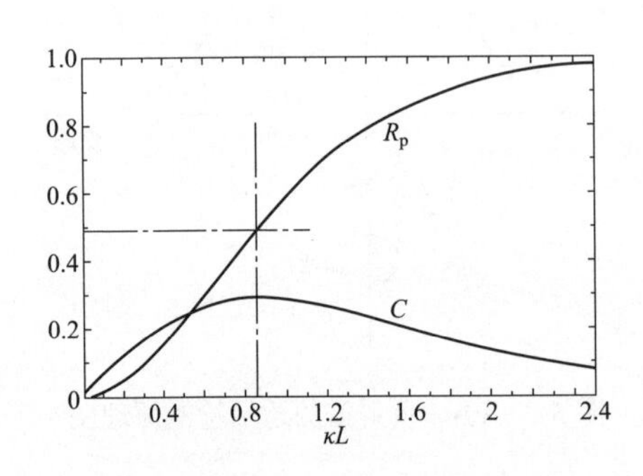

图 5-4　光栅峰值反射率 R_{p} 和峰顶曲率 C 随参数 κL 的变化

图 5-4 展示了光栅峰值反射率和峰顶曲率随参数 κL 的变化。从中可知，峰顶曲率随峰值反射率变化，在 $R_{\mathrm{p}} \approx 0.5$ 时达到最大值。

光栅的边沿斜率一般通过光栅的一个重要参数——反射谱线宽来表征。光栅反射谱的半极大线宽 δ_{h} 可表示为

$$\frac{\kappa^2 \sin^2 s_{\mathrm{h}} L}{\delta_{\mathrm{h}}^2 - \kappa^2 \cos^2 s_{\mathrm{h}} L} = \frac{\tanh^2(\kappa L)}{2} \tag{5-27}$$

$$s_{\mathrm{h}} = \sqrt{\delta_{\mathrm{h}}^2 - \kappa^2} \tag{5-28}$$

对于高峰值反射率的光栅，$R_{\mathrm{p}} \approx 1$，方程可近似为 $\sin c(s_{\mathrm{h}} L) = 1/\kappa L$；对于弱光栅，$\kappa L$=1，方程可近似为 $\sin c(s_{\mathrm{h}} L) = \sqrt{2}/2$。

可见，如果要求高反射率窄线宽的光纤光栅，应当采用弱的耦合系数和大的光栅长度。图 5-5 显示了四种光栅的反射谱。

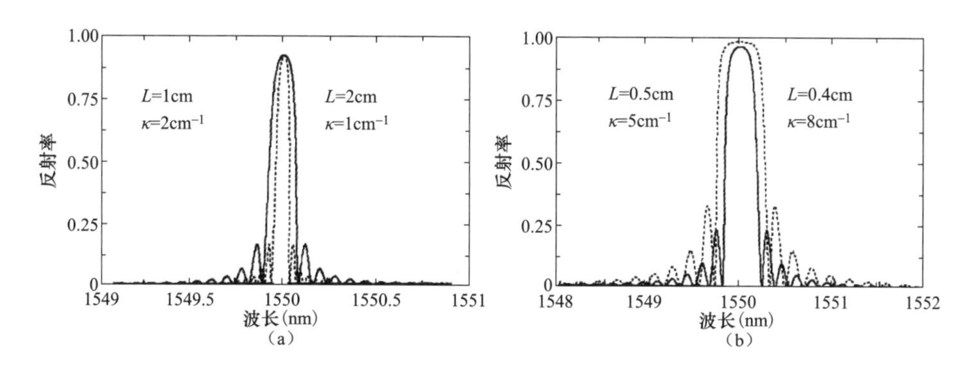

图 5-5　理论计算的均匀 FBG 反射谱

（a）两长栅长光栅反射谱；（b）两强耦合系数光栅反射谱

2014 年山东大学庞丹丹等人对 6 个不同栅区长度的光栅的反射谱做了仿真，仿真中所用参数均为实际测量不同栅长光栅的光耦响应曲线获得。仿真中，光栅栅区长度分别为 1mm、2mm、3mm、5mm、8mm 和 10mm，响应的光栅反射谱如图 5-6 所示，3dB 带宽分别为 1.13nm、0.61nm、0.59nm、0.55nm、0.40nm 和 0.26nm。仿真结果表明，光栅的栅区越长，光栅的反射谱反射率越高，光谱边沿的斜率越大，从而光栅的检测灵敏度也就越高。

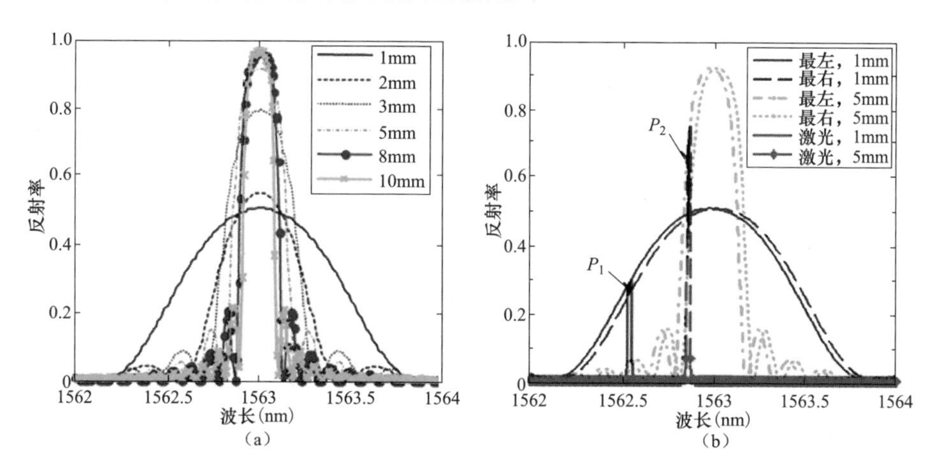

图 5-6　栅长对边沿检测灵敏度的影响

（a）不同栅长的 FBG 的反射光谱；（b）反射率随波长偏移的变化量

5.2.1.4　光纤光栅对超声波的测量频带

当超声波的波长接近光栅长度时，无论从几何效应还是弹性光学效应方面，都会出现异常情况，导致反射谱亚峰的形成和强度调制。此时，光栅的光谱非常复杂，一般将光栅分成若干个串联在一起的光栅段，再套用均匀应变下光栅的折射率计算公式，采用传输矩阵的方法计算出整个光栅的折射率和反射谱。此时，光栅布拉格波长的偏移量不但与超声波产生的应变幅值 ε_m 相关，而且与比值 λ_a/L 相关。意大利那不勒斯大学的科波拉（Coppola）等人于 2001 年对 FBG 的超声波响应进行了数值分析，指出 FBG 能够测量超声波的特性，但是超声波波长与光栅长度之间的比值必须大于某一数值，取决于 FBG 的特性以及超声波幅值。芬兰远程技术研究中心的卡里奥哈（Karioja）等人的研究表明，光栅区的应变应该保持常数，因而沿栅区的反射光波长才能保持常数；超声波长必须至少是栅长的 2 倍。2005 年意大利那不勒斯大学的艾多（Aldo Minardo）等人计算了不同栅长比、不同应变幅值下的灵敏度，如图 5-7 所示。图中光纤光栅的波长随超声波强度偏移的灵敏度为

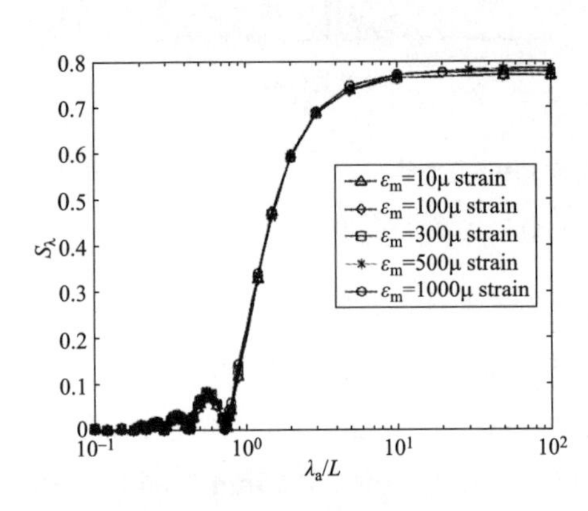

图 5-7 光栅布拉格波长偏移灵敏度与超声波波长之间的关系

$$S_\lambda(\lambda_a/L,\varepsilon_m)=\frac{\Delta\lambda(\lambda_a/L,\varepsilon_m)}{\lambda_{B0}\varepsilon_m} \tag{5-29}$$

可见，当超声波波长远大于栅长时，灵敏度几乎为零；当波长接近栅长时，灵敏度随着波长的增加而增大；当波长远大于栅长时，灵敏度达到最大值，与式（4-11）一致，即

$$S_m=1-(n_{e0}^2/2)[P_{12}-\sigma(P_{11}+P_{12})] \tag{5-30}$$

2003 年美国西北大学的帕维尔·福米特乔夫（Pavel Fomitchov）和克里希纳斯瓦米（Sridhar Krishnaswamy）实测了一个 FBG 的频响特性。这个 FBG 为中心波长 780.4nm、带宽 0.15nm、栅长 1.7mm、反射率 56%的均匀 FBG。他们发现 FBG 传感器能够检测到 0.5～5.0MHz 频率范围内的超声波信号，频率高于 5MHz 的超声信号有明显的滚转现象。

5.2.1.5 方向角对 FBG 检测超声波的影响

美国西北大学的帕维尔·福米特乔夫（Pavel Fomitchov）和克里希纳斯瓦米（Sridhar Krishnaswamy）等人还研究了 FBG 与超声波传播方向的夹角对测量结果的影响。他们的实验结果表明，光纤光栅传感器产生的信号是传感器对通过介质传播的超声波的响应和轴向导频超声波通过光纤探头本身的响应的叠加。

声导波在圆柱棒上的传播已经得到了广泛的实验和理论研究。圆柱棒上可以激发出不同阶数的模态。每种模式的速度和衰减是一个复杂的函数，与频率、几何形状、杆件和周围介质的机械性能有关。一般来说，对于波长比棒的直径大得多的波长，棒中的波传播本质上就像均匀棒中的波一样，其特性是核心和包层特性的平均值。在另一个极端，当波长比直径小得多时，波的传播就像在一个有着无限厚的包层的棒中一样。因此，弹性脉冲可以看作是在光纤中传播的平面波。在这种情况下，美国乔治亚理工学院的布拉德·比德尔（Beadle）等人提出的集中单元模型可以用来计算纵波在光纤中传播的速度。根据该模型，弹性波在纤维中传播的速度是由玻璃芯材料性能和纤维丙烯酸涂层的面积加权平均值决定的。光纤中纵波的速度可表示为

$$V_{\mathrm{a}}=\left[\frac{Y_1 r^2+Y_2(1-r^2)}{\rho_1 r^2+\rho_2(1-r^2)}\right]^{1/2} \tag{5-31}$$

式中：Y_1 和 Y_2 分别为玻璃芯和包层的杨氏模量；ρ_1 和 ρ_2 分别为玻璃芯和包层的密度；r 为玻璃芯与带包层光纤的半径比值。光纤的石英芯圆柱体的直径为 125μm，密度为 2200kg/m^3，杨氏模量为 72GN/m^2；丙烯酸包层外直径为 250μm，密度为 1168kg/m^3，杨氏模量为 0.75GN/m^2。因此，光纤中纵波超声波的理论波速为 3611m/s。

如果光纤光栅轴线与超声波的传播方向之间存在夹角，如图 5-8（a）所示，则栅区上会出现两种来波，一种是沿着光纤传来的轴向导波，另一种是从声源沿介质传来的直接声波。当直接波的传播时间 τ_{m} 与轴向导波的传播时间 τ_{f} 相等时，这两种波将叠加在一起。能够满足这种叠加条件的入射角为

$$\theta=\arcsin(V_{\mathrm{am}}/V_{\mathrm{af}}) \tag{5-32}$$

式中：V_{am} 为介质中的超声波速；V_{af} 为光纤轴向导波的超声波速。

Pavel Fomitchov 等人实测的 2MHz 范围内的超声波波速是 3630 m/s，与理论计算结果基本一致。他们在水箱中测试了夹角对光栅测量超声波幅值的影响，得到了图 5-8（b）所示的方位图。试验结果显示，在水中，当超声波来波方向与光纤轴线夹角为±30°时，光栅对超声波的响应最大。将水中超声波速 1480m/s 和光纤中超声波速 3630m/s 代入式（5-32），可以计算得到理论上的夹角为±24°，与实验结果比较接近。

5.2.1.6 光纤光栅的增敏

正如前文所述，局部放电过程中，仅有非常小的一部分电场能转化为声能。因此电气设备中局部放电引发的超声波非常微弱。裸光栅对超声波的灵敏度往往不能满足要求，需要采取措施进行增敏。

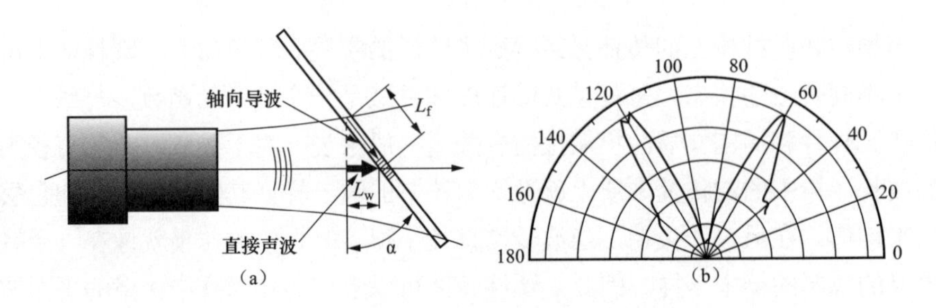

图 5-8　方位角对光栅测量超声波的影响

（a）两种传播路径示意；（b）FBG 的方向图

（1）圆柱封装谐振增敏。2011 年意大利萨尼奥大学的马可 • 皮斯科（Marco Pisco）和安东内洛 • 库托洛（Antonello Cutolo）等人研究了一种用聚氨酯［polyurethane（Electrolube UR5041）］封装的 FBG，如图 5-9 所示，利用聚氨酯圆柱的固有机械谐振特点增强 FBG 对超声波的响应，被应用于水听器和绝缘液体中局部放电超声波的检测。

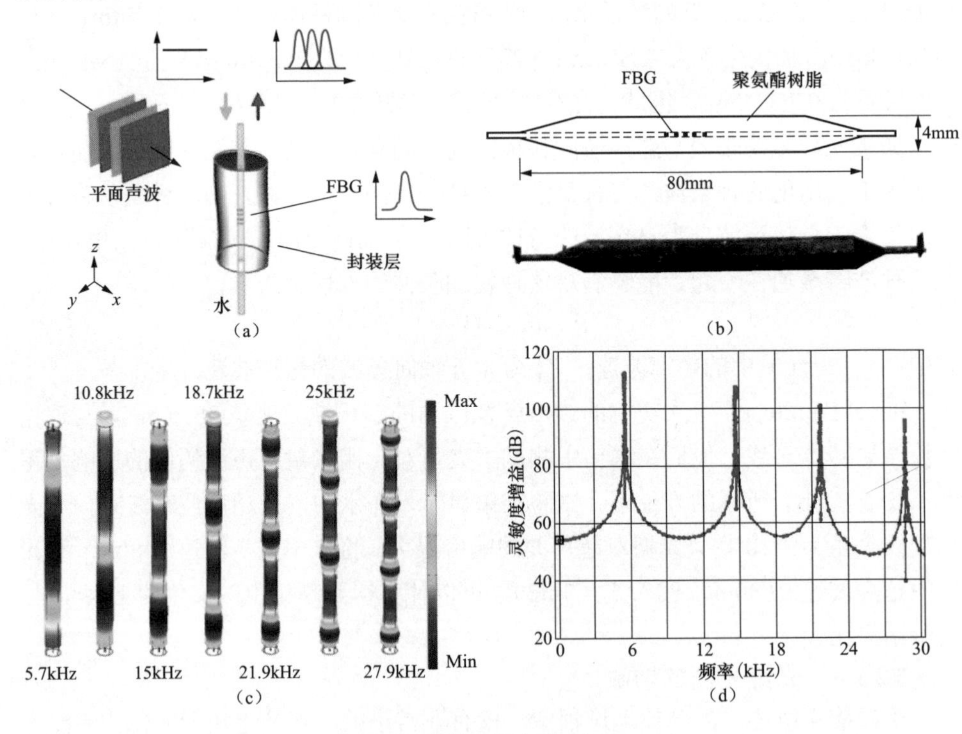

图 5-9　圆柱封装增敏型 FBG

（a）工作场景示意；（b）实物；（c）某一圆柱封装结构的谐振模态；（d）灵敏度增益（h=4cm，R_c/R_f=20）

一般来说，固体物体表现出许多难以用解析方法预测的振动模式。已知材料的长度 L、弹性模量 Y、密度ρ，可以得到圆柱的主共振频率，即

$$f_0=\frac{1}{2L}\sqrt{\frac{Y}{\rho}} \tag{5-33}$$

经过聚氨酯圆柱体的谐振作用，FBG 对谐振频率点上的超声波信号的灵敏度大幅提升，甚至可以提升 110dB。

（2）空腔封装谐振增敏。2014 年山东大学庞丹丹、隋青美等人研究了一种谐振式光纤光栅声发射传感器结构，如图 5-10 所示。传感器采用尺寸为 25mm×5mm×2mm 的聚酯亚胺（PI）板作为基底，用环氧树脂胶将光纤光栅的长光纤端封装在基底一端，基底另一端为拱形槽，中间刻有光纤光栅的传感光纤与长光纤连接并完全悬空在拱形槽上方，有效避免外界应变对光纤光栅中心波长的影响。传感器在使用过程中，当被检结构产生声发射波后，声发射波先经由基底传至与基底粘贴的光纤，然后传至传感光纤左端，再传至光纤光栅，声发射波导致光纤光栅反射谱中心波长发生高频变化，声发射波传送至传感光纤右侧端面发生反射并再次被光纤光栅检测，令光栅反射谱的中心波长再次呈高频变化，同频率的声波在传感光纤中正反向传播并相互叠加导致谐振现象，检测该高频变化叠加波长信息，即可实现对声发射波的检测。谐振式光纤光栅声发射传感器的谐振频率 f_{m} 与传感光纤长度 l 之间的关系可表示为

$$f_{\mathrm{m}}=\frac{2m-1}{4l}V_{\mathrm{a}} \tag{5-34}$$

式中：m 为声波模式阶数（$m=1,2,3,\cdots$）；V_{a} 为声发射波在光纤中波速。

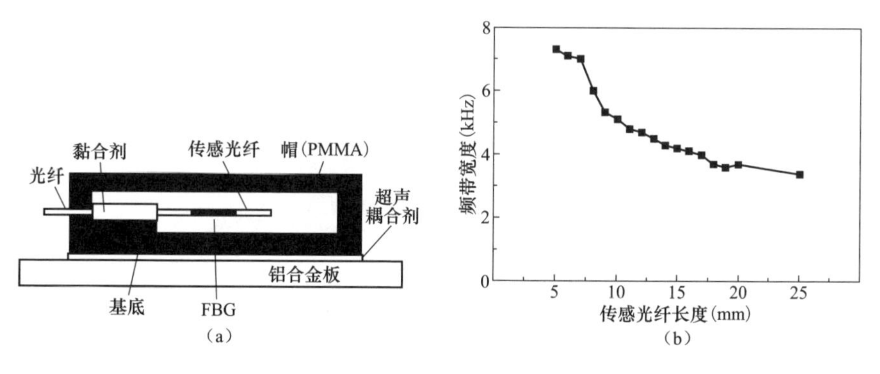

图 5-10　空腔封装谐振型 FBG

（a）传感器结构；（b）测量频带

5.2.2 基于 FBG 的局部放电超声检测技术应用

5.2.2.1 变压器油纸绝缘局部放电检测

巴西帕拉联邦大学的鲁本·法里斯（Rubem G. Farias）等学者尝试将 FBG 直接置于变压器油中进行局放超声信号的检测，并对 FBG 传感器在不同介质、不同布置角度以及改善 FBG 传感器的频率响应进行了相关研究。上海交通大学的叶海峰等学者通过实验对比了 FBG 和 PZT 都布置在局放模型外壁上的检测效果，并重点研究了 FBG 相比于 PZT 在抗电磁干扰和检测灵敏度等方面的表现，研究结果表明 FBG 检测灵敏度高，且抗干扰性优于 PZT。

华北电力大学马国明等人提出一种基于波分时分复用技术的多点光纤布拉格光栅变压器局放超声监测方法，并进行了实验验证。超声传感系统结构如图 5-11 所示。基于多点 FBG 的超声传感系统由窄带可调谐激光器发出一束线宽极窄的激光，其波长 λ_{TL} 为系统工作波长，经过光环形器传入多点光纤光栅串中，光栅串

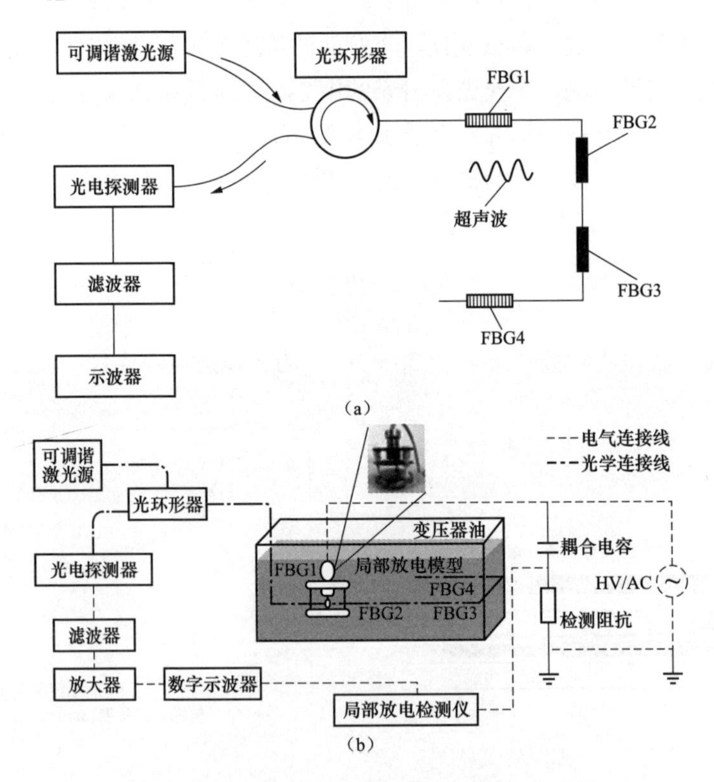

图 5-11 基于多点 FBG 的超声传感系统示意图

（a）基于多点 FBG 的超声传感系统；（b）油中局部放电检测试验平台

上各 FBG 传感器的反射光再经过光环形器传输到光电探测器中，光电探测器将光强信号转化成电信号，对电信号进行滤波后，由数字示波器采集显示。系统光源使用窄带可调谐激光源（santec-TSL710），光源线宽为 100kHz，最人输出功率为 10dBm。光源发出的窄线宽激光经过光环形器耦合进中心波长不同的 FBG 传感器（FBG1～FBG4），反射光再经过光环形器传输到光电探测器中。光电探测器输出的信号经过 40dB 的信号放大器放大后进入示波器。

试验在油箱中预置了悬浮放电缺陷模型，悬浮体与高压电极的间距为 0.2mm，通过工频升压器对模型进行加压。测试结果如图 5-12 所示。当所加电压为 26kV 左右时，悬浮模型发生局放且模型放电量为 320～460pC，局部放电的超声信号主频带为 20～200kHz。

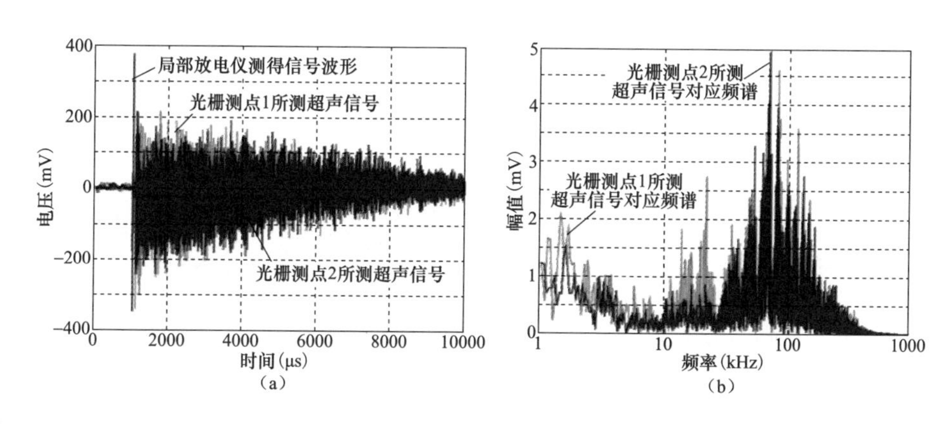

图 5-12　FBG 检测到的油中放电超声信号

（a）时域波形；（b）频谱

马国明等人进一步利用透射谱边沿更陡的相移光栅（PS-FBG）测量油中局部放电超声信号，并利用多点超声信号的时延确定放电点的位置。试验结果如图 5-13 所示。PS-FBG 的灵敏度比传统的压电陶瓷传感器（PZT）高 8.46dB。此外，为了测试 PS-FBG 用于在线监测和现场检测的灵敏度，进行了对比实验。对于安装在油箱外表面的 PS-FBG 和 PZT，PS-FBG 的灵敏度是 PZT 的 4.5 倍。PS-FBG 放在油箱里面（浸在油中）时灵敏度提高了 17.5 倍。

5.2.2.2　电力电缆交联聚乙烯绝缘局部放电检测

2015 年澳大利亚莫纳什大学的塔德乌斯·查泽杰科（Tadeusz Czaszejko）和和贾曼（Jarman A. D.）等人利用聚氨酯封装的增敏型 FBG 超声传感器，检测了电力电缆交联聚乙烯（XLPE）材料中气泡放电和沿面放电的超声信号。局部放电模型和 FBG 传感器均放置在硅油中，使 FBG 传感器能够自由谐振。缺陷设置和检测结果如图 5-14 所示。

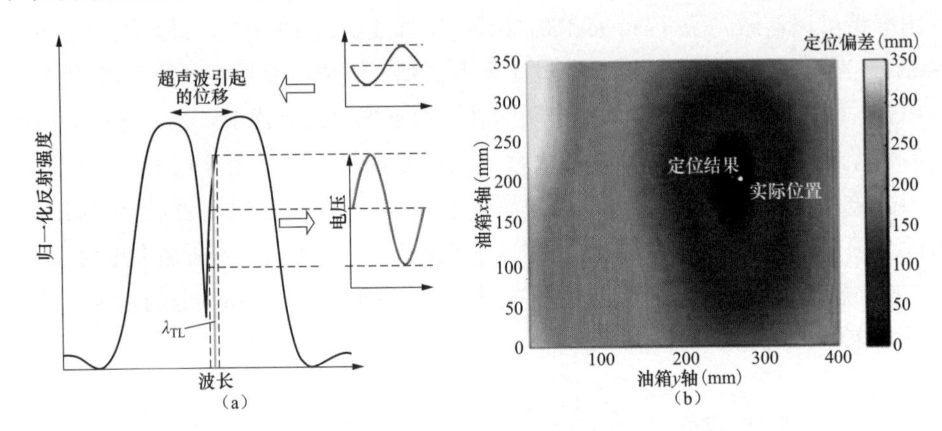

图 5-13　利用相移光栅检测油中局部放电超声信号

（a）相移光栅的边沿检测；（b）局部放电源定位结果

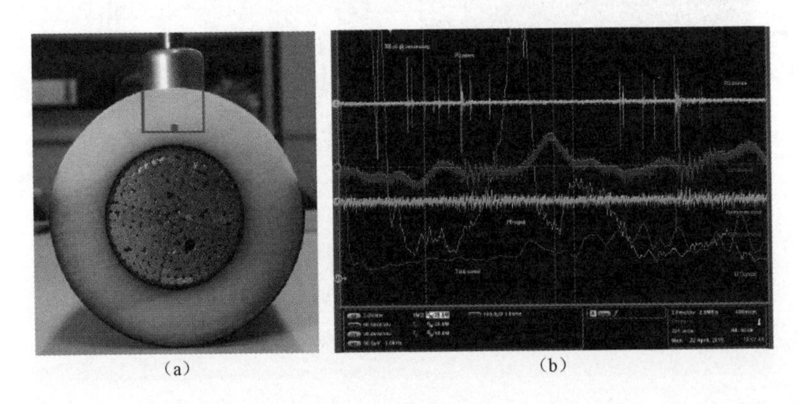

图 5-14　利用增敏型 FBG 检测 XLPE 中的局部放电

（a）XLPE 中的仍气泡缺陷；（b）局部放电信号（300PC）

实验结果表明，经过聚氨酯圆柱形封装增敏的 FBG 的检测灵敏度提高了大约 50dB，能够在几厘米范围内检测到 10pC 的放电。这种传感器同时也能接收到 50Hz 的干扰，可能是封装材料在工频电场作用下的电致伸缩造成的。在实际应用中，可以对传感器进行电磁屏蔽或者放置在电缆终端的应力锥下面，从而避免工频干扰。聚合物涂层技术所获得的灵敏度改善是以牺牲传感器的强共振行为为代价的。这是机电声设备的一个常见问题。下一步应该研究开发能够增加带宽而不损失灵敏度的新型传感器结构。

2019 年华北华北电力大学程养春、李日东等人利用 FBG 检测了 XLPE 中的尖刺——空穴放电。局部放电模型如图 5-15（a）所示，放置在空气中，将裸光栅、聚氨酯封装的圆柱形 FBG、空腔封装的 FBG 三种传感器粘贴在 XLPE 表面，对比了三种传感器的灵敏度。部分试验结果如图 5-15（b）和图 5-15（c）所示，表明在这种粘贴方式下，三种传感器的灵敏度相差不大，其中空腔封装性 FBG 的灵敏度最好，可以检测到 300pC 的放电。

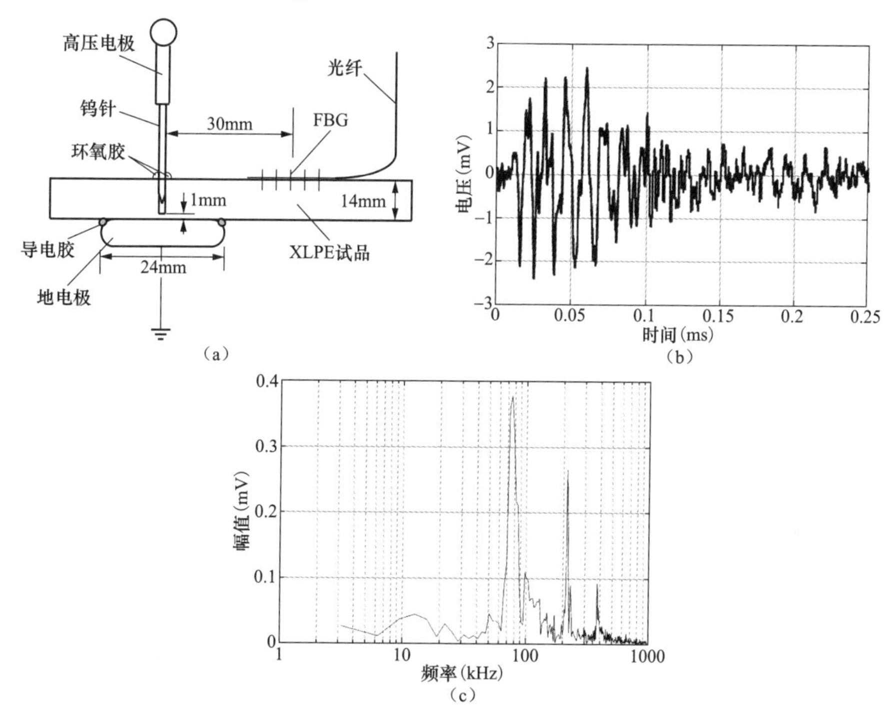

图 5-15　利用 FBG 检测 XLPE 中的局部放电超声信号（放电量 Q 为 1423.9pC）

（a）试品布置图；（b）时域波形；（c）频谱

5.3　基于迈克尔逊干涉和马克-曾德干涉的局部放电超声检测技术

局部放电超声波施加于光纤时，会改变光信号的相位。这种相位变化信息可以通过迈克尔逊（Michelson）干涉和马克-曾德（Mach-Zehnder，M-Z）干涉来检测。新南威尔士大学的学者早在 20 世纪 90 年代初即提出利用 Michelson 光纤干涉仪测量局部放电超声，搭建了系统分别在油纸绝缘以及 GIS 系统上进行了实验，初步验证了 Michelson 光纤干涉仪测量局部放电超声的能力。此后这种检测技术被用于多种电气设备局部放电检测。

5.3.1 双光路干涉法超声检测技术原理

基于双光路干涉法（分为 Michelson 和 Mach-Zehnder 两类结构）的光纤超声传感系统是通过相位调制来实现外界超声信号的测量。它们的系统结构如图 5-16 所示。其测量原理为：激光器发出的光经 3dB 耦合器分为两束相干光，其中一束光进入参考臂，另一束进入测量臂，声波作用于测量臂时，改变了测量臂的折射率，使参考臂和测量臂的相位差发生变化，导致输出光强发生变化。

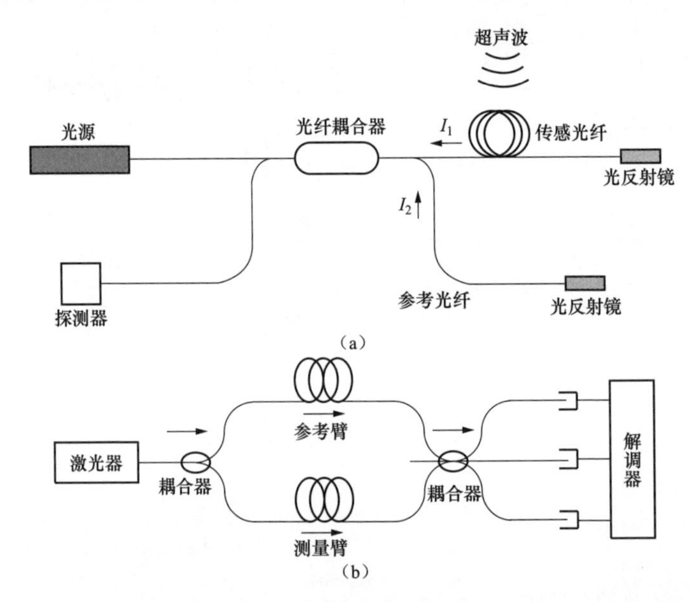

图 5-16　基于双光路干涉的光纤超声测量系统基本结构示意图

（a）Michelson 干涉；（b）Mach-Zehnder 干涉

假设系统中发生干涉的两束光的光强分别为 I_1 和 I_2，则两束光的干涉光强度可表示为

$$I = I_1 + I_2 + 2\sqrt{I_1 I_2}\cos\varphi \tag{5-35}$$

$$\varphi = 2\pi \nu_0 \tau \tag{5-36}$$

式中：φ 为两束干涉光相位差；ν_0 为光频率；τ 为两束光之间的时间延迟差。

当传感光纤和参考光纤折射率 n 相同时，有

$$\tau = \frac{nl}{c} \tag{5-37}$$

式中：l 为干涉仪传感光纤和参考光纤的光程差；c 为真空中的光速。

则干涉光相位差 φ 可表示为

$$\varphi = \frac{2\pi\nu_0 nl}{c} \tag{5-38}$$

由式（5-35）可知，当干涉光相位差 φ 变化时，干涉光强度 I 也会随之发生变化。通过测量干涉光强度的变化即可反映出外界超声波的作用情况。

外部超声波对光纤发生作用，会导致光纤内应力的变化与结构尺寸的变化，从而导致光纤的长度差 l 或纤芯的折射率 n 发生变化，进而引起 Michelson 干涉结构两束干涉光相位差 φ 发生改变，其变化量 $\Delta\varphi$ 可表示为

$$\Delta\varphi = \frac{2\pi\nu_0 nl}{c}\left(\frac{\Delta n}{n} + \frac{\Delta l}{l}\right) \tag{5-39}$$

如图 5-17 所示，当光纤被用于测量气体、液体中的超声波时，声压作用在光纤圆柱体的侧面。在超声波波长远大于光纤直径的条件下，可以认为光纤的应变仅发生在横截面，即

$$\frac{\Delta l}{l} = \varepsilon_z = 0 \tag{5-40}$$

式中：ε_z 是光纤的轴向应变。根据圆柱坐标系下的应力应变关系，可以推导出声波压力 ΔP 作用下光纤的径向应变 ε_r 为

$$\varepsilon_r = -\Delta P(1-\sigma-2\sigma^2)/Y \tag{5-41}$$

由极坐标和直接坐标之间的应变转换关系，可得

$$\varepsilon_x = \varepsilon_y = \varepsilon_r = -\Delta P(1-\sigma-2\sigma^2)/Y \tag{5-42}$$

式中：σ 为材料的泊松比；Y 为材料的杨氏模量。值得注意的是，光纤内的应变是均匀的，且与光纤半径无关。

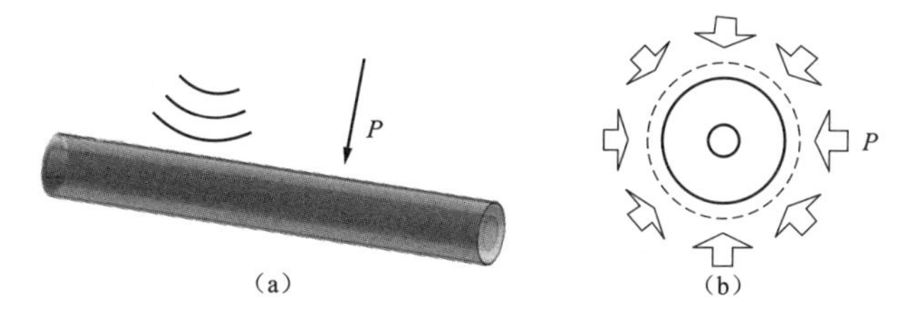

图 5-17　气体、液体介质中声压作用于光纤

（a）介质中的光纤；（b）光纤横截面压力示意

将应变量带入光纤的弹光效应方程，可得折射率的变化量为

$$\Delta n_x = \Delta n_y = -\frac{n^3}{2}(P_{11}\varepsilon_x + P_{12}\varepsilon_y) = \frac{n^3 \Delta P}{2Y}(P_{11} + P_{12})(1-\sigma-2\sigma^2) \tag{5-43}$$

式中：P_{11}、P_{12} 为光纤的弹光系数。

设声波压力 ΔP 产生的附加相位差为 $\Delta\varphi$，则

$$\Delta\varphi = \frac{2\pi \nu_0 \Delta n l}{c} = \varphi \frac{n^2 \Delta P}{2Y}(P_{11} + P_{12})(1-\sigma-2\sigma^2) \tag{5-44}$$

双光束干涉的灵敏度为

$$S = \frac{\Delta\varphi}{\Delta P} = \frac{n^2}{2Y}(p_{11} + p_{12})(1-\sigma-2\sigma^2)\varphi = A\varphi \tag{5-45}$$

典型的石英玻璃光纤的 S 取值为 $4.9\times10^{-12}\text{Pa}^{-1}$。

通过增加光纤长度 L 实现增加相位 φ，是提高灵敏度的有效办法。在测量局部放电时，为了获得较高的测量灵敏度，将传感光纤卷成螺旋线圈，并用环氧树脂封装。另外，为了克服传输光的偏振态不同引起的信号对比度下降，光路中可以使用保偏装置。

5.3.2 双光路干涉法超声检测技术应用

1996 年，澳大利亚新南威尔士大学的阿巴斯·扎尔加里（Abbas Zargari）把 100m 单模光纤绕制成直径 30mm 的光纤环，在小型油浸式变压器上测试了局部放电超声信号，并于 2001 年把光纤绕在直径 100mm 的圆柱形 GIS 模型外，进行了局部放电检测，检测系统的灵敏度取决于绕制光纤的长度。

1997 年香港理工大学的赵志强将 10.5m 的单模光纤绕制成直径 11～14mm 的光纤环（270 圈），再用聚亚安酯固封，研究了其方向特性与声波波长的关系，该系统的灵敏度达到 1Pa。西班牙马德里卡洛斯三世大学的学者将 17m 的光纤绕制成直径 30mm 的光纤环传感器，在 50～200kHz 频响曲线比较平坦，150kHz 时测试角度范围为±30°，最小测试声压 1.3Pa。2013 年，巴西电信研发中心的弗拉卡罗列（Joao P.V. Fracaxolli）研究变压器套管局部放电的测量方法，试验了传感器在固体表面、油和空气中的频响特性。

从上文可知，为了实现高灵敏度声压测量，需要传感器探头材料具有较大的泊松比。2013 年德国联邦材料研究与试验研究所的菲利浦·罗维特（Philipp Rohwetter）等人提出了一个简单的高泊松比传感器探头。如图 5-18 所示，一根纤维小心而轻柔地缠绕在弹性圆筒上。在缠绕的纤维上涂上硅橡胶，使纤维牢固

固定。该传感器探头对高压电缆的电气性能影响小，能承受高的外压强度。选用标准单模光纤（Single Model Fiber，SMF）作为传感光纤，是因为它与传统的光纤链路兼容，且具有大规模生产的能力。为了提高系统的灵敏度，选用高泊松比为 0.49 的硅橡胶作为弹性筒体材料。

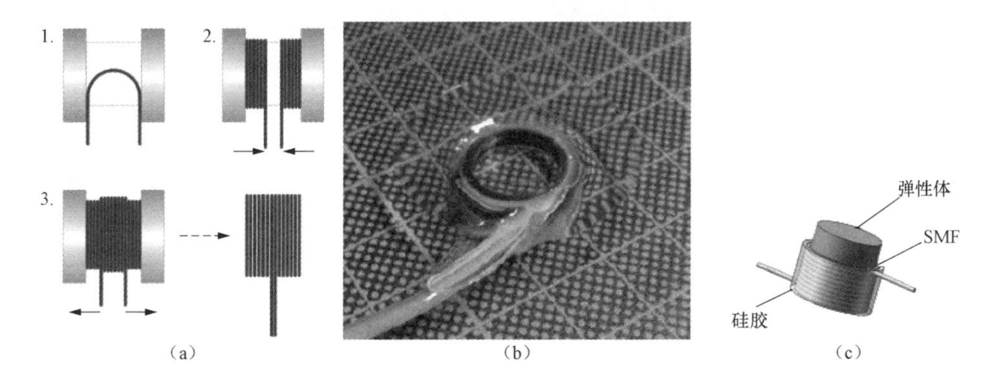

图 5-18　光纤环超声传感器

（a）对称绕制方案示意图；（b）半成品；（c）类似光纤环

2016 年上海大学的张通志和庞富飞等人将单模光纤绕制在一种高弹性的硅橡胶柱体上形成光纤传感器声探头，与迈克尔逊光纤干涉仪相结合，用于检测高压电缆系统附件GIS终端接头内金属颗粒局部放电产生的声发射，如图 5-19 所示。所开发的传感器头集成了一个紧凑和相对高灵敏度的圆柱形弹性体［见图 5-18（c）］。该传感器的灵敏度为 1.7rad/MPa，响应频率高达 150kHz。测到的放电超声信号如图 5-20 所示。

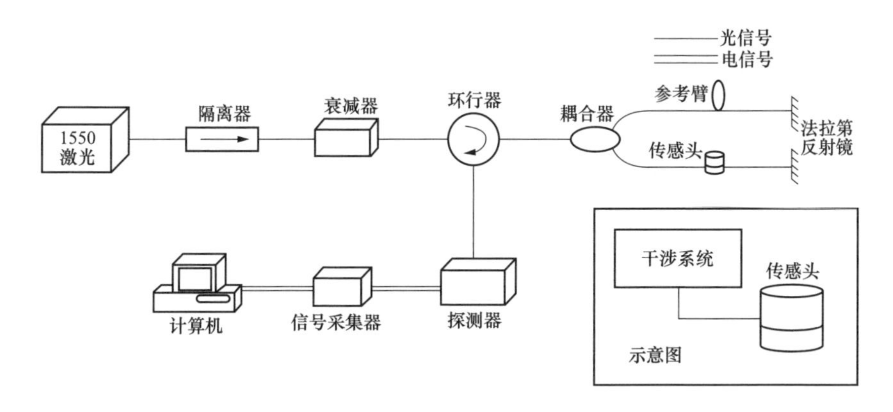

图 5-19　基于光纤迈克尔逊干涉的局部放电超声检测系统示意图

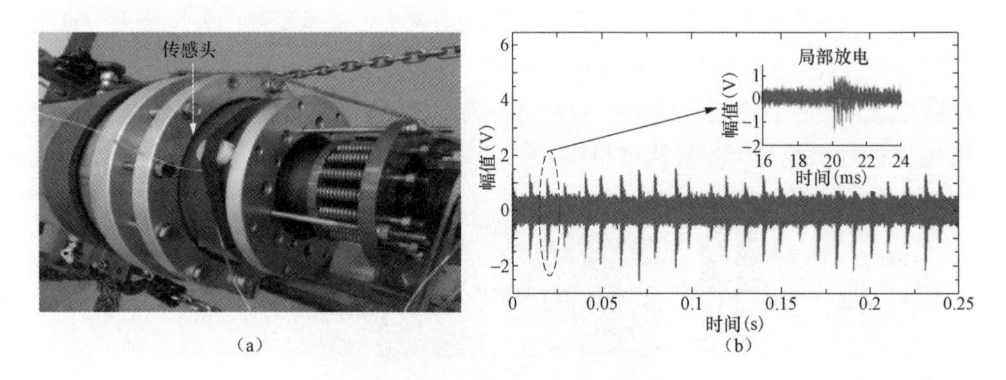

图 5-20　光纤迈克尔逊干涉超声检测系统用于气体绝缘式电缆终端局部放电检测

（a）现场试验场景；（b）局部放电信号

2019 年华北电力大学马国明利用光纤迈克尔逊干涉局部放电超声检测系统测量了 GIS 中多种类型的局部放电信号，其光纤测量系统如图 5-21 所示。通过在盆式绝缘子表面及附近腔体设置金属颗粒，模拟可能引发盆式绝缘子表面闪络的缺陷。共设置两种放电模型：①绝缘子表面金属颗粒放电模型，通过于绝缘子表面中部固定长度 30mm，直径 2mm 的铝丝，模拟绝缘子表面吸附金属微粒后的放电缺陷；②临近绝缘子处壳体尖端放电模型，通过于壳体内壁靠近绝缘子表面设置长度 30mm、直径 2mm 的铝丝，模拟绝缘子附近尖端放电缺陷。所研制光纤超声传感器平均灵敏度为 82.5dB［0dB=1V/（m·s^{-1}）］，比 PZT 传感器（R15a）高 18.7dB。基于真实 126kV GIS 开展干涉型光纤超声传感器性能测试，试验结果如图 5-22 所示。对于绝缘子表面金属颗粒放电，当 U=35.8kV 时，光纤传感器可检测出超声信号；而当 U=49.8kV 时，PZT 传感器仍未能检测出超声信号。对于壳

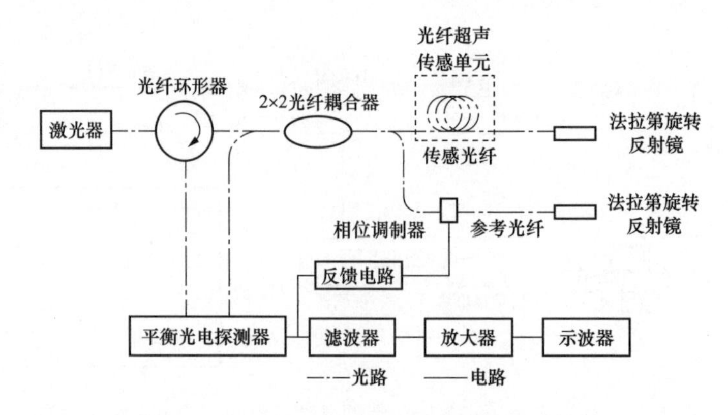

图 5-21　基于光纤迈克尔逊干涉的局部放电超声检测系统示意图

体尖端放电，光纤超声传感器的局放检测电压比 PZT 低 44%，可测放电量低 37.2%。当 U=29.6kV，在相同超声信号激励下，光纤传感器最大响应幅值比 PZT 高 552%。

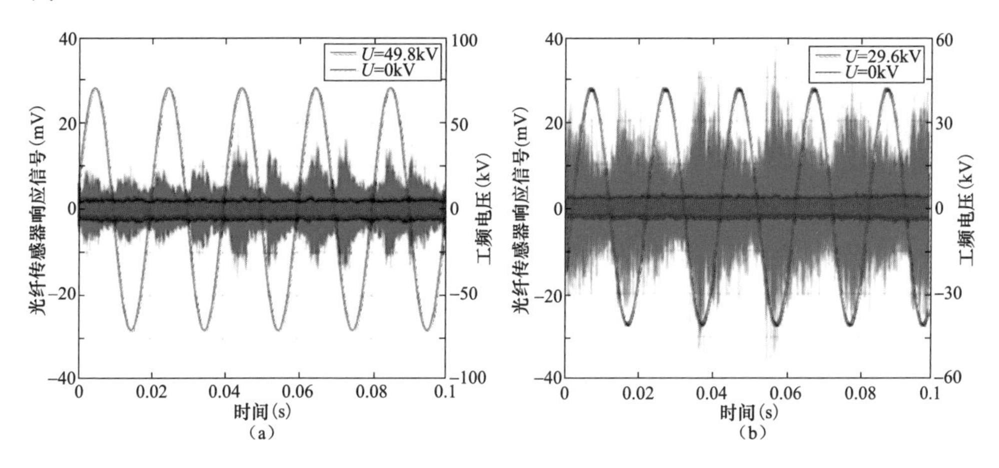

图 5-22 光纤迈克尔逊干涉超声检测系统用于电缆 GIS 终端局部放电检测

（a）U=49.8kV 时金属颗粒放电；（b）U=29.6kV 时尖刺放电

5.4 基于萨格纳克干涉的局部放电超声检测技术

相较于前述的迈克尔逊（Michelson）和马赫-曾德尔（Mach-Zehnder）光纤干涉仪，萨格纳克（Sagnac）光纤干涉仪属于共路径的单模光纤干涉仪，具有抑制低频信号的特性，也能够检测出由局部放电超声信号引起的光纤中光信号的相位变化信息，从而用于局部放电检测。

5.4.1 Sagnac 干涉法超声检测技术原理

5.4.1.1 环形光路的 Sagnac 干涉法

Sagnac 光纤干涉仪基本结构包含激光源、光纤耦合器、一定长度的传感光纤环路以及绕制的光纤传感器和光电探测器。当光源发出的探测光经过光纤耦合器后被分为沿顺时针传播的光路和沿逆时针传播的光路。Sagnac 干涉仪的基本原理为两束沿相反方向的光在光路中传输，在耦合器的输出端产生干涉。环形光路结构如图 5-23 所示，在稳态情况下，光在环形 Sagnac 系统中传播，设光源向 3dB 耦合器（2×2 耦合器）的输入端 1 注入的光信号为

$$E_1 = E_0 \cos(\omega t + \varphi_0) \tag{5-46}$$

从耦合器 3 端口输出并沿顺时针传播的光信号为

$$E_3 = \frac{\sqrt{2}}{2} E_0 \cos(\omega t + \varphi_0) \tag{5-47}$$

从耦合器 4 端口输出并沿逆时针传播的光信号为

$$E_4 = \frac{\sqrt{2}}{2} E_0 \cos\left(\omega t + \varphi_0 + \frac{\pi}{2}\right) \tag{5-48}$$

光沿着顺时针方向从耦合器的端口 3 传到耦合器的端口 2 后，光信号为

$$E_{3\to2} = \frac{1}{2} E_0 \cos\left(\omega t + \varphi_0 + \frac{2\pi nL}{\lambda}\right) \tag{5-49}$$

式中：n 为光纤折射率；L 为传感光纤长度；λ 为波长。

光沿着逆时针方向从耦合器的端口 4 传到耦合器的端口 2 后，光信号为

$$E_{4\to2} = \frac{1}{2} E_0 \cos\left(\omega t + \varphi_0 + \pi + \frac{2\pi nL}{\lambda}\right) \tag{5-50}$$

显然，Sagnac 光纤干涉系统顺逆两束光的相位差为 π，则从耦合器端口 2 检测到的光信号强度为零。

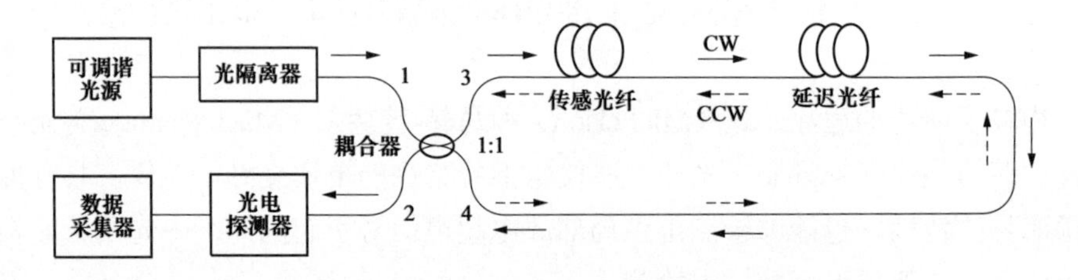

图 5-23　环形光路 Sagnac 干涉用于检测局部放电超声信号

因为延迟光纤的存在，两路相反方向的光在经过传感光纤的相同位置处时会有光程差，当传输过程中受到局部放电等外界振动信号的影响时，会使两者的光程差发生改变，则从耦合器端口 2 检测到的光信号强度不为零。局部放电发生时，顺时针光和逆时针光先后经过局部放电发生部位，从而使得受到局部放电超声信号调制的光信号先后返回光电探测器，进而会使顺逆两束光干涉时发生瞬时的相位变化。相位的变化又引起干涉光功率的变化，经由光电探测器转化为电信号，从而实现局部放电信号的识别与检测定位。

假设传感光纤环路总长度为 L，光纤传感器（即外界声扰动源所在位置）沿

顺时针所在位置为 z，显然沿顺时针传播的光到达光纤传感器位置的时间为 $\tau_1 = z/V$，其中 V 为光波在光纤内的传播速度；而沿逆时针传播的光到达光纤传感器位置的时间为 $\tau_2 = (L-z)/V$，则外界声扰动对光纤传感器内的光波产生的相位差为

$$\Delta\varphi(t) = \varphi(t-\tau_1) - \varphi(t-\tau_2) = \frac{L-2z}{V}\frac{\mathrm{d}\varphi}{\mathrm{d}t} \tag{5-51}$$

则干涉光光强输出为

$$I(t) = 0.5I_0[1+\cos\Delta\varphi(t)] \tag{5-52}$$

式（5-51）表明，Sagnac 光纤干涉仪近似测量信号的一阶导数，且整体传感系统的频率响应与光纤传感器的所在位置有关。这与 Mach Zehnder 和 Michelson 干涉仪的频率响应只依赖于光纤传感器的声学特性而与光路位置无关不同。不同光纤环路总长对 Sagnac 光纤干涉仪的频率响应及其与 Mach-Zehnder 光纤干涉仪的频率响应比较见图 5-24。

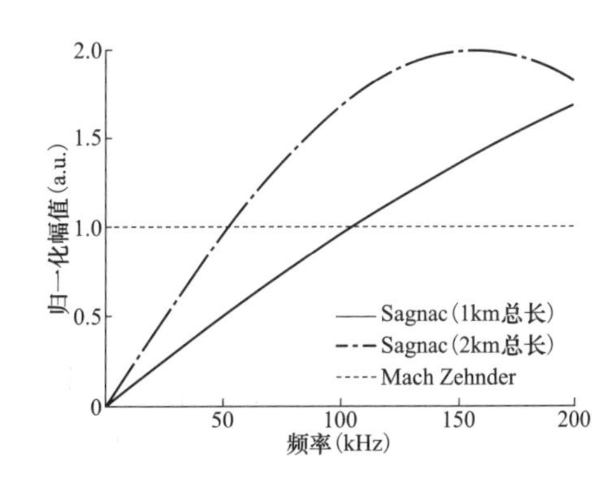

图 5-24 Mach-Zehnder 光纤传感系统与不同长度的 Sagnac 光纤传感系统频率响应比较

5.4.1.2 直线形光路的 Sagnac 干涉法

直线型 Sagnac 环光路拓扑结构如图 5-25 所示。激光器 A 发出的宽带激光经 B 进入光纤回路。由耦合器 B 形成四个光路环，可分为路径①：耦合器 B 的 6 端口—延迟光纤—C—传感光纤 1—M—传感光纤—D—传感光纤 2—M—传感光纤 1—C—延迟光纤—B 的 6 端口；路径②：B 的 6 端口—延迟光纤—C—传感光纤 1—M—传感光纤 2—D—传感光纤 2—M—传感光纤 1—C—B 的 4 端口；路径③：B 的 4 端口—C—传感光纤 1—M—传感光纤 2—D—传感光纤 2—M—传感光纤 1—C—B 的 4 端口；路径④：B 的端口 4—C—传感光纤 1—M—传感光纤 2—D—传感光纤 2—M—传感光纤 1—C—延迟光纤—B 的 6 端口。由光的干涉原理可知，在 4 条光路中只有两条光程回路在 3×3 耦合器 B 处发生干涉，即光路②和光路④的两束光发生干涉，形成干涉环路。

与环形光路 sagnac 干涉法类似，局部放电超声信号造成这两束光的相位差的

瞬态变化，进而引发干涉光强的瞬态变化。

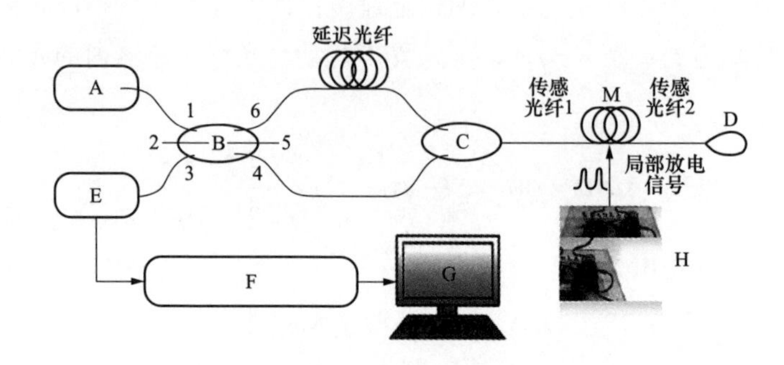

图 5-25　直线型 Sagnac 环光路拓扑结构

A—ASE 宽带光源；B—3×3 耦合器；C—2×1 耦合器；D—光纤环反射器；

E—平衡检测器；F—数据采集卡；G—上位机；H—局部放电源；

M—受到局部放电信号作用一段光纤或者光纤环

在实际应用中，为了防止测量死区、扩大量程范围，常常采用 3×3 耦合器（见图 5-25）。在理想情况下，3×3 耦合器的分光比为 1:1:1，每一支路光输出光强为光源光强的 1/3，光纤耦合器的耦合相移 φ_c 等于 120°，则顺逆两束光的相位差为固定值 2π/3。由 Sagnac 效应可知，顺、逆时针的光在光电探测器处的干涉信号光功率为

$$\begin{aligned}I(t)&=\frac{1}{3}I_0\{1+\cos[\Delta\Psi+\varphi(t-\tau_a)+\varphi(t-\tau_b)-\varphi(t-\tau_c)-\varphi(t-\tau_d)]\}\\&=I_{dc}(t)+I_{ac}(t)\end{aligned}\tag{5-53}$$

式中：I_0 为输入光功率；$\varphi(t)$ 为振动引起的相移；$\Delta\Psi$ 代表了由其他信号引起的常数非互易相移；τ_a、τ_b 分别为顺时针光先后两次经过局部放电点的延迟；τ_c、τ_d 分别为逆时针光先后两次经过局部放电点的延迟。

5.4.1.3　局部放电源定位方法

以环形光路为例，假设施加在光纤上的超声波压力信号是正弦信号 $\varphi(t)=\varphi_0\sin\omega_a t$，其中，$\varphi_0$ 是压力造成的光信号相位变化幅值。假设 φ_0 很小，而且 $\Delta\psi=\pi/2$，则相干光强的交流功率为

$$I_{ac}(t)\approx-P_0\varphi_0\cos(\omega_a t-\omega_a\tau/2)\sin(\omega_a\Delta\tau/2)\tag{5-54}$$

$$\tau=\tau_1+\tau_2\tag{5-55}$$

$$\Delta\tau=\tau_2-\tau_1\tag{5-56}$$

则光强振荡幅值为

$$I_{am} = I_0 \varphi_0 \sin(\omega_a \Delta\tau/2) \tag{5-57}$$

当超声波信号的频率符合下列条件时，干涉光强交流成分的幅值为零，即

$$\omega_a \Delta\tau = 0, 2\pi, \cdots, 2N\pi \tag{5-58}$$

其中，N 为整数。因此，超声源的位置 z 与信号频谱中的零值之间的关系为

$$z = \frac{1}{2}\left(L - \frac{Nc}{n_e f_{a,null}}\right) \tag{5-59}$$

5.4.2 Sagnac 干涉法超声检测技术应用

5.4.2.1 Sagnac 干涉法用于硅橡胶材料中的局部放电检测

2014 年德国联邦材料研究与试验研究所菲利浦·罗维特（Philipp Rohwetter）等人利用单模光纤 Sagnac 局部放电声传感系统研究了电缆接头的硅橡胶在交直流电压下的局部放电过程。对比了光纤传感器和电测法在正极性直流 PDIV 以上同时测到了大约 100pC 的直流局放脉冲，还特别报道了一种在直流 PDIV 以下产生的难以用常规电测法检测到的小于 1pC 的超声信号，称之为“反常放电”。对比之下，Sagnac 传感系统检测到的声脉冲数量更多、信噪比更强，而常规局部放电检测仪 MPD600 检测到的电脉冲的数量较少，且放电量极低，仅达到了 200fC。传感器设置如图 5-26（a）所示。部分试验结果如图 5-26（b）所示（其中 A-FOS 信号为超声信号，$S_{A\text{-}FOS}$ 为超声信号响度值，$S_{A\text{-}FOS}$ 的单位 rel.noise 表示信号与实际噪声峰值的关联值）。图 5-27 中直流局放试验中常规电信号测量系统的背景噪声小于 1pC。

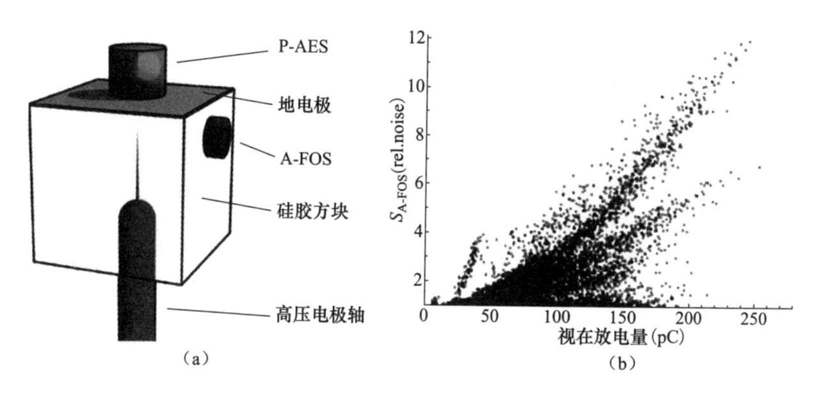

图 5-26 交流电压下硅橡胶内部针板放电超声信号测量

（a）试验设置；（b）7.6kV 电压下视在放电量与声信号幅值关系

德国柏林技术学院的亚西尔·侯赛因·马利克（Yasir-Hussain Malik）等人也进行了类似于图 5-26（a）所示的试验，对比了 13.49kV 电压下常规局部放电检测技术、高频电流传感器（HFCT）、压电陶瓷超声波传感器（P-AES）和光纤超声波传感器 A-FOS 检测信号的统谱图，如图 5-28 所示。该谱图的横坐标

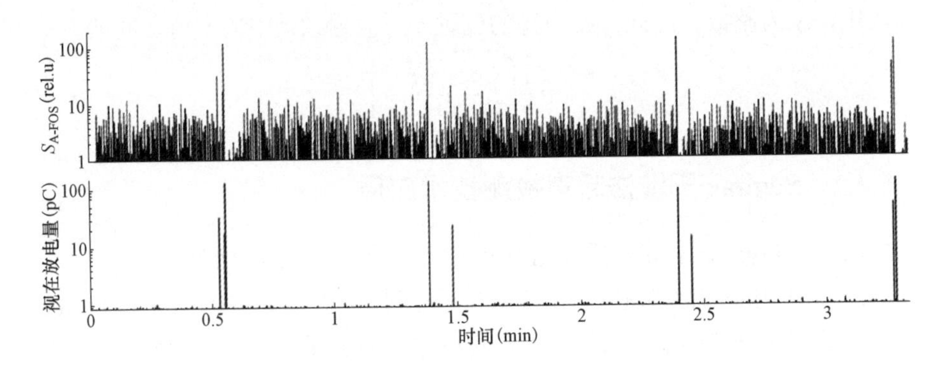

图 5-27　10.6kV 直流电压下硅橡胶内部针板放电超声信号测量

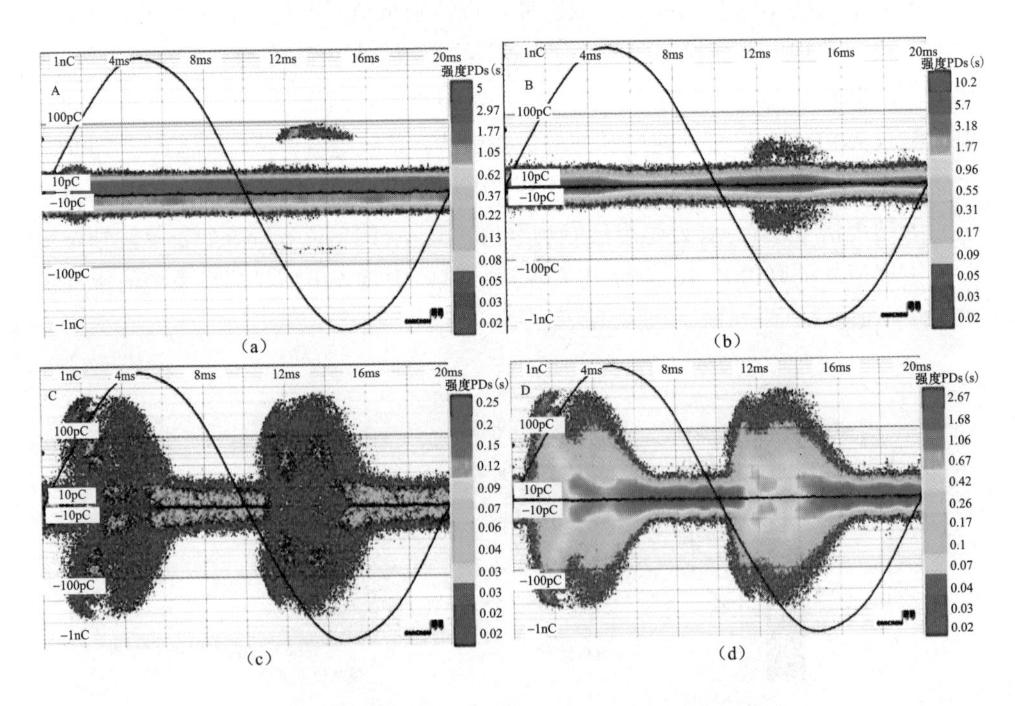

图 5-28　四种传感器检测到的局部放电（PRPD）模式

（a）电信号；（b）HFCT 信号；（c）P-AES；（d）P-FOS

是时间（一个工频周期），纵坐标是局部放电信号幅值，颜色表示每秒出现放电脉冲的次数。工频正弦电压波形也被显示在谱图中。测试样品被校准到 10pC，因此 10pC 以下的脉冲被认为是噪声。显然，声学传感器检测到的局部放电脉冲更多。

5.4.2.2 Sagnac 干涉法用于油纸绝缘材料中的局部放电检测

西安交通大学徐阳等人利用 Sagnac 干涉法检测了变压器油纸绝缘中电晕、悬浮电位放电和气泡放电三种局部放电模型的局部放电超声信号，并与常用的压电陶瓷传感器 PZT、高频电流传感器 HFCT 进行了对比。试验接线如图 5-29 所示，检测结果如图 5-30 所示。三种模型中，Sagnac 光纤传感器对局部放电声发射的检测效果最好（即使 HFCT 检测到的电信号低于背景噪声水平）。这说明 Sagnac 光纤传感器具有较好的抗电磁干扰能力和灵敏度，有望在未来的 PD 监测仪器中发挥重要作用。

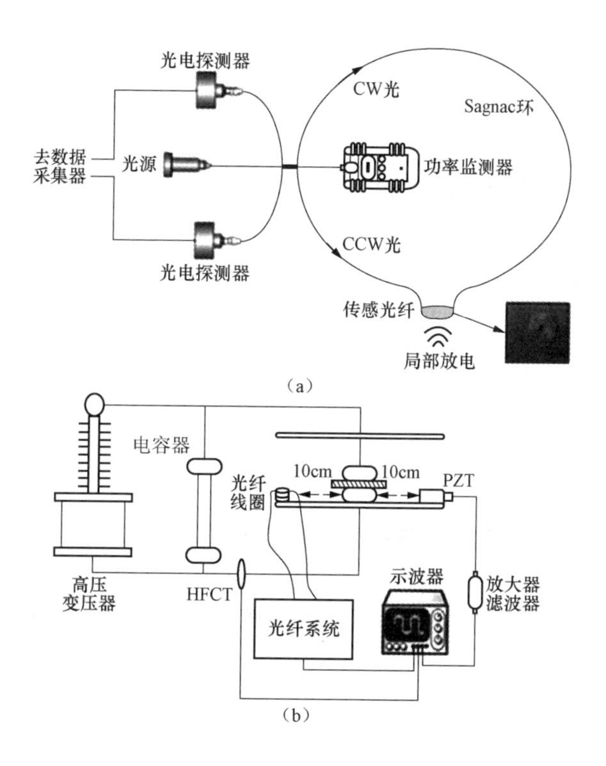

图 5-29　光纤 Sagnac 干涉法用于油纸绝缘局部放电检测

（a）环形光路 Sagnac 环；（b）试验接线

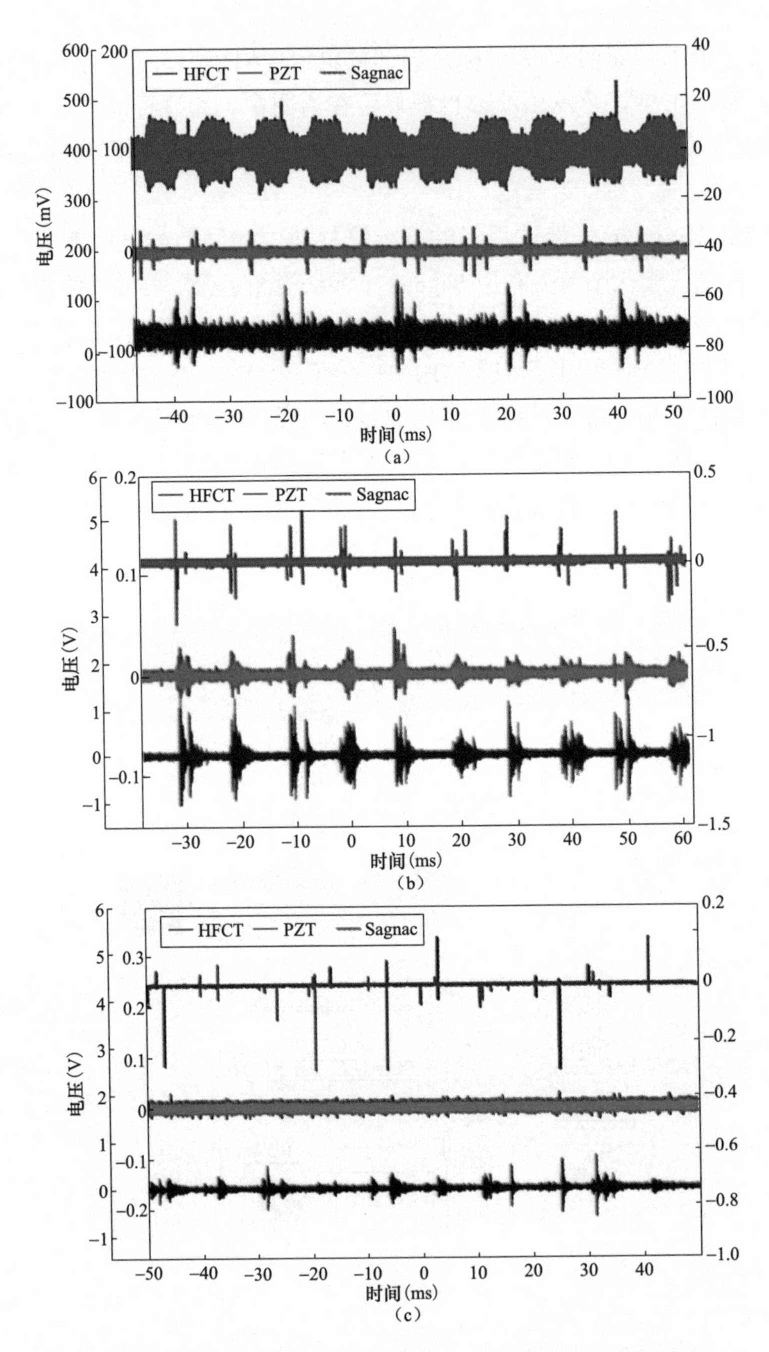

图 5-30　光纤 Sagnac 干涉法检测到的油纸绝缘局部放电超声信号

（a）电晕放电；（b）悬浮放电；（c）气泡放电

5.5 基于法布里–珀罗干涉的局部放电超声检测技术

光纤法布里-珀罗（(Fabry-Perot，F-P）传感器是近来人们研究的另一种用于局放声检测的超声传感器。美国弗吉尼亚理工大学的学者提出了利用外腔式 F-P 腔光纤干涉仪测量局部放电超声信号，国内已有哈尔滨理工大学、华北电力大学、中国科学院电工所等科研院所基于该原理构建了相应的 F-P 传感器，并且进行了现场实验。光纤传感器对于电力设备局部放电声检测具有良好的应用前景。

5.5.1 基于光纤 F-P 干涉的局部放电超声检测技术原理

5.5.1.1 本征型 F-P 干涉仪

本征型 F-P 干涉仪（Intrinsic Fabry-Perot Interferometer，IFPI）由两个反射面构成，谐振腔是光纤介质。其工作原理如图 5-31 所示，激光器输出的光经耦合器（或者环形器）输入至 F-P 传感器，光在两个反射面之间来回反射，它们的干涉结果再经过耦合器（或者环形器）输出至光电探测器。声波改变了两个反射面之间的光程，导致干涉相位和干涉强度的变化。该传感系统无需保偏器件，且光的导入导出在同一根光纤内，外界应力和弯曲等因素对光纤的作用相抵，属于自参考型干涉仪。

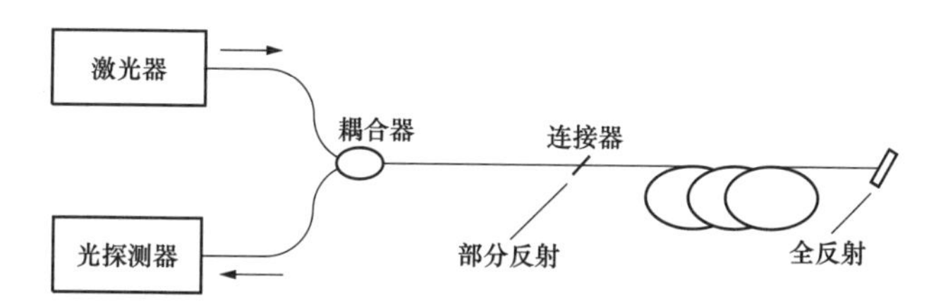

图 5-31 F-P 传感器的工作原理

F-P 腔的光强透射系数 T_{FP} 和反射系数 R_{FP} 分别为

$$T_{\mathrm{FP}}=\frac{1-R_1-R_2+R_1R_2}{1+R_1R_2-2\sqrt{R_1R_2}\cos\Delta\phi} \tag{5-60}$$

$$R_{\mathrm{FP}}=\frac{R_1+R_2-2\sqrt{R_1R_2}\cos\Delta\phi}{1+R_1R_2-2\sqrt{R_1R_2}\cos\Delta\phi} \tag{5-61}$$

$$\Delta\phi=4\pi nL/\lambda$$

式中：$\Delta\phi$ 为干涉相位；L 为谐振腔长度；λ 为光波波长 R_1 和 R_2 分别为谐振腔前

后面的反射率。反射系数随干涉相位的变化曲线如图 5-32 所示。

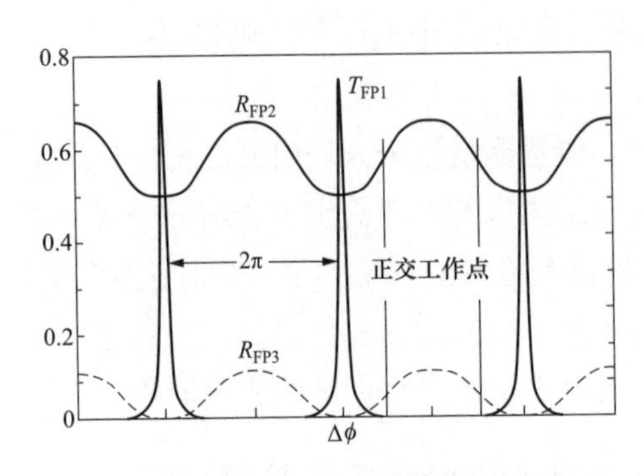

图 5-32　F-P 干涉仪的光谱

（FP1：R_1=R_2=0.95；FP2：R_1=0.035，R_2=0.95；FP3：R_1=R_2=0.035；）

5.5.1.2　非本征型 F-P 干涉仪

非本征型 F-P 干涉仪（Extrinsic Fabry-Perot Interferometer，EFPI）由光纤端面反射镜和非光纤反射镜构成，谐振腔是非光纤介质。用于局部放电测量的 EFPI 传感器采用膜片式结构，如图 5-33 所示。在光纤接头的端面加工一层硅膜，当光纤内的光抵达光纤接头处时，部分光会反射回入射端口，而部分光透射到硅膜处再被反射回入射端口，由于外界声扰动会改变硅膜的振动从而带来光纤端部谐振腔长度的变化，因此该谐振腔的反射谱发生相应改变，结果造成入射端口处的光电探测器接收到的反射光强度随着外界声信号相应改变。该谐振腔为空气腔体，光偏振方向稳定性高。敏感膜面积小，测试角度大，定位精度高。

EFPI 具有以下优点：①由于信号光（从薄膜反射的光）和参考光（由光纤端面反射的光）经过完全相同的传输路径，光纤沿线的扰动同时作用到信号和参考光，不会影响到测量结果，测量只受 F-P 腔长的影响；②由于干涉仪的关键部分是空气腔，光在其中传输时偏振态不会发生变化，信号光与参考光的偏振态一致，能够达到最大的干涉对比度；③灵敏度高，方向性好，抗干扰能力强。能抑制超声振动多路径传播带来的影响；④F-P 干涉检测系统的探头微小，可以作为一种点式传感器，对电力设备重点部位进行检测。

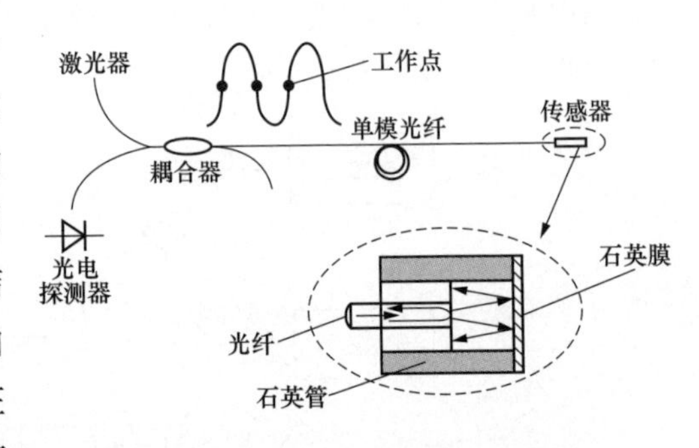

图 5-33　光纤 EFPI 传感器的工作原理

EFPI 和 IFPI 之间存在两个显而易见的基本差异：①在腔中传播的光束通常是发散光束，普遍采用高斯光束近似；②隔膜或者镜子的运动可以有更多的自由度。由于光束的发散，耦合回光纤的功率将被衰减。即使镜子没有倾斜，随着往返次数的增加，光束的发散将会导致大的损耗，此时干涉仪可以看成低精度的 F-P

干涉仪或者斐索（Fizeau）干涉仪。显而易见，隔膜的变形或者镜子的位移使得腔长 d 变化。高灵敏度 EFPI 希望有高可见度的干涉条纹，而可见度取决于两个腔面的反射率 R_1 和 R_2。当 $R_1 = R_2(1-R_1)^2 T_1^2$ 时，可见度最大，其中耦合系数 T_1 是 d 的函数，当倾角为零时，$T_1 \approx z_0/2d$，式中 z_0 是瑞利长度。对于解理的光纤端面，菲涅尔反射率大约为 3.5%，因此有必要在光纤端面上蒸镀反射膜。当反射率固定后，可见度将随着腔长 d 的变化而变化。图 5-34 给出了干涉信号随腔长的变化关系。

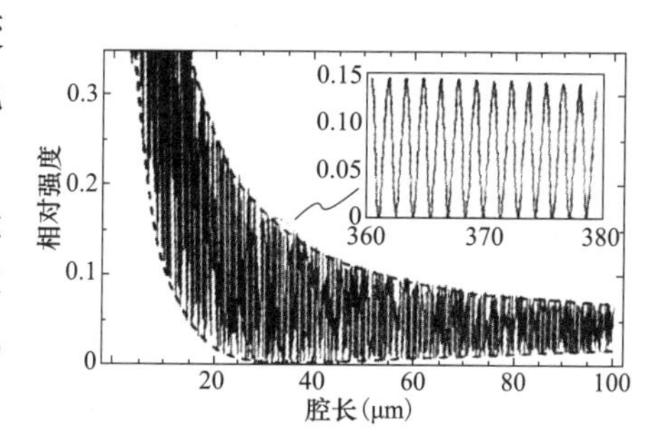

图 5-34　干涉信号随着腔长的变化

膜片是非本征法-珀超声传感器的换能元件，作为声波信号和光信号耦合媒介，其特性参数直接影响传感器灵敏度，式（5-62）为 EFPI 频率的公式。根据弹性力学原理，对于四周全约束的圆形薄片固有频率，在一个单位应力作用下，膜片中心位移为静压灵敏度，可用式（5-63）表示。以石英膜片为耦合单元的 EFPI 传感器的频响特性决定于膜片固有频率。只有当激励频率在膜片固有频率附近时，膜片处于共振状态，振幅出现最大值。因此，为获得高灵敏度传感器，EFPI 传感器具有较高静压灵敏度的同时，其有效带宽应包括局部放电声信号频率最丰富的频带。

$$f = \frac{10.21}{2\pi a^2}\left[\frac{Dg}{h\rho}\right]^{1/2} \tag{5-62}$$

$$y(P) = \frac{3(1-\sigma^2)}{16Yh^3}a^4 P \tag{5-63}$$

$$D = \frac{Yh^3}{12(1-\sigma^2)} \tag{5-64}$$

式中：h 为膜片厚度；D 为抗弯强度；a 为膜片半径；ρ 为材料密度；Y 为弹性模量；σ 为泊松比；g 为重力加速度；P 为压力强度。

5.5.2　光纤 F-P 干涉法检测局部放电技术的应用

哈尔滨理工大学赵洪等人采用微机电系统（Micro Electro Mechanical System，MEMS）工艺制作了石英膜和硅膜 EFPI 传感器。其中硅膜 EFPI 的硅膜厚度为 60μm，边长 a 为 4mm，l 为 F-P 腔的长度，并对膜片内侧做镀金处理以提高灵敏度。理论计算的膜中心的位移灵敏度为 0.087nm/Pa，比石英膜提高了 7 倍多。石英膜 EPFI 的石英膜厚度 h 为 40μm，直径 a 为 2mm 和 1.5mm。制成的 EFPI 传感器如图 5-35 所示。

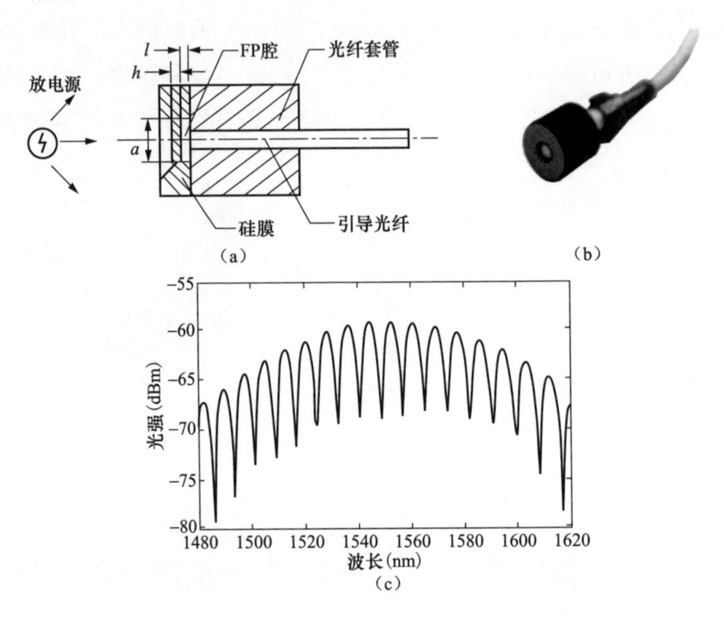

图 5-35　哈尔滨理工大学制作的 EFPI 传感器

（a）结构示意；（b）实物；（c）反射光谱

利用自制的 EPRI 传感器检测装有变压器油中的针-板放电，并与 PZT 超声传感器进行对比，结果如图 5-36 所示。试验所用 F-P 传感器膜片为石英膜，厚为 60μm、边长为 4mm，系统有 214mV 的响应，测得的放电量约 4000pC，则 F-P 传感器最小可测得的放电量达到 150pC。PZT 传感器的输出信号中，前一部分小信号应为经油箱壁传播的先到达传感器的声波，后一部分大信号为油中直接到达传感器的信号，显然给放电源定位定量测量带来困扰，而光纤传感器可放于油中就避免了此类问题。

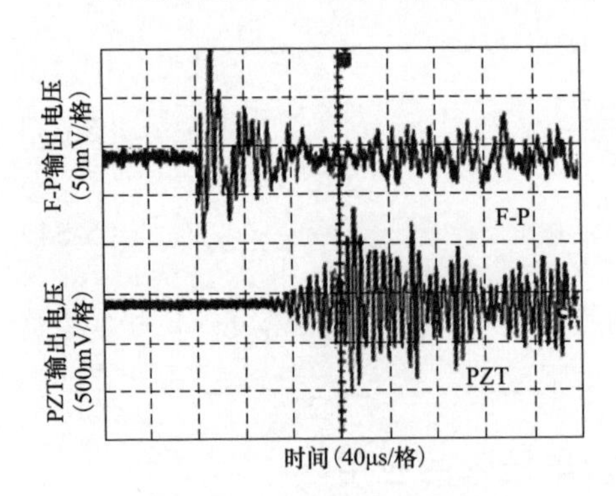

图 5-36　硅膜结构的 F-P 和 PZT 测得的局放声信号

中国科学院电工研究所郭少朋等人也利用 EFPI 传感器检测了变压器油中的局部放电超声信号，并利用 3 只传感器确定放电源的位置，测距离误差小于 1cm，实现了局部放电源的精确定位，如图 5-37 所示。经校准，该系统可测试最小局部放电声波信号的声压约 1Pa，可以用于局部放电测试。

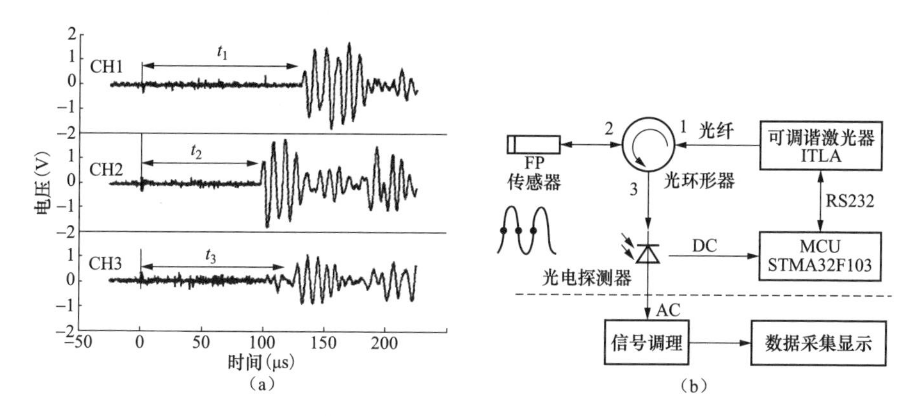

图 5-37　中国科学院的 EFPI 局部放电检测系统及检测到的局部放电信号

（a）EFPI 局部放电检测系统；（b）检测到的油中放电

5.6　基于相干光时域反射的局部放电超声检测技术

尽管单模光纤 Sagnac 声传感系统具有较高的灵敏度，且在电缆局部放电超声检测方面表现出良好的应用潜力，然而由于电缆及其附件一般跨度较长，光纤传感的长距离监测优势未能体现出来。因此近年来，业内学者提出了利用相干光时域反射仪（Coherent Optical Time Domain Reflectometer，COTDR）进行局部放电超声测量，实现了准分布式局部放电信号检测。

5.6.1　相干光时域反射法的检测原理

利用相干光时域检测局部放电超声信号的基本原理是局放超声信号引起光纤应变，进而造成应变点的瑞利散射发生变化。通过瑞利散射光时域反射仪检测瑞利散射光，即可确定局部放电源的位置以及局部放电超声信号的强度。窄线宽的相干光源发出连续光通过耦合器进入声光调制器，声光调制器将连续光调制成脉冲光序列，并通过环形器导入到探测光纤中。此时光纤内的每一点均是一个散射中心，脉冲光在光纤内传播的过程中会不断发生散射，其中后向散射光会返回到环形器，后进入到光电探测器，并与相同光源发出的连续光形成干涉，通过解调干涉信息即可得到光纤内每一点的散射状态。

当外界声扰动作用在光纤上某一点时，该点处光纤的散射状态会发生相应的改变。将光纤受扰动时的散射曲线与光纤未受扰动时的散射曲线差分即可得到外界声扰动的位置，通过连续监测并差分相邻两次测量结果，直到声扰动结束，即可得到完整的声扰动信息。显然，可通过脉冲光在光纤内的传播速度得到此时受扰动散射点的位置信息，即

$$z = Vt_{\text{delay}}/2 \tag{5-65}$$

式中：z 为受扰动散射点的位置坐标；V 为光脉冲在光纤中的传播速度；t_{delay} 为检测到的散射光信号相对于脉冲光在探测光纤入射端的传播时延；1/2 表示光信号进行了往返传播。

利用一个相干光脉冲入射到传感光纤，并通过一个光电探测器测量具有时间分辨的后向散射光。最初的测量信号是由激光脉冲沿传感光纤向下传播产生的背向瑞利散射光相干叠加产生的时域干涉条纹。局部放电超声波检测中，声学信号的特性允许传感元件中动态应变 $\varepsilon(t)$ 部分恢复。为简单起见，忽视衰减，并假设局部放电超声波施加在光纤上的应变足够小，两次激光脉冲对应的光强变化 ΔI（测量时间间隔 t 与激光脉冲的时间间隔相关）主要取决于施加在局部光纤上的应变 ε，ΔI 可表示为

$$\Delta I = \frac{4\omega}{c}(n_{\text{e0}} + \delta\varepsilon)\sum_{j=2}^{n_{\text{scat}}}\sum_{k=1}^{j-1} a_j^* a_k (x_j - x_k)\exp\left[\frac{2in_{\text{e0}}\omega}{c}(x_j - x_k) + \frac{i\pi}{2}\right] \tag{5-66}$$

$$n_{\text{e}} \approx n_{\text{e0}} + \delta\varepsilon \tag{5-67}$$

$$\delta = \partial n_{\text{e}}/\partial\varepsilon\big|_{\varepsilon=0} \tag{5-68}$$

式中：n_{e} 近似为在延迟时间 t 时刻的有效折射率；a_k 为光纤中 n_{scat} 个散射点的散射强度；$x_j - x_k$ 为各散射点在光纤承受应变之前的距离；ω为激光的角频率；c 为真空光速。假设局部应变 ε 很小，因此忽略高阶项。式（5-66）等号右端的中括号中的随机向量之和描述统计相关干涉仪输出的相干叠加。求和项的模量呈伽玛式分布（在极限分布模的意义上，可尝试由 n_{scat} 个均匀分布的散射点 x_j 的无限多个样本值来获得）。

5.6.2　相干光时域反射法检测局部放电的应用

相干光时域反射的优点在于可实现大规模分布式监测，也被称为分布式超声传感或分布式振动传感。2015 年德国联邦材料研究与试验研究所的勒内·艾瑟曼（René Eisermann）和卡特琳娜·克雷伯（Katerina Krebber）等人初步研究尝试将

其应用在电缆中间接头局部放电声测量上。如图 5-38 所示，准分布超声发射传感技术应用于带有不同人工缺陷的、具有硅橡胶绝缘预制式电场控制元件的 40kV 电缆接头中 PD 的检测。在硅橡胶电场控制元件表面和 XLPE 电缆与接头连接处的外半导电层上分别布置了两个光纤超声传感器，中间的连接光纤长度为 200m，使用相干光时域反射仪（光脉冲的重复频率为 72kHz，单个光脉冲持续时间为 500ns）传感系统探测声信号，同时用电测法来校准放电量。图 5-39（a）中所示的是布置在硅橡胶接头上的光纤传感器接收到的纳库（nC）级空穴局放声脉冲形成的伪 PRPD 谱图，图 5-39（b）是使用 MPD600 电测局放仪同步测量得到的 PRPD 谱图，图中所有的声振幅（$S_{\text{A-FOS}}$）都是相对于峰值噪声振幅给出的。

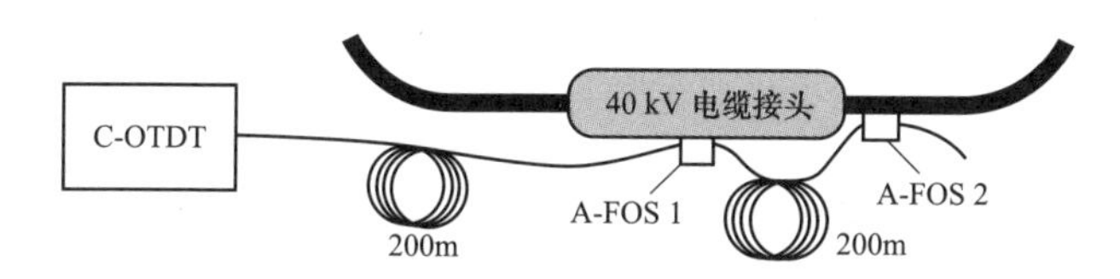

图 5-38　电缆局部放电检测试验接线图

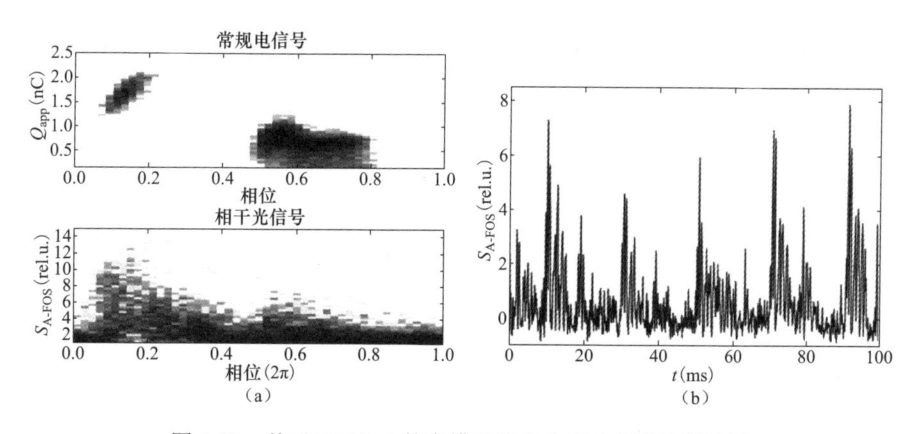

图 5-39　基于 BOTDR 的电缆局部放电超声信号检测结果

（a）相位分布统计谱图；（b）时域超声波信号

可以看出光纤分布式 COTDR 的声测结果与传统的电测法具有一定的一致性，均测量到显著的放电信号，且在 60°～90°相位处放电量最大。然而声测法的伪 PRPD 谱图比电测法的 PRPD 谱图更模糊，推测该现象的原因是局部放电声脉冲在电缆接头内的传播路径比较复杂，且会不断发生声反射，最终造成其声脉冲的清晰度不如电脉冲。另外，布置在电缆外导电层上的光纤传感器未能检测出明显的声信号，引文中也未给出测量结果，原因归结于硅橡胶和 XLPE 两种绝缘材料对声传播的特征阻抗失配以及放电源更靠近电缆接头。

需要指出的是，为了提高光纤传感系统的灵敏度，在光路中采用多匝绕制的环形光纤传感器（A-FOS），因此并不属于严格意义上的全分布式测量，目前对于如何在不绕制光纤传感器的前提下提高光时域反射仪传感系统的灵敏度仍然是一大研究热点。

5.7 基于熔锥耦合型光纤的局部放电超声检测技术

基于熔锥耦合技术的光纤耦合器也可用于检测局部放电超声波信号，属于强度调制型的一种传感器，具有结构简单、易制作、解调成本低等优点。与干涉法相比，熔锥耦合器受力面积小，灵敏度较低。

5.7.1 熔锥耦合型光纤超声检测技术原理

熔锥耦合技术是指将两根除去涂覆层的光纤以一定的方式靠拢，在高温下加热熔融，同时向光纤两端拉伸，最终在熔融区形成双锥形式的特殊波导耦合结构（见图 5-40）。在熔锥区，两根光纤包层合在一起，纤芯足够逼近，形成弱耦合，可以利用模式耦合理论进行分析。此时，两根光纤中传输的光会在锥形耦合区域发生能量耦合交换，随着耦合区的加长，能量的耦合交换呈周期性变化。两臂的分光比主要受耦合长度的影响，因此可以通过对分光比的监测实现对应变的传感。

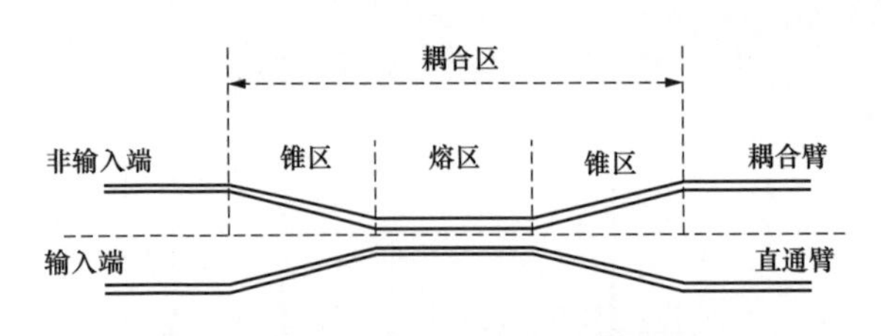

图 5-40 熔锥耦合型光纤传感器结构示意图

如图 5-41 所示，在检测局部放电超声信号时，将熔锥式光纤耦合器的耦合区粘贴在悬臂梁或者变压器油箱外壁。在声波的作用下，耦合器分光输出信号 V_1 和 V_2 的比值发生变化，但是两者之和不变，因此 $(V_1-V_2)/(V_1+V_2)$ 包含了超声波信号。

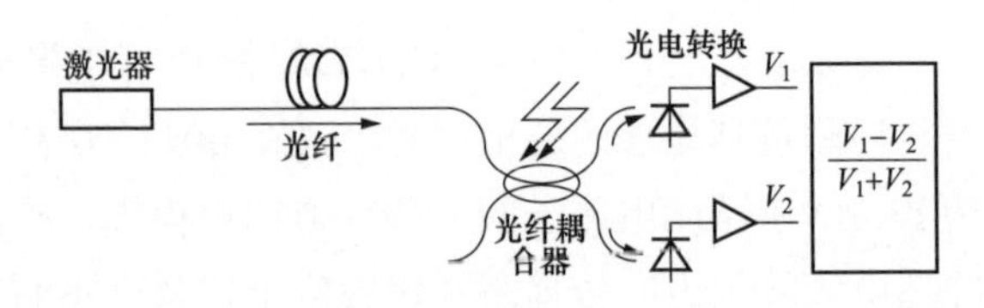

图 5-41 基于熔锥耦合器的局部放电超声信号检测原理

5.7.2 熔锥耦合型光纤超声检测技术应用

山东科学院激光研究所祁海峰等研究了一种基于强度调制原理的熔锥耦合型光纤声发射传感器和系统，测量了传感性能，并将其用于变压器局部放电的声发射信号检测，取得了很好的效果。图 5-42 为传感及解调系统示意图。整个系统选用了 1310nm 波段半导体分布反馈（Distributed Feedback，DFB）窄带激光器作为光源，由于其光谱线宽极窄，在检测应变导致的光纤耦合比的变化时分辨率非常高。设计传感器为 90 个耦合周期，是拉锥机有效行程内可以达到的最大耦合周期数，因此可显著增加检测灵敏度。光纤耦合器拉制好后，首先用石英 V 形槽进行初次封装，采用环氧树脂胶对耦合光纤两端进行固定粘接，进行高温老化后，再用不锈钢外壳进行二次封装，以保护和便于使用安装。

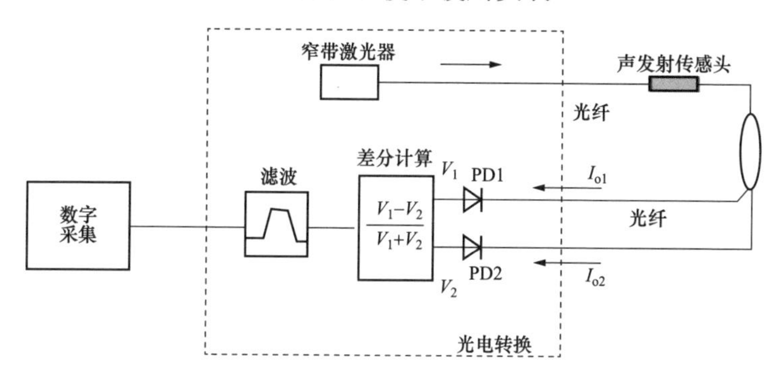

图 5-42　光纤耦合声发射传感器的解调系统

在一个长宽高分别为 50cm×40cm×40cm，厚 2mm 的不锈钢箱中，注入 2/3 容积 25 号变压器油，用高压包升压产生放电。整个装置浸入变压器油内，采用针板放电模型，将光纤声发射传感器及美国物理声学公司 R15a 标准压电声发射传感器通过磁铁及黄油吸在油箱外壁同一位置上，光纤声发射传感系统及压电声发射传感器检测到的同一时刻同一放电信号的波形分别如图 5-43（a）和图 5-44（a）所示，传感器距离放电源 15cm，水平高度持平，此时两路信号的信噪比分别为 40dB 和 46dB。图 5-43（b）和图 5-44（b）是两种传感器监测信号的频谱分析，可见两者监测波形极为相似，频率成分一致，主要信号成分位于 30～50kHz 频率范围内。

随后在实验室内用 10/120kV 模拟变压器进行了局部放电试验。采用沿面放电模型，同时用脉冲电流法进行监测对比，传感器吸附于变压器外壁上，最小可以检测到 50pC 的放电量，此时的波形如图 5-45（a）所示，图 5-45（b）为监测到的连续放电超声波形，对应的放电量在数百皮库（pC）。

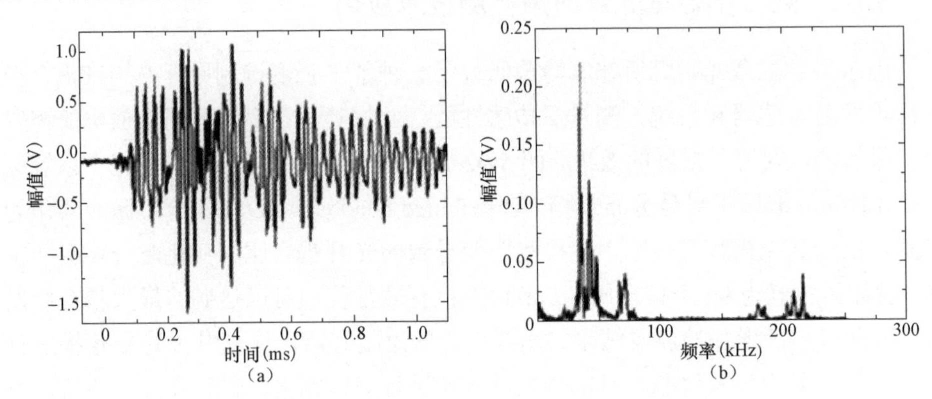

图 5-43　光纤声发射传感器测得高压放电信号频谱分析

（a）时域；（b）频域

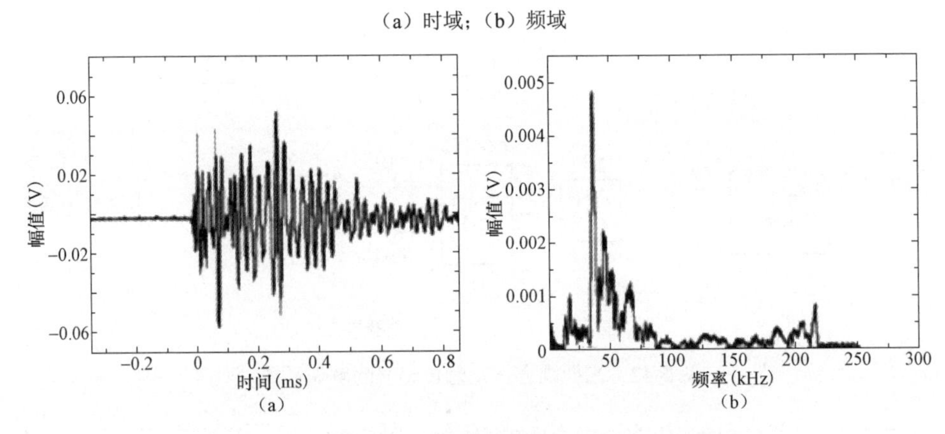

图 5-44　压电声发射传感器测得高压放电信号频谱分析

（a）时域；（b）频域

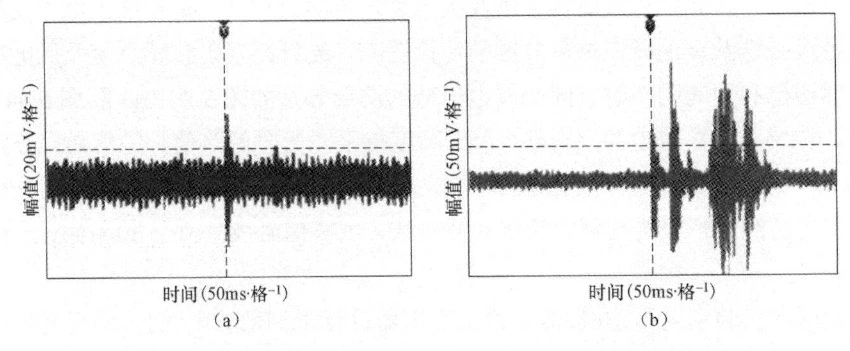

图 5-45　实验室变压器局部放电试验不同连续放电的测量结果

（a）50pC；（b）上百皮库

由上述试验可见，该光纤声发射传感器系统灵敏度较高，接近于压电陶瓷声发射传感器的性能指标，同时能够有效地检测高压放电声发射信号，有效峰值灵敏度达−55dB ref 1V/μbar，最小可以检测 0.1μbar 声压，响应频率为 20～180kHz，基本覆盖了变压器局部放电产生的超声信号频谱。

5.8 基于荧光光纤的局部放电超声检测技术

除上述方法之外，还有利用局部放电的发光现象进行局部放电光检测的方法。利用荧光效应检测电气设备局部放电是目前国内外探索的新方法。利用局部放电伴随的光效应，检测其光信号，即可检测到局部放电现象，进而诊断电气设备绝缘故障。局放脉冲陡度越高，其高频成分越多，表明电磁能量越大，引起的光效应就越强，其荧光信号也就越强。因此，不同原因的局部放电会产生不同强度的光信号，其光波长也与放电原因有关。而荧光光纤刚好可以通过掺杂不同荧光物质使其对不同波长的光有不同的敏感性。那么，通过监测荧光的发射光谱就能判断局部放电的类型，进而判断不同类型的故障。

5.8.1 荧光光纤检测局部放电超声信号的原理

已有研究表明，不同类型绝缘故障产生的局部放电伴随着不同波长的光效应，即电晕放电光波长不大于 400nm，呈紫色，大部分为紫外线；火花放电波长自 400nm 一直到 700nm 以后，呈桔红色，大部分为可见光；固体介质表面放电的光谱与放电区域的电极材料性质、表面状态等有关。因此，利用局部放电伴随的光效应检测其信号，进而判断绝缘故障是完全有可能的。最简单的方法即利用光纤接收局部放电发出的光并将该光信号导入到光电倍增管上，然而该方法的缺陷在于其受光纤接收角的限制，一般对于大孔径的多模光纤，其数值孔径可到 0.50 左右，对应的接收角为 30°。因此光纤只能探测到该接收角范围内的局部放电光信号。利用荧光光纤可以克服直接用光纤检测局部放电光信号受限于接收角的问题。

荧光光纤是在纤芯和包层中掺入了荧光物质和某些稀有元素构成的，其作为探测微弱光信号传感器（光探头）的原理如图 5-46 所示。与普通光纤相比，荧光光纤可以从整个侧面接收局部放电所产生的微光信号而不受其端面数值孔径角的限制，克服了直接用光纤检测局部放电光信号受限于接收角的问题。局部放电发出的光会激发荧光光纤内的荧光团到高能级，当荧光团回落到低能级时会向各个方向发出相应的荧光。其发射方向只要满足纤芯-包层界面全反射条件，就能沿着

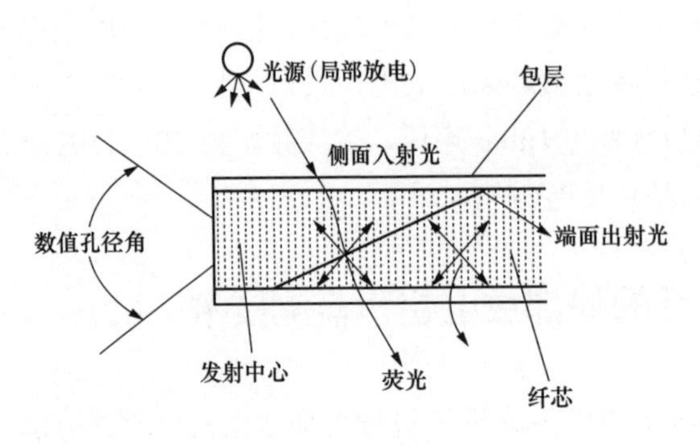

图 5-46　荧光光纤感应光信号原理示意图

荧光光纤轴向向前传输，最后从出射端面射出而被检测。因此荧光光纤感应的光信号强度是来自于每一个具有轴向传输能力的发射中心发出荧光的总和，这也是利用荧光光纤检测弱光信号具有更高灵敏度的原因。

荧光物质接受一定波长（受激谱）的光后，受激辐射出光能量。受激峰波长与辐射峰值波长不同，这种现象称为斯托克斯（Stokes）频移。1997 年，清华大学的马大明研究表明，对于荧光分子，Stokes 频移值约为 100～200nm，不过这一数值受到其他掺杂物的影响。激励消失后，荧光发光的持续性取决于激发状态的寿命。这种发光通常是按指数方式衰减，称衰减的时间常数为荧光寿命或荧光衰落时间。

5.8.2　荧光光纤局部放电超声检测技术应用

5.8.2.1　GIS 设备中局部放电检测

2018 年西安交通大学李军浩等人将荧光光纤内置安装在特高频（Ultra High Freguency，UHF）传感器内表面，如图5-47 所示，解决了传感光纤难以内置进入

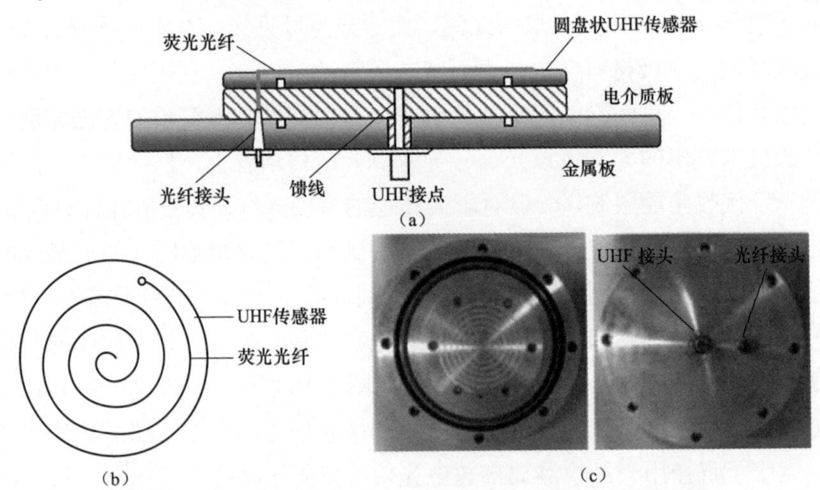

图 5-47　荧光光纤与特高频（UHF）集成的局部放电传感器

（a）集成传感器结构示意图；（b）正面示意图；（c）实物图（正面与背面）

电气设备的问题，并在 110kV GIS 中对比测量了不同的局部放电发展阶段荧光光纤和 UHF 传感器的检测有效性和灵敏度。以长度为 26mm 的金属凸起为缺陷，在 GIS 高压导体上产生电场集中。缺陷位于传感器对面的高压导体上。检测结果如图 5-48 所示。

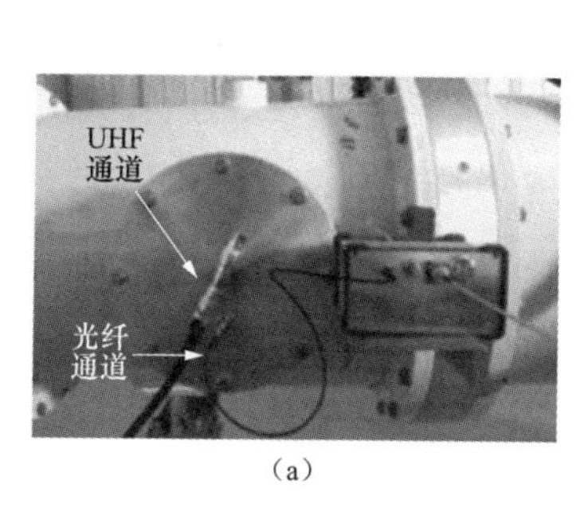

（a）

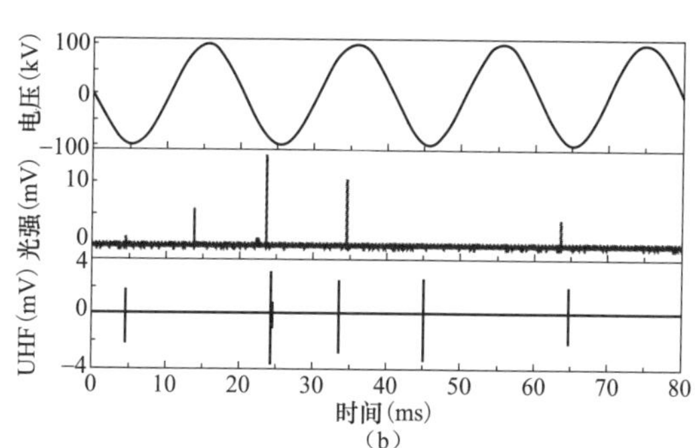

（b）

图 5-48　集成局部放电传感器在 110kV GIS 上的局部放电检测

（a）传感器安装场景；（b）69kV 下的局部放电信号

研究结果表明，光学信号和超高频信号来自不同的过程。荧光光纤探测到的光信号来自于电子附着过程中辐射的光子，而特高频信号则与放电电流变化率和振幅有关。当外加电压较低时，会产生碰撞电离放电。在这一阶段，放电电流变化非常缓慢，而由于电场较弱，附件较强。因此，荧光光纤可以检测到足够强的光信号，而 UHF 传感器检测不到太弱的 UHF 信号。这也是光学法比超高频法具有更高灵敏度的原因。

随着外加电压的增加，产生了流光放电。在流光过程中，放电电流变化较快。因此，它向外辐射足够强的电磁波，可以被超高频传感器探测到。如图 5-48（b）所示，在这个阶段，集成的传感器可以同时检测光信号和电信号。当外加电压升高时，可以检测到越来越多的局部放电脉冲。在局部放电的起始阶段，几乎所有的 UHF 信号都出现在负电压峰值，而光学信号同时出现在正、负峰值。这是因为，虽然电离作用很弱，但在正半周期内，附着是很强的。因此，光学信号也会出现在正电压峰值。因此，光学信号可以在正、负峰值上检测到。

5.8.2.2　变压器中局部放电检测

重庆大学唐炬等人选用塑料材质作为荧光光纤探头本体基材，研制出一种适用于变压器内绝缘局部放电检测的荧光光纤传感系统，示意图如图 5-49 所示。主要由感应微光信号的荧光光纤探头、传输荧光信号的普通光纤、转换荧光信号的光电探测器以及采集与显示信号的数字示波器等构成，其中荧光光纤探头长度设计为 1m。其检测变压器内绝缘局部放电信号的方法是将荧光光纤探头置入变压器内部所需位置，接收由于绝缘故障引起局部放电产生的微光信号，然后用普通光纤对荧光光纤探头感应的荧光信号进行耦合并传输给光电探测器，接着由光电探测器将荧光信号转换为电压信号，最后用数字示波器对信号进行采集、显示、处理与存储等。

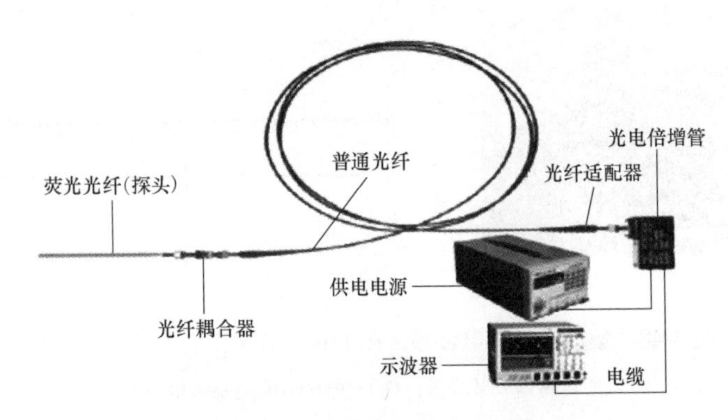

图 5-49　荧光光纤传感系统示意图

在实验室搭建了模拟变压器油中局部放电试验的研究平台放电模型采用油中针-板间隙来模拟变压器内部典型金属突出物绝缘缺陷产生的局部放电。当外施电压为 13.5～15.5kV 时，能产生稳定的局部放电。对针-板间隙施加 15.0kV 电压，用超高频和光测法检测得到的局部放电信号，归一化的信号波形如图 5-50 所示。

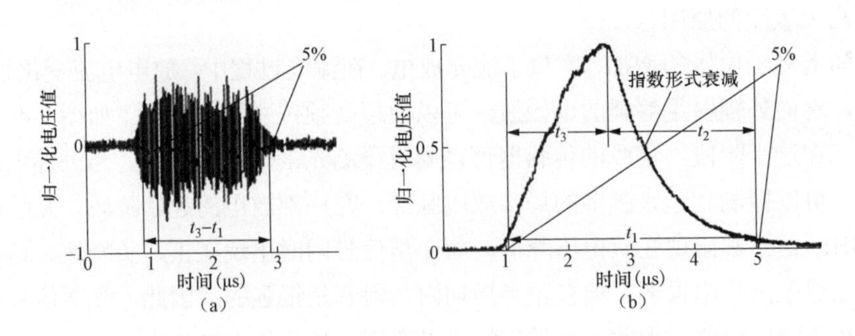

图 5-50　特高频和荧光传感器检测到的油中针板放电波形

（a）特高频信号；（b）荧光信号

5.8.2.3　电缆接头中局部放电检测

2015 年德国联邦材料研究与试验研究所菲利浦 • 罗维特（Phillip Rohwetter）

和丹尼尔·西布勒（Daniel Siebler）等人尝试了利用透明硅橡胶制作电缆接头和终端应力锥，并将荧光光纤内置入电缆应力锥进行局部放电测量。气隙缺陷局部放电的光谱主要落在可见紫光到近紫外光波段，显然在该波段全透明硅橡胶应力锥的透射光谱要远高于半透明硅橡胶应力锥的透射光谱，因此使用全透明硅橡胶应力锥可以明显地提升局部放电光测法应用在固体绝缘体系中的灵敏度。

实验中将荧光光纤缠绕在电缆应力锥上，并在电缆绝缘层制作了划痕缺陷[见图 5-51（a）]，利用传统脉冲电流法作为电测法参考研究了荧光光纤光测法的灵敏度。图 5-51（b）中的起始放电电压结果表明，光测法的灵敏度非常好，荧光法起始放电电压结果仅比电测法起始放电电压略高，即灵敏度略低于脉冲电流法，但是非常接近。需要指出的是，利用全透明硅橡胶结合荧光光纤测量局部放电的想法颠覆了业内认为光测法不适合固体绝缘中局部放电检测的传统观点。

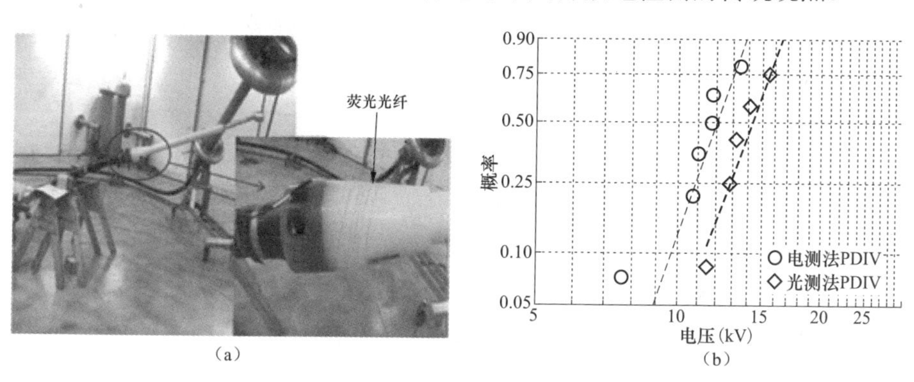

图 5-51　荧光光纤法检测透明电缆附件局部放电

（a）试验布置图；（b）放电起始电压测量结果

注：PDIV—Partial Discharge Inception Voltage，局部放电起始放电电压。

研究结果表明其具有非常好的应用潜力，比如目前对于长距离海缆，传统的局部放电测量方法均不适用，电测法由于电缆过长信号衰减过大，且长距离电缆本身容量大影响电测法的灵敏度，而声测法目前在电缆上的应用还受信号衰减反射的限制，光测法可能是解决未来长距离海缆局部放电测量的非常有希望的方法。

6 光纤气体检测技术

光纤气体检测技术是一项正在发展中的新型高技术。光纤气体传感器以光为测量信号的载体，对被测对象不产生影响，其自身独立性好，可适应各种使用环境，由其组成的光纤传感系统便于与计算机连接，可实现多功能、智能化的要求，可与光纤遥测技术配合实现远距离测量与控制。一些电力设备运行过程中会伴随着气体的产生，气体的含量与设备的运行状态密切相关，因此相关气体含量的检测成为判断电力设备运行状态的重要手段。光纤气体传感器因其非接触式检测、优异的抗电磁干扰能力、传感单元可靠性高及易于组网等优势，成为电力设备气体成分检测的重要工具。

本章根据检测原理的不同，主要介绍光谱吸收式、消逝场型、荧光型、染料指示剂型、折射率变化型和光子晶体光纤等几种光纤气体传感器的检测原理和应用情况。

6.1 光谱吸收式光纤气体检测技术

不同气体会吸收特定波长的红外谱线，从而可以利用吸收光谱检测气体的种类和浓度。这种技术主要用于检测自然环境中的甲烷等有害气体。国内外，开展基于光谱吸收技术的变压器油中溶解气体检测的研究非常少，主要集中在傅里叶红外光谱技术（Fourier Transform Infrared Spectrometer，FTIR），多用于实验室环境下对未知气体的检测，但不适用于在线监测。其主要原因之一是现有技术对光谱分辨率低，而烃类气体吸收峰交叠较为严重，不能避免交叉影响。

6.1.1 检测原理

光谱吸收式光纤气体检测技术是基于在特定波长区域的吸收光谱原理，在甲烷检测中被大量应用。根据 HITRAN2016 分子光谱数据库，甲烷吸收光谱范围是 1～9，并且在 3～4 波长区域有强烈的吸收峰。当特定波长的光（即甲烷在此波长附近有强吸收）通过甲烷气室后，光信号的强度会明显减弱，并且光强减弱的程度和甲烷气体的浓度有关。

根据朗伯-比尔 Lambert-Beer 定律，当波长为 λ 的单色光，在吸收中传播距离 L 后，光强为

$$I_{out} = I_{in} \exp(-\alpha_{\lambda} CL) \tag{6-1}$$

式中：I_{in} 是波长为 λ 的单色光透过气室前的光强；I_{out} 是透过气室后的光强；α_{λ} 是在一定波长 λ 下单位光纤长度下单位气体浓度的吸收系数；C 为气室中待测气体的浓度。

光谱吸收式光纤甲烷气体检测系统基本结构有光源、入射光纤、气室、出射光纤、光电探测和信息处理模块。光纤可以通过测量光透过甲烷气室前后的光强强度，并根据式（6-1）得出待测甲烷气体的浓度为

$$C = \frac{1}{\alpha_{\lambda} L} \ln \frac{I_{in}}{I_{out}} \tag{6-2}$$

图 6-1 为光谱吸收式光纤甲烷气体检测技术原理框图。

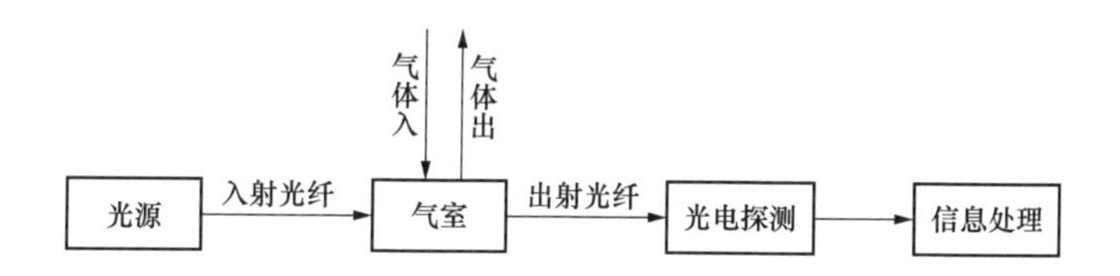

图 6-1　光谱吸收式光纤甲烷气体检测技术原理框图

甲烷气体分子有 4 个固有的振动，振动频率的波数分别是 k_1=2913.0cm^{-1}，k_2=1533.3cm^{-1}，k_3=3018.9cm^{-1}，k_4=1305.9cm^{-1}。每一个固有振动对应一个光谱吸收区，它们的波长分别为 3.42μm、6.53μm、3.31μm 和 7.66μm。1994 年，美国宇航局的哈里斯 •里里斯（H. Riris）的研究表明，甲烷结合带（k_1+k_2）和泛频带（2k_2）分别为 1.3μm 和 1.6μm 附近，并且在石英光纤的低损耗区（1.0～1.7μm），这是红外光纤技术不成熟时最好的选择。随着红外光纤技术的发展，光源为 3.0～4.0μm 中红外波段的光纤甲烷气体传感器也逐渐发展起来。2008 年，在美国莱斯大学科斯特里夫（A. Kosterev）等人的研究中，量子级联激光器（QC）的提出和发展使得光谱吸收式光纤甲烷气体传感器的光源波长范围扩展至中红外区域。在此区域，探测甲烷浓度使用光源的波长可选用 3.3μm。中红外光肉眼不可见，需用红外探测仪（MIR PD）来探测从中红外光源通过透镜和气室发送的光，然而对准设备的过程非常耗时。

6.1.2 弱光谱吸收检测方法

甲烷气体在近红外波段的吸收谱宽仅有几纳米，因此信号很容易湮没在噪声中，所以弱信号的检测是光谱吸收式甲烷气体传感器的关键技术。在光纤甲烷气体传感系统中，光源功率波动、气室对光路的干扰、光探测器的噪声、电路温漂等都会在不同程度上影响系统的灵敏度。可采用不同的检测方法来消除这些影响，差分吸收检测法和频率调制谐波检测法是两种基本的弱光谱吸收检测方法。其中差分吸收检测法可以消除光路干扰，系统灵敏度高，但是难以消除系统的固有噪声。谐波调制检测法可以消除检测系统的固有噪声，灵敏度高、稳定性较好，但是要求光源的可调谐范围较宽，频率稳定度高，光源驱动较复杂。

6.1.2.1 差分吸收检测法

差分吸收检测技术的工作原理是：将光源发出的激光分成两路，一路通过装有被测气体的气室，作为检测信号；另一路通过不含被测气体的气室，作为参考信号。两路采用材质和型号相同的光电探测器，具有近似相同的温度特性和时漂特性，光源的不稳定以及光电器件的漂移对两路信号的影响相同，通过比较两路信号可以消除光源的不稳定以及光电器件漂移的影响。差分吸收检测技术虽然可以在理论上消除光路的干扰因素，但对系统的固有噪声却无能为力。

实际测量时，考虑到各种因素的影响，朗伯-比尔定律完整表达式为

$$I_{\text{out}} = I_{\text{in}} \exp(-\alpha_{\lambda} CL + \alpha_{\text{s}} L + \alpha_{\text{m}} L + \delta) \tag{6-3}$$

式中：α_{s} 为瑞利散射系数；α_{m} 为米氏散射系数；α_{λ} 为气体密度波动造成的吸收系数。

然而仅由式(6-3)测甲烷气体浓度是很困难的，因此采用两个波长（λ_1，λ_2）相近，但吸收系数相差很大的单色光同时通过待测气体，得出待测气体的浓度为

$$C = \frac{1}{(\alpha_{\lambda_1} - \alpha_{\lambda_2})L}\left[\ln\left(\frac{I_{\text{in1}}}{I_{\text{out1}}}\right) - \ln\left(\frac{I_{\text{in2}}}{I_{\text{out2}}}\right)\right] \tag{6-4}$$

在式（6-4）中，光源不稳定和环境干扰等因素对 λ_1 和 λ_2 的影响是一样的，因此可以消除它们的影响，提高了系统的检测灵敏度。

此外，增加参考气室也可消除噪声的影响，太原科技大学的闫晓梅等人设计的结构如图 6-2 所示，近红外光源发出的光经过分束器分为两束强度相同的光 I_0，一束经过待测气体 CH_4 气室，光强变为 I_1；另外一束经过参考气室，光强变为 I_2。则所测 CH_4 气体浓度为

$$C=-\frac{1}{\alpha_{\lambda}L}\ln\frac{I_2}{I_1} \tag{6-5}$$

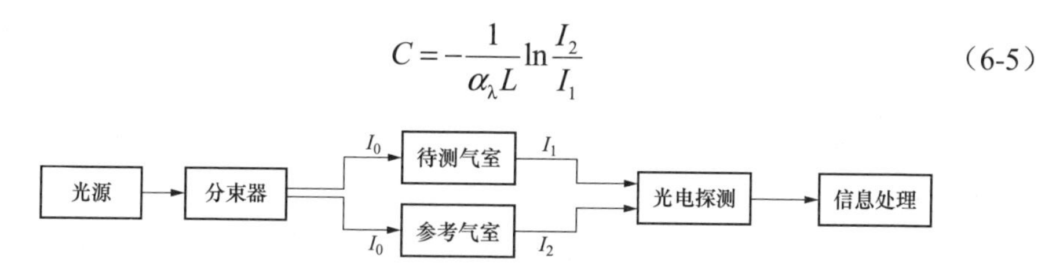

图 6-2　双光路结构的光纤气体传感器原理框图

6.1.2.2　频率调制谐波检测法

调制光谱技术最早应用于工作在中外红区的铅盐激光器检测微量气体的浓度，其基本原理是通过高频调制某个依赖于频率的信号，使其“扫描”待测的特征信号，在后续的数据采集处理过程中，以该调制频率或调制频率的倍频作为锁相放大器（Lock-in Amplifier ）的参考输入频率，提取出含有浓度信息的谐波信号。调制光谱技术通常分为两种：频率调制光谱技术（Frequency Modulaton Spectroscopy，FMS）和波长调制光谱技术（Wavelength Modulated Spectroscopy，WMS）。频率调制光谱技术所使用的调制频率与吸收线线宽相比拟，甚至大于吸收线线宽，达到几百兆赫。利用频率调制光谱技术可以显著提高系统的测量精度，但是频率调制光谱技术所使用的高频探测器等设备十分昂贵，同时频率调制光谱技术的调制幅度较小。波长调制光谱技术所使用的调制频率远远小于吸收线线宽，一般在几千赫到几十千赫，相较于使用高频调制晶体以及高速响应探测器的频率调制光谱技术来说，系统使用的锁相放大器、低响应的探测器更具有实用性，而且调制幅度较大，在低浓度气体检测领域，波长调制光谱技术具有明显优势。

（1）二次谐波检测法。对于窄带光源，若在激光器的直流工作电流上叠加一个频率为 f 的正弦信号，则其输出频率和输出光强也将受到相应的调制，分别变成了随频率变化的时变参数。在标准大气压下，当近红外光源输出中心波长被精确锁定在气体的吸收峰上时，基于傅里叶变换，透过气室的光强的二次谐波含量含有气体浓度信息，关系式见式（6-6）。

$$\frac{I_{2\mathrm{f}}}{I_{\mathrm{f}}}=-\frac{2K}{\eta}\alpha_{\lambda}CL \tag{6-6}$$

式中：η 为光强调制系数。

二次谐波和一次谐波的比值中不含有通过气室前光强 I_0，因此可以消除光强波动等因素带来的干扰。缺点是光源波长随着环境等因素的影响会发生漂移，使得光源的中心波长偏离气体的吸收峰，从而导致测量不稳定。

对于宽带光源，其相对于气体吸收线具有宽得多的谱特性，使用滤光器将其中不参与气体吸收的谱分量尽可能滤掉，如法布里-珀罗（Fabry-Perot）滤光片和光纤布拉格光栅，并且通过调制法布里-珀罗腔的间距和光纤布拉格光栅的周期（或有效折射率）来调制其出射光谱的中心波长，实现谐波检测。

（2）一次谐波检测法。二次谐波检测系统如果激光器波长偏离气体吸收峰中心波长，检测结果会受到明显的影响，并且需要两路谐波提取电路来获取一次谐波和二次谐波信号幅值，因此系统结构复杂。为了减小波长偏离带来的影响并且简化结构，也可利用一次谐波信号来检测气体浓度。吸收线中心吸收频率处的一次谐波幅值 $I_{1\text{fcent}}$ 为

$$I_{1\text{fcent}} = -I_0 p_{\omega} \Delta\nu \tag{6-7}$$

式中：I_0 是激光器输出光强；p_{ω} 是高频正弦波调制引起的光功率调制系数；$\Delta\nu$ 是频率调制幅值。

一次谐波的峰峰值 $I_{1\text{fpeak}}$ 为

$$I_{1\text{fpeak}} = I_0 \alpha_0 CL(I_{1\text{fmax}} - I_{1\text{fmin}}) \tag{6-8}$$

式中：α_0 为吸收线中心频率处的吸收系数；$I_{1\text{fmax}}$ 和 $I_{1\text{fmin}}$ 分别为一次谐波的最大值和最小值。

一次谐波的峰峰值和平均值的比值与气体浓度成正比，并且与光强无关：

$$\frac{I_{1\text{fpeak}}}{I_{1\text{fcent}}} = \frac{I_0 \alpha_0 CL(I_{1\text{fmax}} - I_{1\text{fmin}})}{-I_0 p_{\omega} \Delta\nu} = -\frac{\alpha_0 CL(I_{1\text{fmax}} - I_{1\text{fmin}})}{p_{\omega} \Delta\nu} \tag{6-9}$$

6.1.2.3 温度对气体吸收谱线的影响

光谱吸收式光纤气体检测技术是通过测量特定波长光谱的吸收强度来检测气体的浓度，气体吸收线的谱线特性与温度有关，当气室内气体的温度发生变化时，待测气体吸收线的谱线特性（如气体吸收线的线强度、谱线宽度、单位体积内的分子密度和吸收系数等）会发生变化，进而影响到系统检测得到的谐波信号幅值，因此利用光谱吸收式光纤气体传感器检测气体浓度时，需要考虑谱线的温度特性对检测系统的影响。

温度自校正是在气体浓度检测系统中引入一个参考气室，该气室中充有与被测气体成分相同、标准浓度的气体，将参考气室与测量气室置于温度和压强相同的环境中。在检测过程中，被测气体的浓度利用锁相放大器提取的测量气室和参考气室的谐波幅值等参数相除得到，该方案中参考气室可以很好地跟踪被测气室中气体温度和压强的变化，消除温度和压强波动带来的测量误差，实现气体浓度

的测量与温度的自动修正，将其称为温度自校正。

对于一个确定的光纤气体浓度检测系统，测量气室和参考气室的入射光强、吸收路径长度和频率调制幅度是确定的，参考气室和测量气室具有相同的温度和气压，从而可以消除压力、温度等参数的影响，实现气体浓度的自校正测量。测量气室内的气体浓度为

$$C_{\text{test}} = \frac{I_{\text{1fpeak-test}} I_{\text{0-ref}} C_{\text{ref}} L_{\text{ref}}}{I_{\text{1fpeak-ref}} I_{\text{0-test}} L_{\text{test}}} \tag{6-10}$$

式中：C_{test} 和 C_{ref} 分别为测量气室和参考气室内吸收气体的浓度；L_{test} 和 L_{ref} 分别为测量气室和参考气室的吸收路径长度；$I_{\text{1fpeak-test}}$ 和 $I_{\text{1fpeak-ref}}$ 分别为两气室的一次谐波峰峰值；$I_{\text{0-test}}$ 和 $I_{\text{0-ref}}$ 分别为两气室的输入光强。

6.1.3 光谱吸收式光纤气体检测技术应用

6.1.3.1 基于一次谐波的甲烷检测

哈尔滨工程大学张可可、曹家年设计了一种基于一次谐波的光谱吸收式光纤甲烷气体检测系统，如图 6-3 所示。该系统主要由激光器驱动与温度控制单元、吸收气室、检测滤波单元、数据采集与处理单元组成。基于激光器的电流调谐特性，此系统通过驱动电路电流的改变从而改变激光器的输出波长，使其在待测气体吸收峰的中心波长附近扫描。然后对经过气室吸收后输出的信号进行光电检测，通过带通滤波、锁相放大和低通滤波提取一次谐波幅值信号，并经 A/D 采样和数据处理后得到一次谐波的峰峰值和平均值，最终通过数据拟合得到待测气体的浓度值。当激光器工作在 30℃时，其中心输出波长在 1654nm 附近，激光器的中心

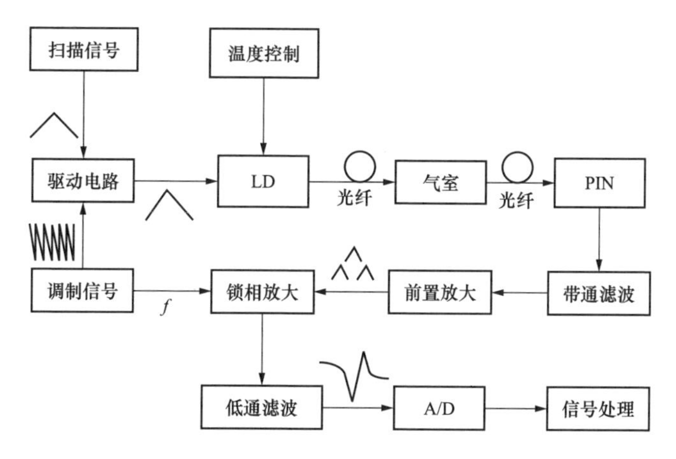

图 6-3 基于一次谐波检测的甲烷浓度检测系统框图

工作电流为 6mA，中心功率为 0.3mW，电流调整系数为 0.367nm/mA，温度调整系数为 0.127nm/K。通过控制激光器的输入电流和工作温度，可使激光器输出波长在 1652.5～1655.5nm 范围内变化，扫描甲烷 $2\nu_3$ 带 R（3）支的气体吸收线，进行甲烷气体浓度的检测。

由于不仅注入电流对激光器输出波长影响很大，激光器的工作温度影响也很大。并且在近红外波段，甲烷气体吸收线的谱线宽度很窄，为了保证激光器的输出波长可以与气体吸收峰相匹配，在要求激光器输出波长稳定的情况下，需对激光器的温度进行精确控制。激光器温度控制可采用比例积分微分（Proportional Integral Derivative，PID）控制方式，根据系统的误差，利用比例、积分、微分计算出控制量进行控制。

吸收气室的结构会影响到系统的检测灵敏度，合理的气室设计对气体检测系统非常重要。吸收气室的设计需考虑以下几点：气室结构简单，光路耦合与准直性能好，可靠性高；尽量增加吸收路径的长度。根据比尔—朗伯定律，光谱吸收与吸收路径的长度成正比，增加吸收路径的长度可以提高系统的检测灵敏度；尽可能减小气室体积，有利于实现检测系统的小型化。气室一般可分为透射型气室与反射型气室，透射型气室由输入和输出两组透镜组成，经过输入透镜准直，从光纤中输出的激光变为平行光，在气室中光谱吸收后经输出透镜耦合到输出光纤中。反射型气室可由透镜和一块或多块反射镜组成，通过改变激光在气室中的反射次数来增加吸收光程，较透射型气室结构复杂。张可可设计了一种 5cm×10cm 光程的透射型吸收气室（如图 6-4 所示）。气室被安装在一个由铝合金材料制成的气室盒内，用于保护光纤。气室盒表面的圆孔用于和玻璃容器内的待测气体进行交换，气室总的衰减为 6.2dB。

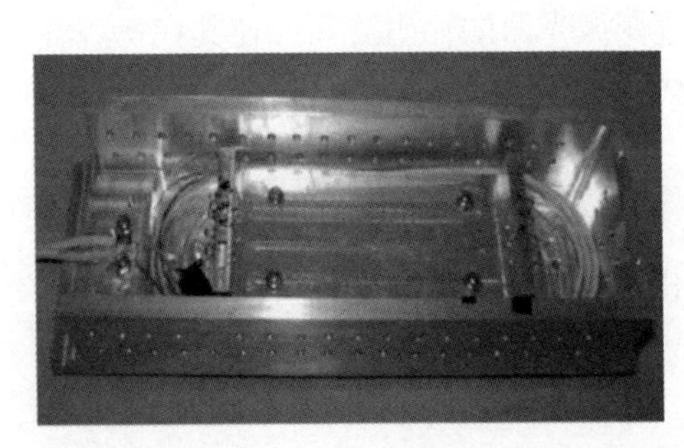

图 6-4　一种投射型气室

6.1.3.2　基于中红外光谱吸收的甲烷检测

有学者在 2018 年提出的一种光源为中红外光源的光纤甲烷气体检测系统的结构图。采用的光源为中红外发光二极管（MIR LED）Lms34LEDhp-RW，在环境温度为 298K 时，不同电流下的光谱如图 6-6（a）所示，与甲烷的吸收光谱［见图 6-6（b）］相似。MIR LED 可以以脉冲模式或准连续波（QCW）模式操作，QCW 模式下 LED 可以 50%的占空比工作，极短响应时间（10～50ns）内允许调制频率高达数十兆赫。MIR LED 可以安装在带有热电（TE）模块的封装中，有助于 LED 芯片温度稳定。

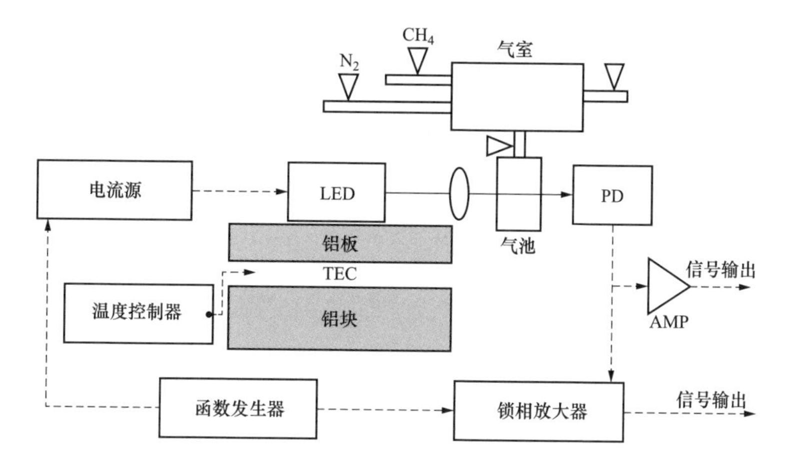

图 6-5　中红外光源光纤甲烷气体检测系统结构图

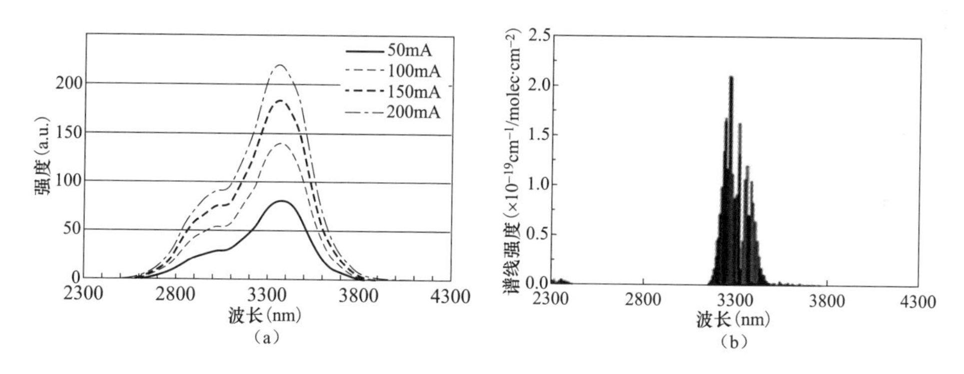

图 6-6　中红外发光二极管的光谱

（a）Lms34LEDhp-RW 在不同电流下的光谱；（b）甲烷的吸收光谱

具有 20mm 路径长度的 IR 石英气室放置在透镜和 IR PD 之间。当来自 MIR LED 的光通过甲烷气室时，发生光吸收。对于 2300～4300nm 的波长区域，即 MIR LED 发射光谱，氮吸收线位于 4000nm 附近，线强度约为 $3.5\times10^{-28}cm^{-1}/(molec\cdot cm^{-2})$，与甲烷吸收光谱的比较表明，氮气是更好的缓冲气体。在对零信号背景进行背景噪声评估后进行实验，获得具有不同甲烷浓度的信号。使用 0dB SNR 的定义将检测限确定为 49×10^{-6}，得到甲烷浓度与 PD 信号的关系如图 6-7（a）所示。引入了锁定技术后，使用 0dB SNR 的定义确定检测限为 2.3×10^{-6}，可测量 49×10^{-6} 以下的甲烷浓度，如图 6-7（b）所示。

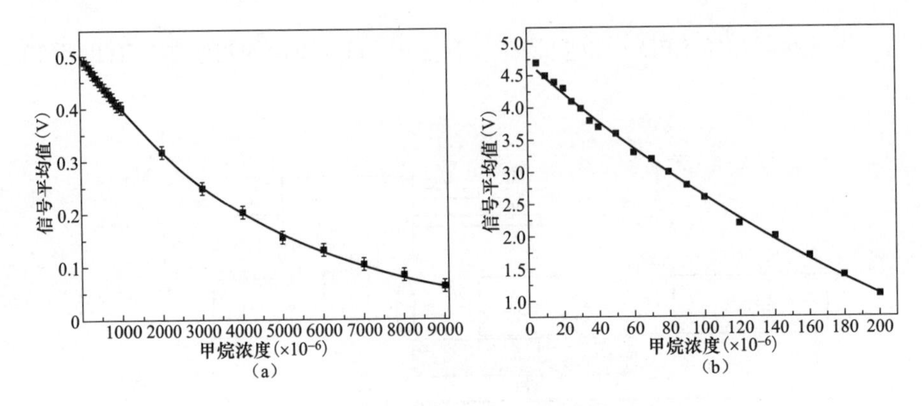

图 6-7　甲烷浓度与 PD 信号的关系图

（a）检测限为 49×10^{-6}；（b）检测限为 2.3×10^{-6}

6.2　渐逝场型光纤气体检测技术

气体的光谱吸收式光学检测通常需要光通过气室作为检测系统，这意味着需要精密地对准光学器件。而用光纤链路作为吸收系统的渐逝场光纤气体传感器不需要光学对准，减少了时间消耗，自 20 世纪 80 年代提出以来得到了广泛的应用和发展。

6.2.1　检测原理

光在光纤中传输时，当光波从光密入射到光疏介质时，会在两种介质的分界面上会发生全反射，在光疏介质一侧，光渗入形成一种不同于光密介质的传输波，其相位随 z 轴方向改变，其振幅沿 x 方向呈指数形式衰减，故被称为渐逝波，如图 6-8 所示。渐逝波的穿透深度 Z_m（在光疏介质中渐逝波衰减为初始值的 1/e 时的径向深度）表达式为

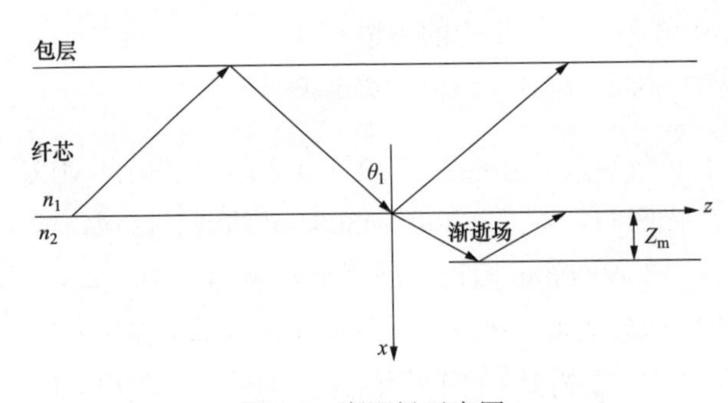

图 6-8　渐逝场示意图

$$Z_m = \frac{\lambda_1}{2\pi\sqrt{\sin^2\theta_1 - (n_1^2/n_2^2)^2}} \tag{6-11}$$

式中：n_1 和 n_2 分别为传感区域处纤芯折射率和敏感膜折射率，其中 n_2 与被测物质类型和浓度有关；λ_1 为光波在介质 n_1 中的波长；θ_1 为入射角。因此，可通过检测传感器输出光信号的变化，得到 Z_m 与 n_2 的变化，建立传感器输出光信号与被测气体类型和浓度的关系。

渐逝场型光纤气体传感器是一种功能性光纤传感器，其核心元件是传感光纤探头，它让传感光纤激发的渐逝场能量与处于其能量范围中的待测物质作用，使得光纤内传输能量被吸收，因此中科院电光所罗吉等人通过探测输出光强大小可以检测待测气体类型和浓度等。从本质上讲，渐逝场型光纤气体传感器也是一种特殊的光谱吸收式光纤气体传感器。

提高渐逝场光纤气体传感器灵敏度的途径有两个：①增加渐逝场作用范围，可以通过增加渐逝场的深度和作用面积等；②提高渐逝场能量，可以通过镀膜等技术。常见的渐逝场型光纤传感器有圆柱形、D 形、U 形、S 形和锥形等。圆柱形光纤传感器是将光纤包层去掉一小段，以此段作为传感器，纤芯与待测气体发生作用。D 形传感器光纤传感器磨掉或抛光单模光纤预制棒一侧的衬底和包层后拉丝而制成，也有用氢氟酸腐蚀光纤制成，利用该表面的渐逝波与气体发生作用。锥形光纤是一种直径沿长度方向逐渐变化的光纤，其锥形区域附近的渐逝波与气体发生作用，导致渐逝波穿透深度发生改变，根据传感器输出光信号变化来测量未知气体浓度。2011 年，罗吉等人提出了一种 U 形光纤传感器，是对传感器敏感部分的几何形状进行改进，将圆柱形的传感光纤慢慢弯曲加工成 U 形，入射光经全反射传播到 U 形敏感段时，入射角发生改变，进一步改变了穿透深度，同时还增加了能量分布，提高了灵敏度。U 形结构示意图如图 6-9 所示。

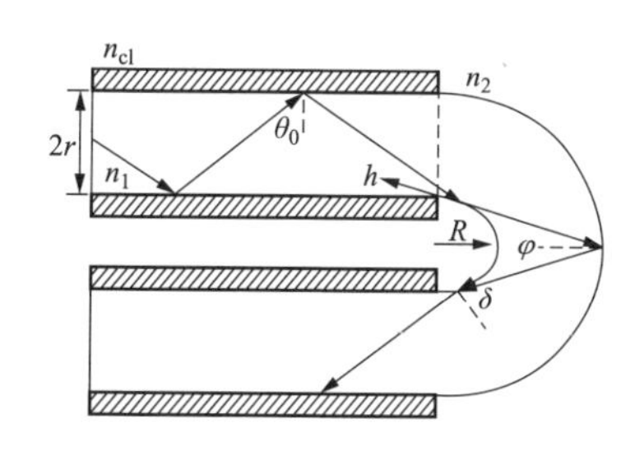

图 6-9　U 形传感器光纤

r—纤芯半径；n_1—芯折射率；n_{cl}—包层折射率；n_2—敏感段处外界物质折射率；θ_0—传播段处光线与界面法线的夹角；R—U 形传感器敏感段的弯曲半径；φ、δ—U 形传感器段外侧和内侧的光线角度；h—光线进入敏感段时相对于内芯下界面处的高度

由于U形敏感段的特殊形状，其穿透深度为

$$Z_{\mathrm{m}}=\frac{\lambda_0}{2\pi n_1\sqrt{\cos^2\theta_{\mathrm{c}}-\cos^2\theta\cdot\sin^2\varphi_\theta}} \tag{6-12}$$

式中：λ_0为自由空间中的光波波长；θ_{c}为纤芯与外界界面上的全反射临界角；θ为光纤与界面法线的夹角；φ_θ为偏射角。

6.2.2 渐逝场型光纤气体检测技术应用

光纤渐逝场传感器可以利用的传感纤维有很多种，各有利弊，需要针对待检测物质的特性以及对传感器体积、性能及应用场合等要求进行优化选择。

目前常采用的手段有优化传感光纤结构和敏感膜修饰两种方法。

6.2.2.1 基于D形光纤传感器的检测技术应用

图6-10（a）是英国斯特拉斯克莱德大学的卡尔肖（B.Culshaw）和斯图尔特（G. Stewart）等人制作的改进前的D形传感器，在光纤纤芯外预留了很薄的一部分包层，厚度为d_{Z}且小于渐逝场的穿透深度。中科院长春光机所的庄须叶等人研究了如图6-10所示的改进型D形传感器，渐逝场能量穿过光纤包层与被测物质作用，发生能量的吸收，实现探测功能。并且预留一层光纤包层可以实现折射率匹配，形成弱导条件，降低光纤中的波导模式的数量，激发出更多的渐逝场能量，并提高渐逝场能量的穿透深度。但根据美国贝尔电话实验室的迪恩（P K. Tien）提出的理论，当能量在穿透包层待测物质渗透时，会发生波导间能量的耦合，有一部分能量会被限制在光纤包层中。当d_{Z}越小时，传感器的灵敏度越高。因此，庄须叶等人制作的新结构D形光纤气体传感器，通过机械研磨增加了光纤的研磨深度，增大了传感器的有效探测面积，并使渐逝场的能量直接与被测物质作用，避免了能量耦合的损耗，提高了传感器的灵敏度。

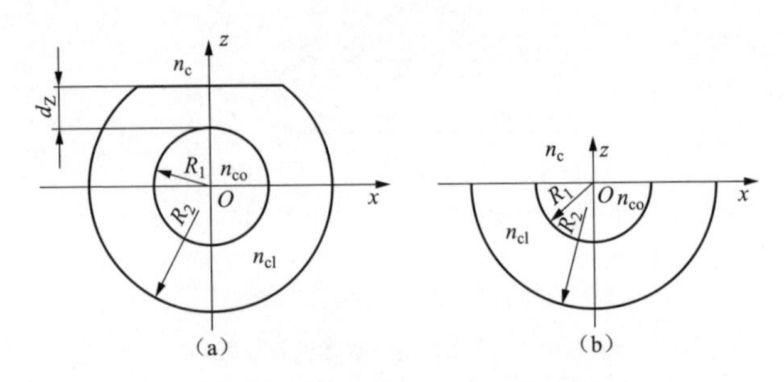

图6-10 两种D形光纤的剖面结构图

（a）改进前D形光纤传感器；（b）改进后D形光纤传感器

改进后的传感器的研磨深度达到光纤纤芯直径的一半［见图 6-10（b）］，这样虽然增加了光纤中波导模式的数量，减少了渐逝场能量，但渐逝场能量可以直接作用于被测物质，且大大增加了传感器的作用面积，使得更大范围内的渐逝场可以参与作用。现取 d_z=0，画出两种传感器的渐逝场穿透到待测物质中的深度，如图 6-11 所示。取光纤外径 R_2=125μm，芯径 R_1=62.5μm，纤芯折射率 n_{c0}=1.4682，包层折射率 n_{c1}=1.4646，被测物质的折射率 n_c=1.3334，光线的入射角 θ=4.8°。从图 6-11 可以看出改进结构的光纤传感器的有效作用范围远远大于改进前的。取光纤的传感长度为 12mm，则改进前 D 形传感器的有效作用面积是 12mm×2×14.6μm=3.5×10^5μm^2，而改进后的传感器的有效作用面积为 12mm×2×62.5μm=1.5×10^6μm^2，比改进前的多 1.15×10^6μm^2。

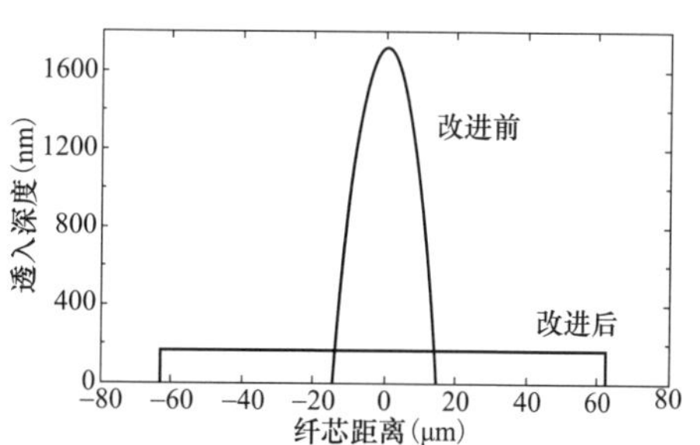

图 6-11　两类 D 形光纤渐逝场穿透深度

庄须叶等用有效传感长度为 12mm、研磨深度为 62.5μm 的 D 形消逝场光纤传感器测量不同浓度的亚甲基蓝溶液。实验所用的光源为氦氖激光器，波长为 632.8nm，光谱仪是微型光谱仪，波长范围为 400～800nm。测试检测亚甲基蓝时传感器随时间的响应曲线如图 6-12 所示，表明检测系统可以实时反映待测溶液中平衡关系建立的动态过程。

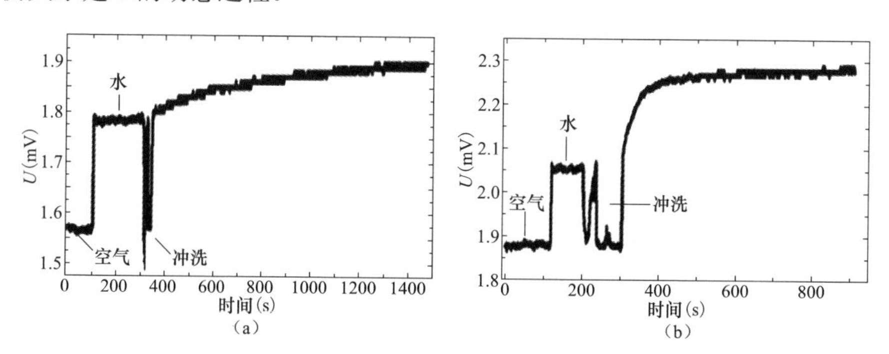

图 6-12　光纤渐逝场传感器对亚甲基蓝的时间响应曲线

（a）1×10^{-6} 时间响应；（b）1×10^{-5} 时间响应

6.2.2.2　基于微结构红外多模光纤传感器的检测技术应用

随着纳米科技的发展，具有高性能的气敏材料也有很多。利用金属微纳结构修饰传感光纤来激励表面等离子体共振，既能提高场能量，又能扩大其作用范围，有效提高了传感器的灵敏度。纳米结构材料尺寸缩小至纳米尺度，相对于其内部的电子或原子来说，有更多的表面电子或原子会受到外加变因的作用影响，因此表面效应明显地增加。

黄世华等人在 2018 年提出一种微结构红外多模光纤来代替气室，以解决气室中红外光源与红外探测仪对准耗时问题，光与 CH_4 分子的相互作用发生在微机械加工的纤维表面上，即纤维的渐逝波区域。中红外氟化锆（MIR ZrF4）纤维表面顶部的微结构区域由具有 100mJ 脉冲能量和 10Hz 重复率的有源开关激光器加工形成，以 40μm 的间隔钻出 20μm 宽、50μm 深的凹槽线的二维阵列，作为探测区域，这种微结构红外多模光纤使得对准工作更加容易，并且爱尔兰都柏林城市大学的麦克贝（McCabe）研究证明用红外光源进行痕量气体传感的光纤包层上的多孔结构能够通过增加渐逝波的穿透深度来改善纤维对低折射率吸收介质的敏感性。图 6-13（a）显示了微结构纤维的所示图案。使用红外成像相机所捕获的从分段光纤表面发射的光的红外图像示于图 6-13（b）中，观察到多重反射光图案。

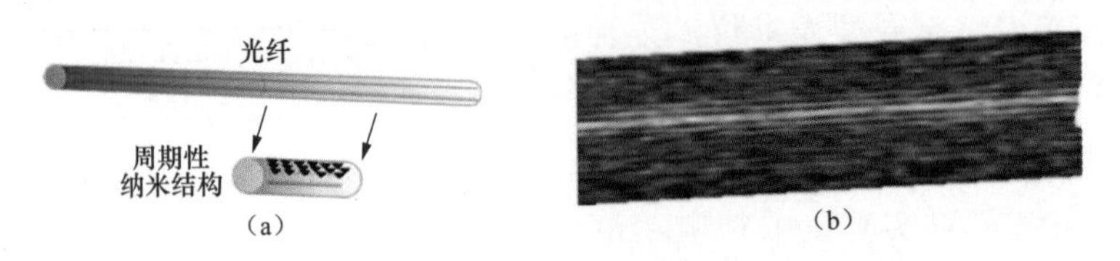

图 6-13　微结构红外多模光纤传感器

（a）微结构红外多模光纤图；（b）分段光纤表面发射的光的红外图像

来自中红外 LED 的光被半英寸 CaF_2 透镜（焦距为 20mm）聚焦到微结构多模 MIR 光纤中，从光纤另一端出来的光聚焦在 MCT PD 上。将长度为 0.5m 的纤维连接在 130mm 长的载玻片上，其工作长度为 0.4m，多模 MIR 纤维的纤芯直径为 100μm，而包层直径为 190μm。MIR 光纤布置在 150mm 长的气室内。使用该光纤传感器检测甲烷浓度时，探测二极管的输出信号如图 6-14（a）所示（试验中每 100s 重置甲烷浓度，闸门时间为 1s）。使用 0dB SNR 的定义将检测限确定为 6.1×10^{-6}，并在处理光电信号时配合采用锁定技术，得到的校准后的检测曲线如图 6-14（b）所示。

6.2.2.3　基于敏感膜修饰光纤传感器的检测技术应用

在光纤表面镀膜对于提高渐逝场能量有显著的效果，并且对于多组分待测物质中特殊物质的检测，可以通过在传感光纤表面修饰对应的敏感膜或者抗原（抗

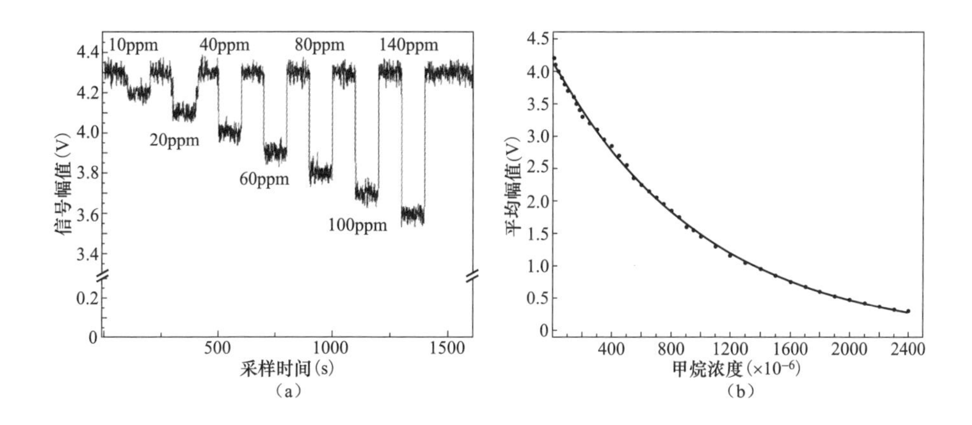

图 6-14 微结构光纤传感器检测甲烷浓度结果

(a)甲烷浓度与光纤传感器的信号的关系图;(b)甲烷浓度和平均信号幅度的校准线

体)进行异性识别。在渐逝场与待测物质作用表面镀膜可以增加渐逝场的强度,例如将高折射率敏感薄膜涂于 D 形光纤传感器表面、钯膜光纤氢气传感器等均可以提高探测的精度。下面介绍两种镀膜的渐逝场光纤气体传感器,分别为钯膜修饰光纤氢气传感器和基于石墨烯和模间干涉的模间气体传感器。

(1)镀钯(Pd)膜光纤氢气传感器。Pd 具有很强的吸氢能力,在室温条件下,Pd 可以吸收自身体积 900 倍的氢气,氢气可以和 Pd 发生可逆反应。Pd 膜具有双重作用:①它作为金属膜将产生表面等离子波(SPW),当被测氢气的浓度变化时在金属和氢气介质表面引起等离子共振;②Pd 膜直接参与化学反应,反应后生成 PdHx 的折射率随着氢气浓度的变化而变化,也就是金属折射率。Pd 膜层厚度对氢气传感器的分辨率和响应时间影响很大,不同 Pd 膜厚度,对于相同氢气浓度,其反射率也不同。根据渐逝场型光纤氢气传感器机理,存在一个最佳的敏感厚度,在这个膜层下氢气的共振吸收最大,灵敏度最高(这里灵敏度的定义是反射率变化量与氢气浓度变化量的比值)。对于敏感光学折射率的 Pd 膜氢气传感器,其 Pd 膜的厚度一般为 30~50nm。如果 Pd 膜厚度小于 10nm,PdHx 容易饱和,使测试范围减小;如果 Pd 膜太厚,则 Pd 膜与基底的机械强度低,稳定性差,响应时间长。为了提高测试范围、抑制氢气与 Pd 膜化学反应中的相变和改善对环境变化的适应性,可采用氢敏感复合膜:Pd 合金膜、Pd/无机物膜和 Pd/聚合物膜等。

渐逝场型光纤氢气传感器的工作原理如图 6-15 所示。由稳定 LD 光源发出 1550nm 的光线,直接经过 1:1 光纤耦合器以后,一部分光进入 PIN1 光电探测器

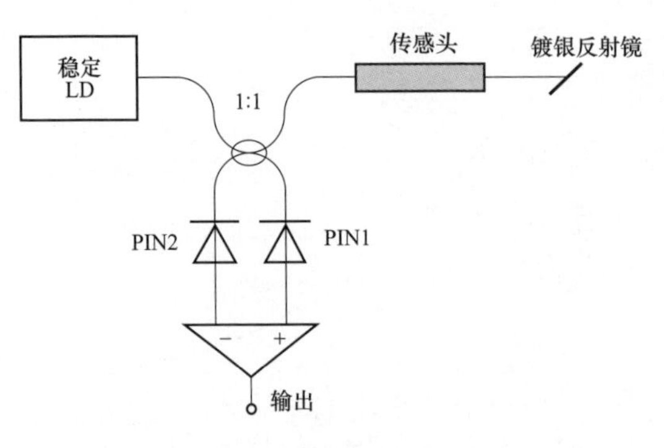

图 6-15　渐逝场光线氢气传感器工作原理示意图

进行光电转换，再经前级放大，进入差分器，成为参考信号，此时信号已由光功率形式转换为电平形式。另一部分光传输到光纤传感头，当传感器位于氢气环境中的时候，钯膜由于吸收了氢气生成钯的氢化物，改变了其物理特征，使得渐逝场中泄漏的能量在钯表面产生的表面离子波发生改变，从而改变了传输过程中的光强，光纤经过端面反射再次通过传感器，信号过耦合器进入另一个 PIN2 光电探测器，再经前级放大，进入差分器，成为探测信号。通过对探测信号和参考信号的差分输出的结果，实现氢气浓度传感。由于传感头一端镀银反射膜，信号两次通过传感头，所以相当于传感部分增大一倍。另外由于最终输出信号是参考信号和探测信号的差分结果，所以避免了由于恶劣条件导致光源信号的微小波动而带来的探测误差。

电子科技大学许琰玮、刘永智用氟化氢腐蚀法进行拉锥光纤的制作，光纤拉锥后包层（包括纤芯）直径为 100nm，Pd 膜的厚度为 20nm，作用区的长度为 1.6μm，拉锥光栅的结构如图 6-16 所示。对于实际的拉锥光纤来说，由于拉锥光纤的均匀段直径大约为 40μm，作用区的长度相对可以更长一些。本实验采用磁控溅射制膜，并选用纯度为 99.99%的 Pd 制作靶材。传感头封装后见图 6-16。

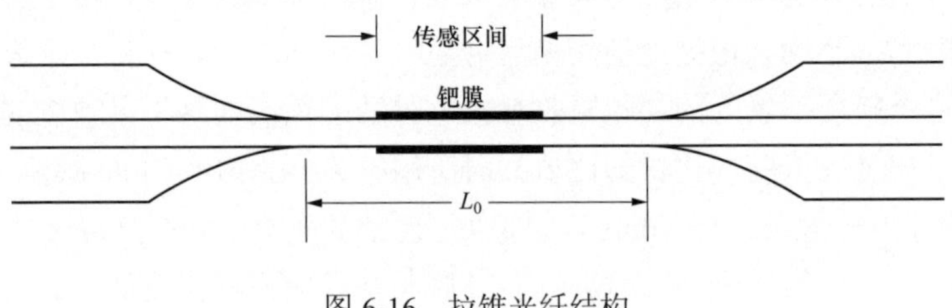

图 6-16　拉锥光纤结构

他们在实验室使用长度 10mm 的 Pd 镀膜光纤检测氢气浓度。实验中使用的氮气纯度为 99.99%，氢气纯度为 99.999%。氮气流量稳定在 100sccm，氮气源压力应保持恒定。调节流量控制器上的氢气流量旋钮，逐渐增大氢气的流量，使氢气在氮气中的流量成一个确定的比例（比如 4%、3.5%、3%和 1.5%等），也即达到所要求检测的氢气浓度，此时氢气源的压力应保持恒定状态。测试结果如图6-17所示。随着氢气浓度的增大，输出功率也相应增大。总体来看，其输出功率的变化太小，如此微弱的变化信号，在实际的现场检测中要采用非常复杂的检测装置，如锁相放大等技术等。

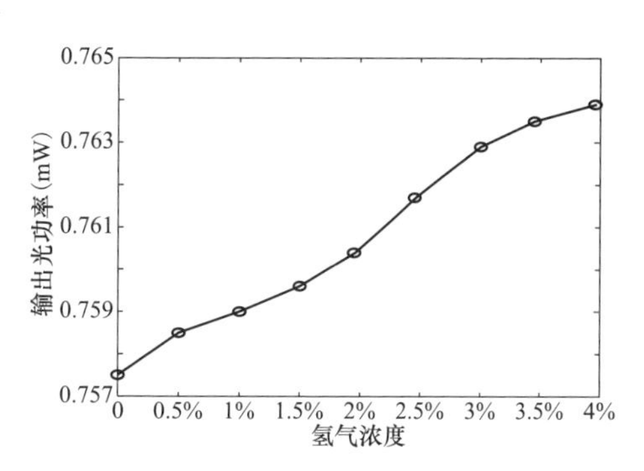

图 6-17 输出光功率与氢气浓度的关系曲线

（2）基于石墨烯和模间干涉的光纤气体传感器。随着纳米科技的不断发展，具有高性能的气敏材料也越来越多，如碳纳米管、半导体纳米线、石墨烯等。石墨烯其超强的机械性能、超高的导电性和导热性、极高的比表面积等优异特性。Geim课题组在2007年首次报道了以石墨烯为气敏材料，实现了对单个气体分子的检测，证明了石墨烯是一种具有极佳性能的气敏材料。东北大学赵勇等人提出一种新型的用于气体传感的石墨烯—光纤气体传感器，采用基于石墨烯增敏的拉锥与错位级联型传感结构，并通过实验验证此种结构用于气体传感的可行性。

图6-18为拉锥与错位级联型光纤气体传感器结构，当光在光纤中传输时，尽管其大部分能量都约束在纤芯中传输，但也有少部分能量进入与芯相邻的包层孔中，芯模和包层模组合并形成干扰。而包裹石墨烯使得光纤传感结构的渐逝场增强，而较强的渐逝场使得传感结构对外界折射率变化更敏感，即光纤的纤芯模和包层模之间的有效折射率差变化程度更大，则波长漂移量会更大，即折射率灵敏度更高。因此，包裹石墨烯通过增加渐逝场效应来提高传感器的折射率灵敏度。

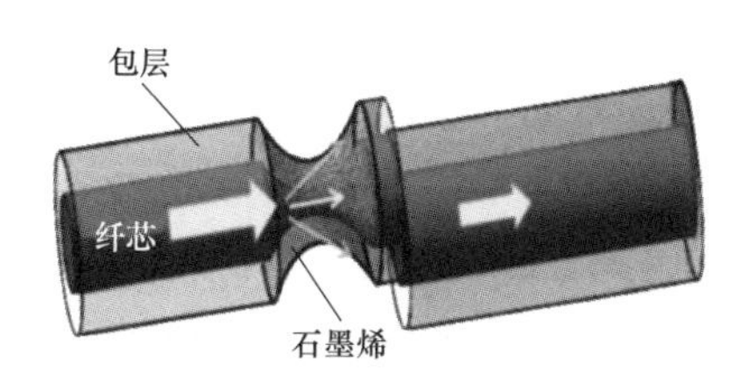

图 6-18 光纤气体传感器结构

光纤的错位熔接原理是基于错位熔接后的模场失配，当两段单模光纤错位熔接后，光经过熔接点时，随着错位量的变化，传输能量在光纤的纤芯和包层中的比例也会发生变化，从而导致模场的重新分布，并且激励出不同的模式，不同的模式干涉就会导致不同的传感特性。包层模的有效折射率与外部折射率直接相关，会随着外部折射率的增加而增加，从而导致光纤的纤芯模和包层模之间的有效折射率差发生变化，它的变化会直接影响干涉谱峰值位置的变化，所以拉锥错位级联型光纤对周围折射率的变化非常敏感，原因是锥形传感区域能够激发更高阶的包层模式参与干涉。当锥形光纤的锥度增加时，波移逐渐增大，光波的模场减小，能量损耗逐渐增大。

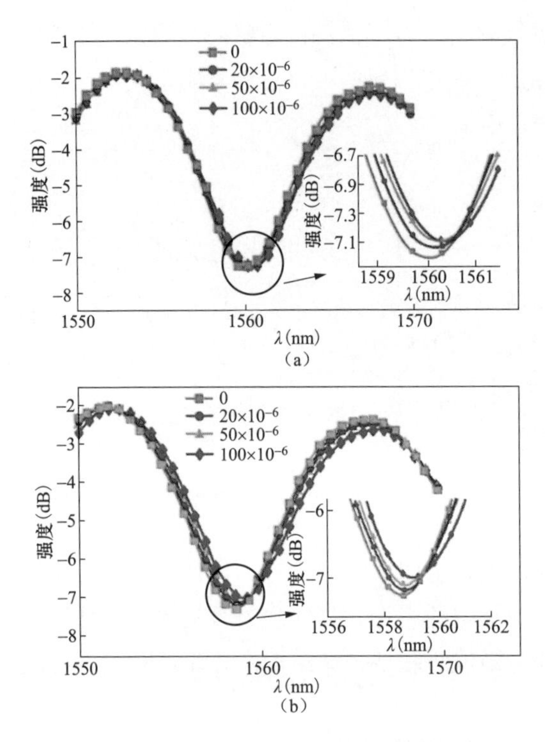

图 6-19 裸光纤和石墨烯包裹光纤在不同质量分数氨气中的光谱图

（a）裸光纤；（b）石墨烯包裹光纤

东北大学的赵勇在实验室中开展了氨气浓度检测研究。室温下，拉锥锥腰直径为 1μm，长度为 400μm，错位量为 4.5μm。长度为 1mm 的裸光纤和石墨烯包裹光纤分别在不同质量分数（0，20×10^{-6}，50×10^{-6}，100×10^{-6}）氨气中的干涉光谱变化见图 6-19。可以看出，随着气体质量分数的增加，波谷发生红移。对比两图，石墨烯的引入会使混合波导整体的有效折射率减小，进而导致干涉谱的再次蓝移，并产生相应的衰减，使反射峰强度降低。

由图 6-20 可知，对比有无石墨烯包裹的光纤，可以看出石墨烯对光纤波导的氨气传感有明显的增敏作用，无石墨烯包裹的传感器灵敏度为 4×10^{-3}nm，有石墨烯包裹的传感器灵敏度可达到 1.2×10^{-4}nm，灵敏度提高 3 倍。这主要是石墨烯对倏逝场的增强作用引起的，同时气体分子与石墨烯的相互作用也会产生影响，尤其是氨气这种极性气体。

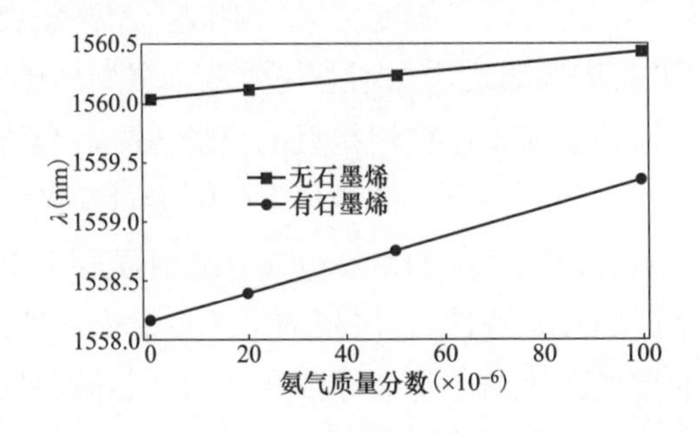

图 6-20 无石墨烯包裹与有石墨烯包裹对传感器灵敏度影响的对比图

6.3 荧光型光纤气体检测技术

荧光光纤传感器是由光纤传感技术结合荧光分析的特异、敏感等优点而发展起来的，已在医药学分析领域得到广泛的应用。荧光光纤是否存在激发器，以及激发光的强弱，可检测高压电气设备中的电晕放电产生的紫外光以及一氧化碳气体等。

6.3.1 检测原理

荧光型光纤气体传感器通过探测与待测气体相关的荧光辐射来实现探测。荧光可以由被测气体本身产生，气体分子或原子被激发跃迁到激发态，当返回基态时发射荧光。当气体浓度较低时，荧光强度可以表示为

$$I=\eta I_0\alpha CL \tag{6-13}$$

式中：η 为荧光效率；α 为待测气体吸收系数；C 为待测气体浓度；I_0 为入射光强度；L 为光程。可看出，气体浓度与荧光强度成正比关系，因此可基于此原理探测待测气体浓度。

另外，荧光也可由与其相互作用的荧光染料产生。1998 年，许汉英等人的研究表明，如采用奎宁作为荧光染料，可实现对葡萄酒中的游离 SO_2 的探测。因为不同荧光材料对应不同的荧光波长，所以荧光型光纤传感器对于被测量信息的鉴别性好。

荧光猝灭型光纤气体传感器利用待测气体对物质荧光辐射的猝灭作用，导致荧光强度的降低或荧光寿命的缩短。荧光辐射和待测气体浓度关系可用斯特恩-沃尔默（Stern-Volmer）方程描述为

$$\frac{I_0}{I}=\frac{\tau_0}{\tau}=1+KC \tag{6-14}$$

式中：I_0 和 τ_0 分别为没有待测气体时的荧光强度和寿命；I 和 τ 为由待测气体时的荧光强度和寿命；C 为待测气体浓度；K 为动态猝灭系数。

荧光物质受特定波长激励光照射时，会产生波长大于激励波长的荧光，其波长差称为斯托克斯位移。由于荧光型气体传感器的激励光波长不同于吸收光波长，对荧光进行探测时可以达到较好的分辨率，从而提高探测器的灵敏度。在实际应用中应该选择斯托克斯位移较大的荧光物质作为敏感物质，也可以采用成本较低的波长滤波器放在输出端，以分开激励光和传感光。

经荧光材料作用后的荧光非常微弱，一般只有皮瓦到纳瓦量级的强度，采用

常规的强度检测很难实现有用信号的提取。锁相相敏检测能检测微弱至几个纳伏的信号，甚至能检测出混杂在几千倍于它的噪声源中的交流信号。它是采用相敏窄带检测技术，只对一定参考频率和相位的信号加以放大检测，参考频率以外的噪声信号经低通滤波器衰减不影响到检测，只有频率为参考频率的信号才产生输出，并且低通滤波器并不影响它的输出。某一确定频率的相位差 φ 与荧光寿命 τ 的关系为

$$K^{-1}\tan\varphi=\omega\tau \tag{6-15}$$

式中：ω 为正弦调制信号角速度。

因此，测定 φ 即可测得荧光寿命 τ，则式（6-14）可化作

$$\frac{\tan\varphi_0}{\tan\varphi}=1+KC \tag{6-16}$$

式中：φ_0、φ 分别为无待测气体和有待测气体时的滞后时移。

因此，可以通过探测 φ 推出待测气体的浓度。并且，由于检测的信号之间的相位差，从而可以排除杂散光等的干扰，提高了传感器的抗干扰能力和探测精度。

6.3.2 荧光型光纤气体检测技术应用

6.3.2.1 荧光型光纤氧气传感器

氧气荧光猝灭传感器是研究得较多和发展得较快的一种。荧光气体传感器主要用于工业燃烧监测和医疗检查中。与氧气相作用的荧光物质主要包括多环芳烃和芳香烃，如钌络合物、solvent Green 5（溶剂绿 5）和十环烯等。Solvent Green 5 的激励波长峰值为 468nm，荧光峰值波长为 514nm，两者相差较大且都处于可见光光谱范围之内，对人体不会造成危害，是一种很好的可用于内科检查氧气传感器的荧光物质。金属卤化物也是非常有效的氧气荧光淬灭物质，与有机荧光物质相比，其优点是可在高温环境下进行有效探测。如 Mo_6Cl_{12} 簇具有对外界环境影响不敏感、高温下保持稳定性、响应时间短（<1s）、对其他气体不敏感，可反复循环使用等优点。钌（Ⅱ）的双齿配合物具有很好的光稳定性、较长的荧光寿命和较高的猝灭效率，是较理想的荧光指示剂。武汉理工大学的姜德生等人用钌（Ⅱ）-邻菲咯啉配合物 Ru（phen）$_3Br_2$ 为指示剂，研制成功一种基于荧光猝灭原理的光纤氧气传感器。采用锁相放大技术，通过测定传感器探头指示剂的荧光滞后相移来测定氧气的浓度，具有较高的检测精度和较强的抗干扰能力，获得了很好的效果：响应时间（T）不超过 10s，检测下限为 5×10^{-6}，检测精度为 5×10^{-7}，重复实验误

差小于 1%，有较好的稳定性，而且对氧气的检测具有高度的选择性。

6.3.2.2 荧光型光纤 SO_2 传感器

SO_2 在近紫外区域主要有 340～390nm、250～320nm、190～230nm 3 个吸收区。实验证明，SO_2 在波长为 220.6nm 激发光激发后的激发态的寿命约为 10^{-9} 量级，且发出的荧光不易被氮气、氧气及其他污染物淬灭，此时荧光谱线范围为 240～420nm，在 320nm 附近有较大荧光发射区。因此，大气中 SO_2 浓度测量的激发波长最好选择在 190～230nm 这个吸收区。该区域具有强吸收、最小淬灭和最大的荧光系数。2009 年，燕山大学的王玉田等人采用脉冲氙灯作为激发光源，基于 SO_2 在紫外光照射下发射荧光的机理，将先进的荧光光谱型光纤传感技术与微弱信号检测技术相结合，通过双光路检测方法实现了对低浓度 SO_2 的探测，探测极限为 2×10^{-9}，线性响应范围为（0～1500）$\times10^{-9}$。激发光为 220.6nm 时，SO_2 发射的全部荧光基本上分布在 240～420nm 范围内，并在 320～420nm 范围内出现较强的荧光发射。他们采用的检测系统如图 6-21 所示。为了有效分离被激发光照射的 SO_2 产生荧光和激发光的散射，采用高阻塞系数的干涉滤光片作光谱滤光：滤光片 F1 选取的中心波长为 220nm，带宽为 10nm；滤光片 F2 的中心波长为 330nm，带宽 90nm，其确保了光电倍增管所接收的光信号为被测物质所发出荧光，有效地克服了其他的光谱干扰。由于 SO_2 发出的荧光强度很弱，需用微弱信号检测技术测量荧光信号。可采用以∑-Δ 型 A/D 转换器和数字积分器构成新型锁相结构为核心的微弱信号检测电路。

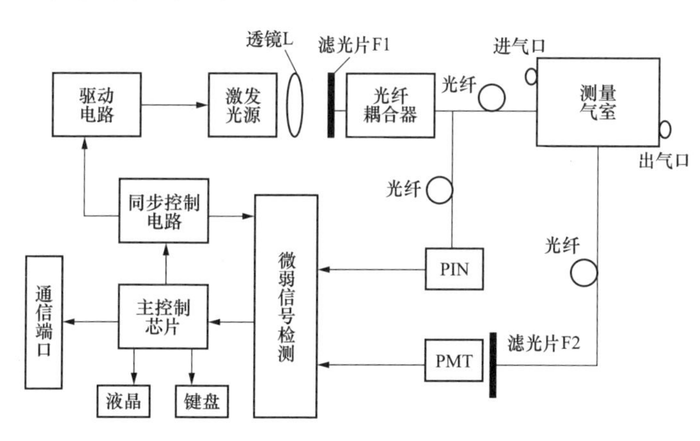

图 6-21 荧光型光纤 SO_2 检测系统框图

他们的检测结果如图 6-22 所示。由图 6-22 可知，在（0～1500）$\times10^{-9}$ 的范围内，系统检测得到的荧光强度与 SO_2 标气的浓度保持着很好的线性关系，各个浓度的检测相对误差不超过±1.0%。其最小检测值可达 2×10^{-9}。上述拟合直线的相关系数为 R^2=0.9986。

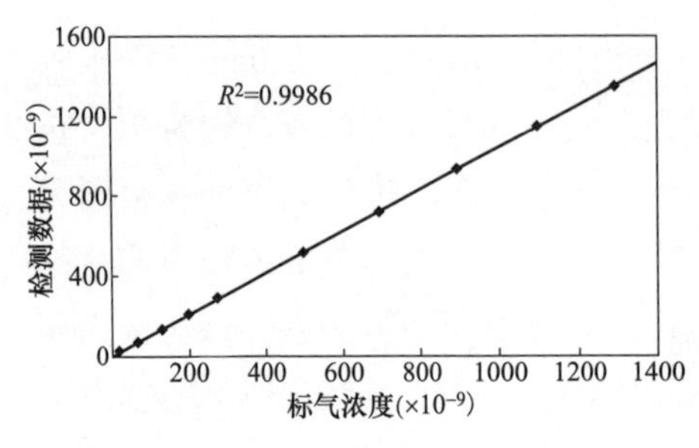

图 6-22　不同 SO_2 浓度标气实验数据

在紫外荧光法测量 SO_2 浓度时，SO_2 发出的荧光主要受到氮气、氧气、水蒸气的影响。当 SO_2 浓度检测的激发波长选择在波长 190～230nm 时，有效抑制了氮气和氧气对 SO_2 发出荧光的猝灭。实验证明，激励波长在 190～230nm 内水蒸气对发出的荧光猝灭较大，这是误差主要来源。

6.3.2.3　荧光型光纤 NO 传感器

2013 年，武汉理工大学的丁丽云等人利用硒化镉（CdSe）量子点（QDs）/醋酸纤维素（CA）作为敏感膜，开发了一种新的光纤传感器，用于检测水溶液中的一氧化氮（NO），其中 CdSe QDs 通过简单的杂交方法嵌入 CA 中。一氧化氮自由基（NO）易与水中的溶解氧发生反应，与 Cd^{2+}配位，因此对敏感膜中 CdSe 量子点的荧光有明显的猝灭作用。荧光响应是浓度依赖性的，可以通过典型的斯特恩-沃尔默方程很好地描述。使用这种新型光纤传感器通过相位调制荧光测定法测定 NO 浓度。在最佳条件下，在 1.0×10^{-7}～1.0×10^{-6}mol/L NO 浓度范围内获得线性校准（R^2=0.9908），检出限为 1.0×10^{-8}mol/L（S/N=3）。

如果通过检测荧光强度来检测 NO 浓度，激发源和检测器漂移的变化以及光路的变化会产生稳定性问题。因此通常进行荧光寿命测量，因为寿命是荧光团的固有特性，并且它们可以消除或最小化自发荧光、光源和检测器不稳定性或光谱偏移。基于荧光寿命检测，有许多用于分析物识别的已知探针。当含有 CdSe/CA 膜的光纤传感器头与 NO 供体 S-亚硝基-N-乙酰基青霉胺（SNAP）一起放入缓冲溶液中时，SNAP 产生的 NO 会通过多孔 CA 膜扩散，并与溶解氧反应，并与 Cd2+配位，这会引起荧光猝灭。

使用具有 37 个塑料纤维的同心圆的分叉纤维束，塑料纤维的芯径和提供量分别为 0.25mm 和 30μm。将制备的敏感 CdSe/CA 膜置于传感器头中。光纤接触光学连接器用于数据采集探针。光纤 NO 传感器由激发波长为 416nm 的发光二极管（LED）作为光源、具有 NO 敏感膜的传感器头和用于数据处理的计算机组成。当将传感器头放入 SNAP 缓冲溶液中时，嵌入敏感膜中的指示剂 CdSe 将在氧气存在下与 NO 反应。荧光相移的变化将由锁定放大器检测，然后转移到计算机收集的相位延迟。

图 6-23 显示了当连续注入不同浓度的 NO 时，由 NO 光纤传感器测量的实时相移的典型结果。从图 6-23 中可以看出，响应非常快，相移随 NO 浓度从 1.0×10^{-7}mol/L 增加到 1.0×10^{-6}mol/L 而降低。这是因为当传感器头中的 CdSe/CA 敏感膜浸入 SNAP 缓冲溶液中时，CdSe 的荧光强度将降低，因此检测到的相位延迟也将增加。在该研究中，未确定由于接近 CdSe 表面引起的荧光猝灭程度，但是增加的猝灭被认为是暴露于一氧化氮后荧光发射减少的可能原因。图 6-24 给出了对应于不同浓度的 NO 再现性的 CdSe/CA 膜的相位延迟，可观察到相位延迟ϕ和 NO 浓度之间存在线性关系。

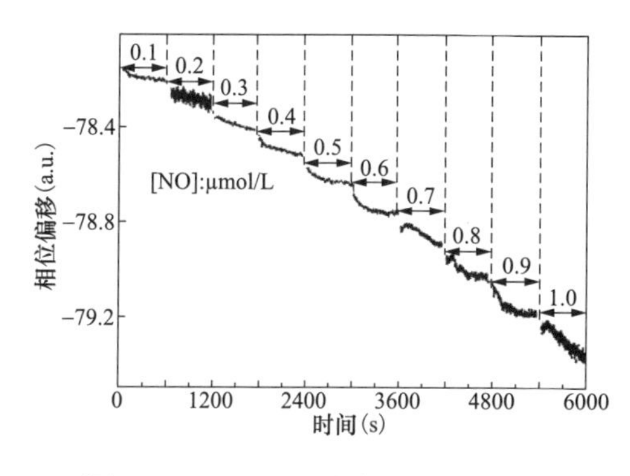

图 6-23　不同 NO 浓度下的相移变化

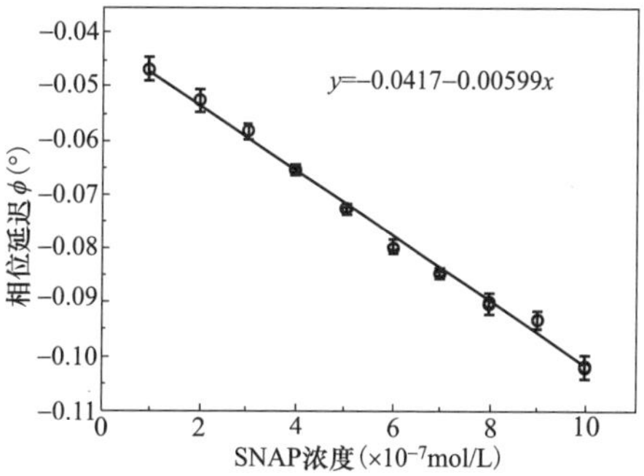

图 6-24　相位延迟与 NO 浓度关系

6.4　光子晶体光纤气体检测技术

光子晶体光纤（Photonic Crystal Fiber，PCF）是一种新兴类型的光纤，具有更宽的单模传输光谱范围内、很强的非线性效应、独特而新奇的色散特性和保偏特性，对周围气体分子比较敏感，从而被用于气体组分和浓度的检测。

6.4.1　光子晶体光纤

6.4.1.1　光子晶体光纤的结构

光子晶体光纤最典型的特征是在它的包层区域有许多平行于光纤轴向的微孔。通常根据导光机理的不同，将光子晶体光纤分为两类，即折射率波导（Index-guiding）型和光子带隙（Photonic Band Gap，PBG）波导型。

二维光子晶体是一种介质结构，其折射率分布沿纵轴（z方向）不变，在横截面（x、y 平面）内呈周期性变化，周期在光波长量级。对于基于石英材料的光子晶体结构，其中圆柱形空气孔按照六角格子周期排列。当一束单色光入射时，其频率（波长）、入射条件（入射角或传输波矢量）和偏振态将决定该束光是被光子晶体反射还是在其中传输。二维光子带隙指的是一个或几个频率（波长）间隙，如果入射光的频率处于该间隙内，某些方向（对应不同纵向波矢分量）入射的光在横向将不能传输。对任意偏振态的光都存在的带隙称为完全二维光子带隙。

带隙的性质是由光波与周期性结构的相互作用和多重散射形成的。带隙的位置和宽度与孔和背景材料的折射率差异有关，也跟孔的尺寸和其周期排列的方式有关。一般地，较大的折射率差会形成较宽的带隙，带隙的宽度和中心波长还与纵向传输常数 β 有关。当 β 较小（约为 0）时，没有带隙，意味着光子晶体对所有波长都是透明的；当 β 较大时，二维光子带隙将会出现，从而禁止相应波长范围内的光在横向传输。

光子带隙光纤包层中的孔是周期性排列的，形成二维光子晶体。这种二维周期性折射率变化的结构不允许某些频段的光在垂直于光纤轴的方向（横向）传播，形成所谓的二维光子带隙。二维光子带隙的存在与否、带隙在光频域的位置和宽窄，与光在轴向的波矢（传播常数）及偏振状态有关。光子带隙光纤的纤芯可以认为是二维光子晶体中的一个线状缺陷。若纤芯在包层多孔结构所形成的光子晶体的光子带隙内能支持某一个模式，该模式将只能在轴向传播，形成传导模，而不能横向传播（辐射或是泄漏）。这一导光原理和普通光纤有本质的不同，它允许光在折射率比包层低的纤芯（如空气芯）中传播。

6.4.1.2　光子晶体光纤类型

（1）折射率波导型光子晶体光纤。折射率导光型光纤的纤芯折射率比包层有效折射率高，其导光机理和常规阶跃折射率光纤类似，是基于（改进的）全反射（Modified Total Internal Reflection，MTIR）原理。折射率波导型光子晶体光纤芯区折射率较高，包层是多孔结构或光子晶体结构。典型的折射率导光型光子晶体光纤的芯区是实心石英，包层是多孔结构。包层中的空气孔降低了包层的有效折射率，从而满足“全反射”条件，光被束缚在芯区内传输。这类光纤包层的空气孔不必周期性排列，也称之为多孔光纤。

将中心区的一个或者多个毛细管换为实心棒，利用堆-拉（Stack and Draw）工艺即可制备这种光子晶体光纤。芯区折射率要比包层的平均折射率（基本空间填充模的有效折射率）高，因此可以认为是利用全反射导光。导模的传输常数位于半无限大带隙内，不会泄漏到包层中去。正是因为光的束缚机理是全反射，包层的空气孔不必按照某种周期结构排列。空气孔的存在只是降低包层的平均折射率，从而使光在高折射率芯区内传输。空气孔的尺寸和分布可以根据需要设计，所以这类光纤可以实现许多新的传输特性。

（2）光子带隙光纤。光子带隙光纤芯区（缺陷）折射率低，包层是二维光子晶体结构。包层结构除了所谓的半无限大“带隙”之外，至少还有一个光子带隙。由于芯区的折射率低于光子晶体包层的基本空间填充模的折射率，所以这种光纤不能基于全反射导光，但是它能支持包层的光子带隙内某个波长的模式在芯区中传输。图 6-25 是一种空芯光子带隙光纤，中心区域去掉了 7 个薄膜石英毛细管。空芯结构在包层的带隙内至少支持一个模式在中空的芯区内传输。因为光子带隙光纤中的大部分光功率都限制在空芯区域，因此材料吸收、色散、散射、非线性等跟材料有关的效应会显著降低。这样可以得到极低非线性和传输损耗、较高破坏阈值、可控制的色散（主要是波导色散），这些特性有助于高功率传送、超短脉冲无畸变传输等。中空的芯区允许在光强度最高的波导区引入气体或液体等物质，从而增强光和物质的相互作用，同时保持较长的有效作用长度。空芯光纤的这些特点可用于研究气体中的非线性光学现象以及在传感、测量等方面获得应用。

图 6-25　空芯光子带隙光纤

（3）高双折射光子晶体光纤。在折射率导光的光子晶体光纤中，使沿着两个正交方向的空气孔尺寸不同，或者使孔形状是椭圆而不是圆形，即可以获得高双折射效应。这些高双折射光子晶体光纤的双折射可比 PANDA 光纤高一个量级。英国 Blaze photonics 公司生产的 PCF 光纤，偏振串扰低于−30dB，而且双折射的温度系数显著低于普通高双折射光纤。这些性质均可用于开发新型的传感器。

（4）双模光子晶体光纤。通过适当调整空气孔的尺寸和分布，我们可以将光子晶体光纤设计成只支持基模和二阶混合模。双模晶体光纤的应用前景也十分广阔，其中包括模式转换器、模式选择耦合器、带通/带阻滤波器、声光移频器、声光可调谐滤波器、波长可调谐光开关、上/下载复用器（Add/Drop Multiplexer）、非线性频率转换、色散补偿、可调光衰减器和干涉型光纤传感器等。

6.4.1.3　光子晶体光纤的特点

（1）无截止单模性质。对传统光纤而言，单模传输的光谱范围相对来说不是太宽，只有当归一化频率参量 $V<2.4048$ 时，才是单模。与普通光纤不同的是，光子晶体光纤能在更宽的光谱范围内实现单模传输，不存在截止波长。首次报道的光子晶体光纤具有所谓的无限单模特性：光纤在 337～1550nm 波长范围内都是单模的。在光子晶体光纤中，只要包层中空气所占的百分比足够小（和纤芯的绝对大小无关），就能保证所有的波长单模传输。边静在其研究中提出，实际上由于存在弯曲损耗等方面的影响，单模传输也是有一定范围的。

（2）非线性特性。光子晶体光纤有很强的非线性效应，这种特性不仅与空气孔的直径、孔间距有关，还和包层的空气填充率有很大关系。首先，折射率引导型 PCF 的非线性，当用激光打到光纤中时可以产生超连续谱线，产生的原因相当复杂，涉及很多非线性效应，包括四波混频、自相位调制、互相位调制等。其次，带隙型 PCF 的非线性，利用空芯光纤的非线性效应可以降低受激拉曼散射 SRS 的阈值，提高 SRS 过程的效率，还可以充分提高激光脉冲的四波混频及允许高功率的超短激光脉冲的孤子传输。

（3）色散特性。PCF 灵活的几何结构使其相对于常规单模光纤具有许多独特而新奇的色散特性。如超宽范围可调的零色散波长、短波段的反常色散、近零超平坦色散以及高负色散特性等。

1）可调的零色散波长，只需要简单改变光子晶体光纤的尺寸，就可以在几百纳米的范围内取得零色散；增加芯层和包层的折射率差值，可以增强波导色散的作用，使得光子晶体光纤的零色散点可以小于传统光纤的零色散波长 1.3μm，甚至能够移至可见光范围，能有效地产生超连续光源，这些在传统光纤中是不可能实现的。

2）近零超平坦色散，通过适当地调节 PCF 包层参数可以获得近零超平坦色散，平坦色散值也可以根据需要设计为正常色散、反常色散或近似零色散，这是 PCF 的一个显著特性。

3）高负色散，通过适当设计 PCF 的参数，可以在单一波长下得到很大的负色散值，这样可用来做色散补偿光纤。

（4）双折射特性。光子晶体光纤的双折射特性通常也称保偏特性，通过改变 PCF 的结构参数从而破坏其对称性，就可以制作出具有高模式双折射效应。常用的方法有采用双 PCF 芯或多芯结构，改变纤芯或空气孔的形状，改变空气孔的尺寸等。对于具有保偏特性的光子晶体而言，双折射效应越强，拍长越短，越能够保证传输光的偏振态，传统光纤中的偏振态无法很好保证，所以保偏光纤在长距离通信、传感以及特定激光器的设计等方面有很重要的应用。

6.4.2 光子晶体光纤气体检测原理

传统光纤由折射率不同的纤芯和包层组成，基于传统光纤的气体传感器，要用化学蚀刻、机械抛光、光纤拉锥等工艺对光纤进行加工，去除部分包层，实现导光与被检测物质的反应，从而改变光波参数，实现光纤传感。这些光纤处理技术会损伤光纤，且被测量样品与光纤模场倏逝波的相互作用比较微弱，难以制作高灵敏度的传感器，因此光子晶体光纤就出现了。

与传统光纤相比，空芯带隙光子晶体光纤将光波限制在中心空气孔内进行传播，光纤空芯孔区域的光功率可达 95%以上。其基本原理是：待测气体经过扩散或者其他方法填充在光子晶体光纤中心的空气孔区域，吸收光纤内的激光，改变输出的光强。人们通过检测光信号的变化，可以测量气体的浓度。由于光子晶体光纤具损耗低、易弯曲的特点，可以用于长距离光信号的传输。

6.4.3 光子晶体光纤气体检测技术应用

光子晶体光纤传感器可以测量多个物理参量的变化，如声、磁场、电流、气体或液体的折射率、温度、浓度、静压力和张力等。近年来，已有多个课题组进行了基于光子晶体光纤的气体传感器的研究，实现了对甲烷、硫化氢、二氧化碳和乙炔等气体的传感测量。

6.4.3.1 光子晶体光纤 CO_2 气体传感器

光子晶体光纤 CO_2 气体传感器是一种检测 CO_2 气体体积分数的装置，西安邮电大学的徐康等人对其进行了深入研究。它基于红外光谱吸收原理，以 9m 长的空芯光子晶体光纤作为传感单元，具有很高的灵敏度，可达 4.389×10^{-5}W。

空芯光子晶体光纤是由丹麦的安凯特光电（NKT）公司设计生产，型号为 HC155002，其传输光波的中心波长位于 1550nm。它的纤芯是一个比较大的空气孔，该空气孔的直径是（10±1）μm，它的包层区域是由结构为六边形的空气柱通过周期性的排列而形成的光子晶体，所有空气孔区域的面积超过整个横截面的 90%，包层的半径是 60μm，色散大小是 $97ps\cdot nm^{-1}\cdot km^{-1}$，在中心波长 1550nm 处传输损耗低于 30dB/km。气室是金属圆柱状结构，它的直径是 250mm，高度是

200mm，体积是 10L。在气室内部将单模光纤（Single Mode Fiber，SMF）和多模光纤（Multimode Fiber，MMF）分别与 PCF 固定连接在三维支架上，连接处留有约为 20μm 的缝隙，以使气体扩散进光子晶体光纤。

6.4.3.2 光子晶体光纤乙炔气体传感器

东北大学的钱晓龙等人以光子晶体光纤（PCF）为研究对象，提出一种提高气体测量灵敏度的反射式光纤气体检测技术。首先，利用宽谱光源谐波检测技术，并结合实际应用需求，设计了基于空芯 PCF 的反射式气体传感系统，并详细分析了系统的工作原理。然后，针对空芯 PCF 与单模光纤耦合困难、气体填充时间长的问题，设计了集密封、固定及连接于一体的机械耦合装置作为测量气室。最后，利用乙炔气体，测试了该系统的传感特性，体积分数分辨力可达 0.02%，最大相对误差为 1.39%。该技术实现了气体浓度的高灵敏度、高准确度、实时在线检测。

6.4.3.3 光子晶体光纤 H_2S 气体传感器

硫化氢（H_2S）是一种在自然界广泛存在的有毒有害气体，天然气和石油的燃烧、制药与合成化学纤维等都会产生大量的 H_2S 气体，H_2S 气体所引起的灾害事故在国内外也常有报道。目前国外常用的 H_2S 气体检测方法有气相色谱法、电化学分析法、传感器法以及分光光度法等，随着研究的进展出现了新的检测方法。

重庆理工大学冯序等人研究了一种基于铜沉积石墨烯涂层光子晶体光纤马赫—曾德尔干涉的硫化氢气敏传感器。将 45mm 光子晶体光纤两端与单模光纤进行拉锥熔接，使得光子晶体光纤的空气孔熔接时形成塌陷层，更好地激发包层模式，形成基于马赫—曾德尔结构的干涉仪。采用单层石墨烯粉体，加入异丙醇分散液，反复浸涂至光子晶体光纤包层表面形成石墨烯涂层，并沉积铜纳米颗粒，使传感器对硫化氢气体具有高的响应度。该实验结果表明，在硫化氢气体浓度为 0～60×10^{-6}范围内，随着被测气体浓度不断增大，其输出光谱呈现明显蓝移，传感器灵敏度为 0.04203nm/ppm，且线性度良好。该传感器成本低、灵敏度高、结构简单，适用于低浓度硫化氢气体的在线监测。

6.4.3.4 光子晶体光纤 SF_6 气体传感器

SF_6 气体的泄漏在大量电力设备应用中不可避免。由于现有电化学和负电晕放电等气体泄漏检测技术的测量精度低、实时性差，且光子晶体光纤气体传感具有灵敏度高、耐高温高压、抗电磁干扰、电绝缘、抗腐蚀、本质安全、可利用现有光通信技术和器件、多检测点组网能力强等特点，因此天津大学束梅玲等人研发了一种新型光子晶体光纤 SF_6 气体传感器，并采用谐波检测方法和计算机无线传输网络构建了远程实时监控系统。该测量系统的气体检测相对误差在 2%以内，SF_6 的体积分数大于 10^{-3} 时能实时报警。

6.4.3.5 光子晶体光纤 CH_4 气体传感器

采用光纤作为传感元件研制的传感器传输损耗较低，适合进行远距离传输，并且由于抗电磁干扰的特性，使光纤类传感器能够在极端的环境下工作，同时光纤类传感器还具有灵敏度高、响应速度快、不存在安全隐患等诸多优点，因而得到研究人员的广泛关注。重庆理工大学冯序等人研制出一种基于纳米双层薄膜的光子晶体光纤长周期光栅（PCF-LPG）甲烷传感方法，采用局域耦合模理论分析基于纳米双层薄膜的 PCF-LPG 的甲烷传感机理；将有限元法与局域耦合模理论结合，研究光栅参数对传感器透射谱的影响和敏感薄膜参数对传感器响应特性的影响；通过刻写 PCF-LPG，采用气压驱动装置和静电自组装法制备敏感薄膜，形成 PCF-LPG 甲烷传感器；开展甲烷传感实验，评价传感器性能。最终经过检测得出该种传感器的灵敏度很高，有很好的检测效果。

6.5 光纤光栅气体检测技术

光纤光栅传感器可用于折射率、温度、应变等物理参量的直接传感，也可以通过设计间接用于气体传感和测量。光纤外敷层与气体分子发生相互作用后可能产生体积膨胀。这一特性与光纤布拉格光栅对应力敏感的特性相结合，可用于检测特定气体的浓度。基于金属钯吸收氢后会发生膨胀的特性而开发的光纤光栅氢气检测技术，与传统的在线监测变压器油中氢气浓度的方法相比，省去了油气分离环节，因受到关注。

6.5.1 光纤光栅氢气检测技术原理

借助于光纤光栅对温度和应变敏感的特性，将氢敏材料涂覆在光纤光栅外表面，当氢敏材料吸氢体积膨胀产生应变后，可以定性或定量地反映出环境中的氢气浓度水平。吸氢体积膨胀的氢敏材料有很多种，主要是金属性氢敏材料，包括单质钛、锆、钮，镁基合金，稀土合金等。其中，单质金属钯（Palladium，Pd）在常温下不易被氧化，性质稳定，遇氢时表现活泼，可以生成固溶相（a 相）和氢化物（P 相），而且 1 体积钯最多可以吸收 900 体积氢气。值得一提的是，钯膜与氢气的反应是可逆的，定义钯膜吸氢为正向反应，这是一个放热的过程；那么逆向反应会释氢，是一个吸热的过程。当外界温度、浓度和压力条件变化时，该反应可以向正、反方向进行，自动实现吸氢和释氢的平衡。

低浓度氢气环境中，氢气被钯俘获，由于钯的催化作用变成了氢原子，氢原子渗入金属钯中，占据金属钯晶格之间的缝隙而形成固溶相，使得金属钯的体积增加。由于氢阻塞面（远离氢气侧）受到未膨胀销的约束，溶氢侧体积膨胀使之承受压应力，通过泊松比，可以获得光纤光栅被施加的轴向应力。在较低的氢浓度范围内，环境中的氢浓度越高，钯膜的吸氢量越大，对应的轴向应力也越强，布拉格光栅的波长偏移量也增加，故而可采用波长的偏移量来反演待测的氢浓度。

钯吸氢后，晶格常数会增大，钯块的膨胀量跟晶格常数变化量成比例。对于以 a 相存在于钯中的氢所产生的应变为

$$\sigma(P_{\mathrm{H_2}}) = 0.026S\sqrt{P_{\mathrm{H_2}}} \tag{6-17}$$

$$P_{\mathrm{H_2}} = 7.6C_{\mathrm{H_2}} \tag{6-18}$$

式中：$P_{\mathrm{H_2}}$ 为环境氢气分压；$C_{\mathrm{H_2}}$ 为氢浓度；S 为西韦茨（Sievert's）系数。

建立如图 6-26 所示的钯膜 FBG 氢气传感器简化模型。假设钯涂层与光纤光栅结合牢固，没有相对位移，那么由于钯膜吸氢体积膨胀产生的轴向应变可以表示为

$$\varepsilon_{\mathrm{z}} = \sigma(P_{\mathrm{H_2}})\frac{h_{\mathrm{pd}}(2r + h_{\mathrm{pd}})Y_{\mathrm{pd}}}{r^2Y_{\mathrm{F}} + [(r + h_{\mathrm{pd}})^2 - r^2]Y_{\mathrm{pd}}} \tag{6-19}$$

式中：r、h_{pd} 分别为光纤的半径和钯膜的厚度；Y_{F} 和 Y_{pd} 分别为光纤和钯膜的杨氏模量。为了增强金属钯膜与光纤的粘附效果，会涂过渡层，但是过渡层的厚度在几十纳米，可以忽略不计。对于常见的 SMF-28 标准单模光纤，钯膜偶厚度一般不超过 1μm，光栅中心波长变化量与待测氢浓度之间的关系为

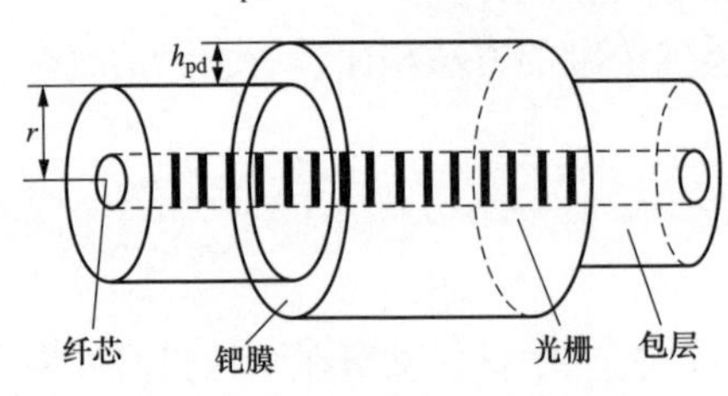

图 6-26　涂覆钯膜的光纤光栅

$$\Delta\lambda_{\mathrm{B}} = 0.072S\sqrt{C_{\mathrm{H2}}} \times \frac{h_{\mathrm{pd}}(2r + h_{\mathrm{pd}})Y_{\mathrm{pd}}}{r^2Y_{\mathrm{F}} + [(r + h_{\mathrm{pd}})^2 - r^2]Y_{\mathrm{pd}}} \times 0.78\lambda_{\mathrm{B}} \tag{6-20}$$

结合钯基薄膜的吸氢应变模型，分析式（6-20）可以看出，相同氢浓度下，影响光纤光栅波长变化量的主要因素为光纤半径和钯膜厚度。钯膜厚度决定了光纤布拉格光栅氢气传感器的吸氢能力，对传感器的灵敏度、响应时间和可靠性有

很大的影响。钯膜厚度越大，吸氢能力越强，产生的应变量也就越大，对应的灵敏度也会越高。但是，钯膜太厚容易导致氢脆现象，出现钯膜脱落，传感器性能反而降低。因此，钯膜厚度需要综合考虑各方面的影响，以便确定最优的厚度。由于在氢气渗透膜的研究中，钯银合金是一种比较常见的搭配方式，因此将钯银合金应用于FBG氢气传感的过程中，也会借鉴和引用已有的钯基合金渗透膜的研究成果。其中，$Pd_{77}Ag_{23}$是当前研究最广泛的钯基合金薄膜。金属银可避免低温下氢化物的生成，能克制钯膜的易脆性，增加钯膜的使用寿命，提高抗中毒能力，增强薄膜中氢的扩散速率。

6.5.2 光纤光栅氢气检测技术应用

比利时蒙斯理工学院的科谢（C. Caucheteur）等人采用溶胶-凝胶（sol-gel）的方法在光纤表面沉积了一种掺杂陶瓷的贵金属，该金属遇到氢后会发生放热反应，温度的变化会使得光栅的中心波长发生改变。氢气的浓度越高，反应放出的热量也越多，对应于光栅波长变化也越大，可以通过波长变化情况来反映氢气浓度的变化情况。

美国凯斯西储大学的布恩松·苏塔彭（Sutapun B.）和他的同事们设计出了一种用于检测火箭的燃料腔内氢气是否泄漏用的光纤布拉格光栅氢浓度传感器。他们先将光纤光栅浸泡在的49% HF中，使得栅区直径腐蚀成30～60μm，然后采用蒸镀的方法生长了一层厚度为560nm的钯膜。钯吸收氢气后体积发生膨胀，从而在光栅上产生应力。氢气浓度越高，钯膜体积膨胀越大，栅区受到的应力也就越大，反映到光栅波长漂移也就越大，因此可以通过检测中心波长的改变量来反应氢气浓度的变化情况。他们制作的传感器的检测范围为0.3%～1.8%，当浓度大于时1.8%时，布拉格波长出现了明显的下降，其原因是过高的氢气浓度使得表面钯膜产生了脱落现象。该传感器的检测精度为19.5pm/%H_2，即0.05%H_2/pm。

华北电力大学江军、李成榕、马国明等人比较系统地研究了光纤光栅氢气检测技术在变压器油中氢气浓度检测中的应用。他们研究了钯膜厚度问题，指出在钯膜吸氧后不产生脱落的情况下，钯膜厚度越大，传感器的性能越好；涂覆钯膜之前预先涂覆黏附层（聚酰亚胺、铬或钛）能够提高钯膜与光纤的附着力；选用成膜性好的磁控溅射方法来制备钯膜和金属黏附层，效果较好。他们采用聚酰亚胺、金属钛、厚钯膜的三层结构制备出一种灵敏度高、可靠性好的光纤布拉格光栅氢浓度传感器。混合气体中吸氢试验表明，该传感器有良好的灵敏度、线性度、重复性与可靠性，其灵敏度为 0.0159%H_2/pm，相关系数为 0.996，非线性误差为 1.6%。传感器无需加热波长便可回到起始点，解决了现有氢浓度传感器迟滞大的缺点。

此外，江军等人还研究了采用单侧涂覆氢敏产生弯曲应变的增敏方法。为了提高吸氢后应变的灵敏程度，提出了一种侧边抛磨 FBG 传感模式，如图 6-27 所示。吸氢后，布拉格光栅发生弯曲应变代替轴向应变。在相同氢气环境中，会得到更大的应变量，对应产生更多的波长偏移量。为了能够达到弯曲应变的效果，一般采用侧边抛磨光纤的办法。通过侧边抛磨后，对应的光纤厚度减小，相对于未抛磨处理的普通光纤，氢敏传感膜离纤芯距离更近，有利于将吸氢膨胀的应变传递至布拉格栅区。

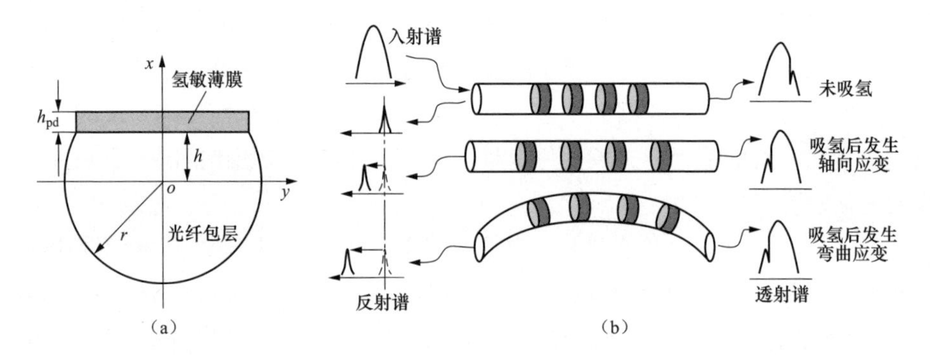

图 6-27　侧边抛磨 FBG 传感器

(a) 侧面抛磨镀膜的光纤；(b) 弯曲应变

利用上述光纤光栅传感器测量溶解在变压器油中的氢气。相同变压器油温度（60℃）下，将纯钯膜光纤布拉格光栅氢气传感器（560nm）和钯银合金薄膜光纤布拉格光栅氢气传感器（Pd/Ag400nm，Pd160nm）分别放置于变压器油中溶解氢气测试平台中进行测试，测试结果如图 6-28（a）所示。从测试结果来看，随着氢浓度的升高，钯银合金薄膜和纯钯膜光纤布拉格光栅氢气传感器均有波长偏移量增加，而钯银合金薄膜传感器的灵敏度达到了 0.050pm/(μL/L)，较纯钯膜传感器的灵敏度提升了 19%。图 6-28（b）对比了变压器油温度 60℃下，侧面抛光光纤传感器与普通光纤传感器的检测结果。侧面抛光传感器的灵敏度约为 2.1μL/L，较普通光纤布拉格传感器提高了约 11 倍，满足了变压器油中 5μL/L 灵敏度的要求，进而实现了变压器油中溶解氢气高灵敏检测的目标。

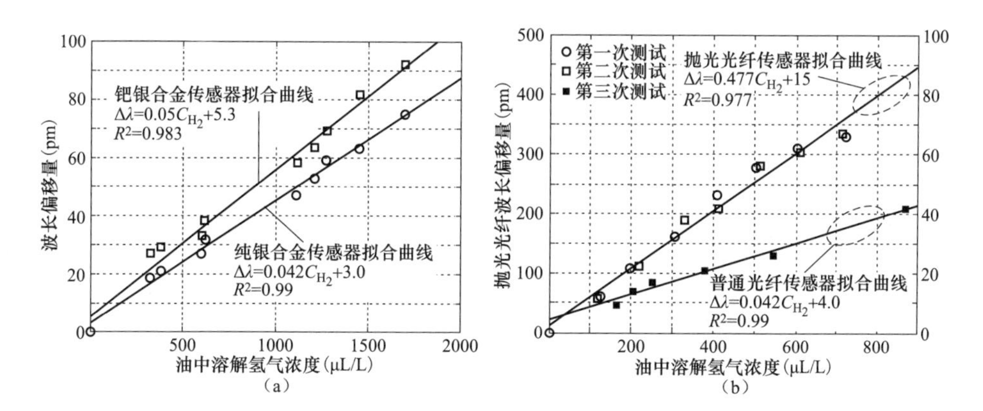

图 6-28　多种光纤光栅氢气传感器检测油中氢气结果

（a）钯银合金与纯钯传感器对比；（b）侧面抛光与普通光纤传感器对比

参 考 文 献

［1］方祖捷，秦关根，瞿荣辉，蔡海文．光纤传感器基础［M］．北京：科学出版社，2014．

［2］张明生．激光光散色谱学［M］．北京：科学出版社，2019．

［3］刘宇，朱继华，胡章芳，王艳．光纤传感原理与检测技术［M］．北京：电子工业出版社，2011．

［4］刘娟．光纤通信测量［M］．西安：西安电子科技大学出版社，2013．

［5］李富宁．新型光纤法布里-珀罗干涉传感结构［D］．哈尔滨：哈尔滨工程大学，2009．

［6］陈伟，李诗愈，成煜，等．保偏光纤技术进展及发展趋势［J］．光通信研究，2003，6：54-57．

［7］马天，黄勇，杨金龙．光纤连接器用氧化锆陶瓷插针［J］．成都大学学报（自然科学版），2002，21（4）：13-18．

［8］胡大伟，王正平，夏海瑞，等．LiIO 晶体的受激拉曼散射［J］．强激光与粒子束，2008，20（11）：1883-1886．

［9］Liu H. Y.，Liu H. B.，PengG. D.. Tensile Strain Characterization of Polymer Optical Fibre Bragg Gratings. Optics Communications［J］．251（2005）：37-43．

［10］Liu A，Ueda K. The absorption characteristics of circular，offset，and rectangular double-clad fibers［J］．Optics Communications，1996，132：511-518．

［11］庄小亮．基于光纤测温的配电电缆运行监测及其载流能力预测［D］．广州：华南理工大学，2015．

［12］秦昕．基于布里渊散射的双光路分布式光纤温度传感系统研究［D］．武汉：华中科技大学，2011（07）．

［13］阳林，郝艳捧，黎卫国，等．架空输电线路在线监测覆冰力学计算模型［J］．中国电机工程学报，2010，（19）：100-105．

［14］谢志杨，金向朝，陈道品，孙国霞，吴晓文．光纤光栅在 GIS 母线温度监测中的应用［J］．武汉大学学报（工学版），2012，45（05）：658-661+666．

［15］张纯玺．光纤光栅温度监测系统设计及其在高低压开关柜中的应用［D］．济南：山东大学，2010．

［16］巩宪锋，衣红钢，王长松，岳士丰，喻彬．高压开关柜隔离触头温度监测研究［J］．中国电机工程学报，2006（01）：155-158．

［17］汪晨，连子龙，程林，等．500kV 以上超高电压等级油浸式变压器荧光光纤温度监测系统研究［J］．电气技术，2017，（6）：99-103．
［18］王红英．基于荧光光纤传感的油浸式变压器绕组测温研究［J］．西安文理学院学报（自然科学版），2018，21（2）：23-27．
［19］索毅．基于荧光强度的光纤测温系统［D］．杭州：浙江大学，2017．
［20］宋光涛．基于 LabVIEW 的荧光光纤测温系统的研究［D］．保定：河北大学，2010．
［21］金秀梅，杨新伟，屈彦玲．工程应用中不同包层直径光栅的结构选择与参数设计［J］．光电子技术，2009，29（3）：174-178．
［22］马国明，李成榕，全江涛，等．输电线路覆冰监测光纤光栅拉力倾角传感器的研制［J］．中国电机工程学报，2010，30（34）：132-138．
［23］马国明，全江涛，李成榕，等．输电线路覆冰荷载监测光纤光栅称垂传感器的设计与试验［J］．高电压技术，2010，36（7）：121-126．
［24］阳林，郝艳捧，黎卫国，等．架空输电线路在线监测覆冰力学计算模型［J］．中国电机工程学报，2010，（19）：100-105．
［25］周正仙，田杰，段绍辉，等．基于分布式光纤振动传感原理的电力电缆故障定位技术研究［J］．光学仪器，2013，35（5）：11-14．
［26］陆飙，陈利民，刘晓波，等．一种新型输电线缆风舞在线监测系统及其舞动参数测量方法［J］．电力学报，2017，（1）：49-56．
［27］李来斌．基于毛细管结构的光纤 F-P 振动传感研究［D］．武汉：华中科技大学，2014．
［28］孟遂民，康渭铧，杨劳，等．基于 MATLAB 的导线舞动仿真正交试验设计［J］．南方电网技术，2011，5（5）：65-68．
［29］李维善．光纤 Bragg 光栅应变测量中温度分离和补偿的研究［D］．南京：南京理工大学，2009．
［30］罗建斌，郝艳捧，叶青，等．利用光纤光栅传感器测量输电线路覆冰荷载试验［J］．高电压技术，2014，40（2）：405-412．
［31］耿胜各．光纤光栅温度传感器中应变与温度交叉敏感问题研究［D］．南京：南京邮电大学，2017．
［32］石城，马国明，毛乃强，等．基于波分时分复用技术的变压器局部放电光纤超声定位技术研究［J］．中国电机工程学报，2017（16）：309-315+348．
［33］赵洪，李敏，王萍萍，等．用于液体介质中局放声测的非本征光纤法珀传感器［J］．中国电机工程学报，2008，28（22）：59-63．
［34］祁海峰，马良柱，常军，等．熔锥耦合型光纤声发射传感器系统及其应用［J］．无损检测，2011，33（06）：66-69+76．
［35］叶海峰，钱勇，刘亚东，等．基于光纤 Bragg 光栅的局放检测技术［J］．高电压技术，2015，

41（1）：225-230.
［36］刘景琳，段吉安，苗健宇，等．熔融拉锥型光纤耦合器实验研究［J］．中南大学学报（自然科学版），2006，37（1）.
［37］曹家年，张可可，王琢．可调谐激光吸收光谱学检测甲烷浓度的新方案研究［J］．仪器仪表学报，2010，31（11）：2597-2602.
［38］杨建春，徐龙君，章鹏．倏逝波型光线气体传感器研究进展［J］．光学技术，2008，34（4）：562-567.
［39］罗吉，庄须叶，倪祖高，等．光纤消逝场传感器传感结构的分析与应用［J］．微纳电子技术，2011，48（6）：376-390.
［40］庄须叶，吴一辉，王淑荣，等．新结构 D 形光纤消逝场传感器［J］．光学精密工程，2008，16（10）：1936-1941.
［41］赵勇，张书源，温高峰，等．基于石墨烯和模间干涉的光纤气体传感器［J］．东北大学学报（自然科学版），2018，39（7）：918-921.
［42］许汉英，王柯敏，王大宁，等．高灵敏度二氧化硫光纤传感器的研究［J］．高等学校化学学报，1998，19（9）：1401-1404.
［43］黄俊，周向阳，越方禹．光纤气敏传感微弱光信号数字锁相检测［J］．国外建材科技，2004，25（3）：16-17.
［44］姜德生，赵士威，韩蕴，等．一种基于荧光猝灭原理的光纤氧气传感器［J］．光学学报，2003，23（3）：381-384.
［45］王玉田，杨俊明，刘建园，等．基于紫外荧光法的 SO_2 检测系统的研究［J］．压电与声光，2009，31（6）：915-917.
［46］江毅．高级光纤传感技术［M］．北京：科学出版社，2009.
［47］徐康，李淑媛，杨祎．光子晶体光纤 CO_2 气体传感器的研究［J］．激光技术，2017，41（5）：693-696.
［48］钱晓龙，张亚男，彭慧杰，等．基于空芯光子晶体光纤的反射式气体传感器［J］．东北大学学报（自然科学版），2017，38（12）：1673-1676.
［49］冯序，杨晓占，邓大申，等．基于铜离子沉积石墨烯涂层锥形光子晶体光纤的硫化氢传感器［J］．光子学报，2017，46（9）：1-5.
［50］束梅玲，陆兵，黄晓慧．光子晶体光纤 SF_6 气体传感器设计与泄漏监控网络［J］．传感器与微系统，2013，32（8）：78-84.
［51］TIEN P K. Integrated optics and new wave phenomena in optical wave guides［J］．Reviews of Modern Physics，1997，49：361-420.